U0269986

城乡灾害风险管理与实践

王　威　李嘉良　马东辉　编著

中国建筑工业出版社

图书在版编目（CIP）数据

城乡灾害风险管理与实践/王威，李嘉良，马东辉
编著. —北京：中国建筑工业出版社，2024.5
ISBN 978-7-112-29851-8

Ⅰ.①城… Ⅱ.①王…②李…③马… Ⅲ.①城市灾
害学—灾害管理—风险管理 Ⅳ.①X4

中国国家版本馆CIP数据核字（2024）第094308号

责任编辑：杨 晓 唐 旭
责任校对：赵 力

城乡灾害风险管理与实践

王 威 李嘉良 马东辉 编著

*

中国建筑工业出版社出版、发行（北京海淀三里河路9号）
各地新华书店、建筑书店经销
北京锋尚制版有限公司制版
河北鹏润印刷有限公司印刷

*

开本：787毫米×1092毫米 1/16 印张：17½ 字数：377千字
2024年8月第一版 2024年8月第一次印刷
定价：**68.00**元
ISBN 978-7-112-29851-8
（43008）

前言

近年来，我国极端天气气候事件多发频发，高温、暴雨、洪涝、干旱等自然灾害易发高发。而随着城镇化、工业化持续推进，基础设施、高层建筑、城市综合体、水电油气管网等加快建设，产业链、供应链日趋复杂，各类承灾体暴露度、集中度、易损性不断增加，多灾种集聚和灾害链特征日益突出，灾害风险的系统性、复杂性持续加剧。据统计，2013—2023年期间，我国自然灾害造成全国18.59亿多人次受灾，11276人死亡或失踪，直接经济损失约38736.1亿元。未来，我国将面临复杂严峻的灾害频发、超大城市群崛起和社会经济高质量快速发展的挑战，解决主要城市群灾害防治难题成为重要举措，直接影响经济社会的安全和可持续发展。

党的十八大以来，以习近平同志为核心的党中央始终坚持以人民为中心的发展理念，在总结历史经验的基础上，着眼中国特色防灾减灾救灾工作新实践。针对我国防灾减灾救灾体制机制的改革，强调要坚持以防为主、防抗救相结合，坚持常态减灾和非常态救灾相统一，努力实现从注重灾后救助向注重灾前预防转变，从应对单一灾种向综合减灾转变，从减少灾害损失向减轻灾害风险转变，全面提升全社会抵御自然灾害的综合防范能力。国际减灾战略的实践证明，灾害风险评估分析是灾害风险管理工作的核心内容，是降低灾害风险的基础工作。重视城乡灾害风险评估、加强灾害风险预警，提高灾害风险管理水平，是城乡防灾减灾工作的重要环节，意义重大。

《城乡灾害风险管理与实践》旨在探索成灾机理，揭示灾害管理工作的薄弱环节，推进防灾减灾战略的实施，避免或减少生命财产的损失。针对城乡灾害风险分析、灾害应急管理、灾害损失评估、灾后恢复重建、灾害保险和灾害风险规划管控等关键问题，以致灾因子、孕灾环境、承灾体和防灾减灾能力等为对象，基于灾害风险评估分析，结合减灾与救灾工作，解析城乡灾害风险系统中的重要内容，为城乡防灾减灾救灾工作提供理论支撑与实践指导。

本书聚焦城乡灾害风险，第1章概述了灾害风险的相关概念及其管理内容；第2章介绍了灾前单灾种、多灾种和灾害链的风险调查、相关评价方法和案例；第3章介绍灾中有关灾害的监测预警技术方法、人员避难疏散和应急救援等内容及相关典型案例；第4～5章介绍了灾后损失综合评估、恢复重建的系统框架体系和相关典型案例；第6章介绍了自然灾害保险的发展过程、农业风险与农业保险精算和农业典型保险案例；第7章介绍了城乡综合风险规划管控的技术、韧性规划建设和相关规划管控案例。

本书第1～2章由王威撰写，第3～4章由李嘉良、王威撰写，第5～6章由李嘉良撰写，第7章由马东辉、王威撰写，全书由王威策划和统稿。

本书编写过程中参考了大量自然灾害风险管理相关领域学者的著作及学术报告，参阅了国家及地方政府最新出台的相关法律法规文件，在此对其作者表示由衷的感谢。感谢国家自然科学基金项目（52278472）、北京市自然科学基金项目（8232004）、北京工业大学城市建设学部教育教学研究项目（ERCJ202207）和研究生课程建设项目的资助，感谢课题组的张略森、张博骞、瞿孜诺、郭千倩等研究生的辛勤劳动。

由于水平有限，疏漏和不足之处在所难免，敬请读者批评指正。

目录

前言

第 1 章

绪论

1.1 引言

我国地域辽阔，气候、地理条件复杂，除现代火山活动外，各类灾害几乎覆盖到我国各个地区，是受到灾害侵袭最多的国家之一。当前我国城镇化率已经超过60%，人口在城市的集聚促进了经济要素的高度集聚，城市所面临的灾害风险正成为人们关注的重点。党的十八大以来，习近平总书记多次强调防灾减灾救灾工作的重要性，要求将人民生命安全放在首位。他强调要推进应急管理体系和能力现代化，健全风险防范化解机制，实施精准治理。在《国家"十四五"规划纲要》中，进一步完善国家应急管理体系、提高防灾减灾抗灾救灾能力被明确提出。同时，《"十四五"国家应急体系规划》和《"十四五"国家综合防灾减灾规划》均强调"预防为主、精准治理"的原则，要求强化风险源头的防范与管控，加强风险监测预警预报工作，并着力提升城乡工程的设防能力，以应对日益严峻的灾害风险挑战。

灾害管理是运用科学的方法开展减灾防灾抗灾救灾工作，达到降低灾害风险、减小灾害威胁、降低灾害破坏、提高抗灾水平、增强救灾能力的效果。灾害管理包括了发展—减灾、备灾、应急救灾、恢复重建等四个主要的过程。在灾害管理过程中灾害风险的管理是关键环节。灾害风险管理是对区域内灾害风险进行识别分析，并应用有效的管理手段减小灾害发生的可能性或减少灾害发生带来的损失，开展灾害风险管理是积极应对潜在灾害的有效手段。而正确且全面认识灾害风险，是开展科学有效的风险管理的前提。本章节旨在全面介绍灾害风险的含义、分类及特征和灾害风险管理的作用、内容和意义等。

1.2 灾害风险

1.2.1 含义与分类

1. 灾害的含义

灾害是由自然因素、人为因素或二者共同引发的对人类生命、财产和人类生存发展环境造成破坏的现象或过程。灾害不是单纯的自然现象或社会现象，而是自然与社会因素共同作用的结果，是自然系统与人类物质文化系统相互作用的产物。国内外的灾害研究者对"灾害"这个术语形成的共识是：它是一种影响到社区或社会大多数人，并且使社会在今后几年内丧失承受或恢复损失的能力的现象。有两点需要强调：一是在规模上，灾害相对于它所作用的社区或社会来说是相当大的；二是在方式上，灾害以相对突然和巨大的物理冲击作用于社区或社会系统的人类成员及人工基础设施。

随着社会的发展、灾害学科研究的不断深入，国内外学者对灾害的一般认识是，灾害是由于致灾因子的破坏性影响造成的，致灾因子和人类活动的共同作用加剧了生命和财产损失，即加重了灾害。灾害的内容甚广，包括自然灾害、人为灾害以及自然与人为混合灾害，诸如洪涝、干旱、地震、台风、爆炸、交通事故、化学品泄漏、动乱与恐怖袭击，等等。

2. 灾害的分类

随着我国城市化的发展，社会面临灾害的形势也发生了变化，城市空间结构多形态发展且人口人量集中。城市受灾空间可分为建筑与超高层建筑、道路交通系统、超大型地下空间和基础设施系统四类。从灾害类型看，自然灾害中的洪涝干旱灾害、气象灾害正逐步成为普遍的灾害，且由于全球气候变化，这两种灾害成为大部分城市面临的主要灾害。另外，新型灾害中的水资源安全与雾霾问题、公共卫生及人的健康问题、恐怖袭击等社会安全问题等对城市的影响也日益加剧，这些灾害导致的后果更为复杂，不仅会造成物质空间的破坏，还会影响居民的心理健康和造成群体性恐惧（图1-1）。而乡镇相对落后的防灾抗灾体系不够完善，整体防灾减灾形势更加严峻。对灾害进行分类，方法有多种多样。

按照灾害形成的机制划分，城乡灾害大体上可分为两类：自然灾害和人为灾害（表1-1）。通常把以自然变异为主因产生并表现为自然态的灾害称为自然灾害，以人为影响为主因产生且表现为人为态的灾害则称为人为灾害。

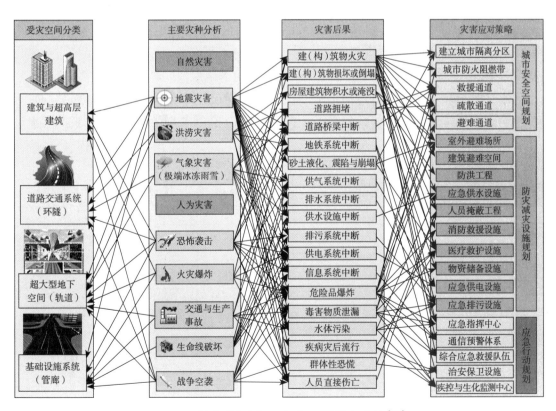

图1-1　城市受灾空间—灾种—后果的复杂性[51]

按照灾害形成机制划分的灾害分类 表1-1

灾害类型	典型灾害
自然灾害	洪涝灾害、地震灾害、气象灾害、地质灾害、海洋灾害、森林灾害等
人为灾害	重大传染病、火灾与爆炸、城市生命线系统事故、重大工业事故、城市环境污染公害、恐怖袭击、信息安全灾害等

根据灾害链条理解灾害，又可以分为原生灾害、次生灾害和衍生灾害（表1-2）。原生灾害是在灾害链中最早发生的灾害，由原生灾害引发的灾害成为次生灾害。在灾害发生之后，还会由此产生一些其他灾害，我们称之为衍生灾害。

按照灾害链条划分的灾害分类 表1-2

灾害类型	典型灾害
原生灾害	地震、台风、暴雨等
次生灾害	火灾、泥石流、洪涝等
衍生灾害	山体滑坡、酸雨、风暴潮等

按照灾害的过程划分，还可将其分为突变型灾害、发展型灾害、持续型灾害和演变型灾害（表1-3）。突变型灾害是指发生灾害前是突然发生的，在发生前难以预测，虽然灾害持续的时间很短，但是产生的损失是巨大的。发展型灾害是指比突变型的发生缓慢，是长期自然积累形成的，有一定的先兆，可以在发生前进行预估。持续型灾害持续的时间可能会很久，如旱灾、传染疾病等灾害。演变型灾害是经过长期的环境演变形成的灾害。

按照灾害发生过程划分的灾害分类 表1-3

灾害类型	典型灾害
突变型灾害	地震、海啸、火灾等
发展型灾害	暴雨、台风、洪涝等
持续型灾害	旱灾、传染疾病等
演变型灾害	地面沉降、沙漠化等

1.2.2 损失分类与等级

目前，灾害损失的分类方法有很多，但学术界尚未达成共识。从与灾害事件的关系角度，损失包括直接损失和间接损失（表1-4）。其中直接损失主要是指承灾体的物理破坏损失，而间接损失主要指时间性和区域性的波及损失。

按照与灾害事件关系划分的灾害损失分类 表1-4

灾害损失类型	典型案例
直接损失	供水、电网、燃气管道、交通、通信等基础设施中断等
间接损失	恢复重建期间净产值的减少，以及关联地区产业增加的额外费用

从损失承担者的角度看，分为国家或社会损失、企业单位损失、个人损失等（表1-5）。国家社会承担的损失主要是城市的基础设施等的破坏；企业单位的损失包括固定资产损失和流动资产损失；个人损失主要是指人员的伤亡以及个人财产的损失。

按照损失承担者划分的灾害损失分类 表1-5

灾害损失类型	典型案例
国家或社会	电网、供水系统等的损坏
企业单位	存货、设备设施和厂房等资产的毁损损失
个人	人员伤亡或住宅等的毁坏

从承灾体角度看，灾害损失可分为人员损失、建筑损失、基础设施损失、资源环境破坏、社会经济波动等不同的方面（表1-6）；人员损失主要是灾害造成的人员伤亡等；住房、办公楼和商业建筑等的毁坏属于建筑损失；基础设施损失包括了交通运输、通信、能源、水利、市政、农村地区生活设施等的破坏；火灾造成的森林毁坏、洪涝造成的乡村破坏等属于资源环境破坏；而社会经济波动包括了灾害造成的停工停产、农作物减产甚至绝收等。

按照承灾体划分的灾害损失分类 表1-6

灾害损失类型	典型案例
人员损失	人员受伤、死亡和失踪等
建筑损失	住房、办公楼和商业建筑等毁坏
基础设施损失	交通、通信和水利等系统的破坏
资源环境破坏	森林、江河和山地等的破坏
社会经济波动	停工停产、农作物减产甚至绝收等

灾害等级是衡量灾害给人类社会造成损失的程度，是应急救灾和灾后重建阶段人力物资配置的重要依据，是评估承灾体韧性、确定灾害管理方式的根据之一。我国学者采用不同方法，给出了多种自然灾害等级划分标准，考虑了多方面因素及其复杂的关联性。

有学者从社会对自然灾害的承受能力致灾的自然条件和相应的管理对策等方面考虑给出了度量自然灾害损失绝对量的"灾度"定义，以死亡人数和社会财产损失值为分级标准，分为微灾、小灾、中灾、大灾和巨灾等五个等级。有学者以死亡人口、经济损失、倒塌房屋、灾损财政比、粮食减收百分比和损减粮食量作为指标，将自然灾害分为特大灾害、大灾害、中灾害和小灾害等四级。也有学者将死亡人数、重伤人数和经济损失对应的指数之和作为灾害指数，将灾害划分为12个等级。在此基础上，有学者增加了灾害损失持续时间计算指数，作为第四个因子计算灾害指数。有学者根据死亡人数、受灾面积、房屋破坏面积和直接经济损失的转换函数，得到一次灾害的指标序列，参照灰色关联分析方法，用其与参考指标序列的绝对差值计算关联度，得出与自然灾害等级的对应关系。

从以往的研究可以看到，灾害等级研究取得了重大的进展，但也存在着一些问题。如表示灾害等级的术语较为混乱，所采用的评估指标体系差异悬殊，计算方法和分级也不一致。有学者提出了定性与定量相结合的方法来评估灾害的等级（表1-7）。

灾害损失等级　　　　　　　　　　　　　　　表1-7

灾害等级	人员伤亡	经济损失	社会功能状况
事故	≤10人	≤1000万元	正常
紧急事件	≤100人	≤1亿元	正常
危机	10～100人	≤10亿元	影响
灾难	100～1000人	10～100亿元	较大影响
重大灾难	1000～10000人	100～1000亿元	严重影响
特大灾难	≥10000人	≥1000亿元	完全破坏

1.2.3 基本特征

1. 灾害风险的含义

根据国家标准化管理委员会的定义，风险是危险状态下，可能损伤或危害健康的概率和程度的综合，大致有两层含义：一种定义风险表现为发生的不确定性，主要强调了损失发生的概率；而另一种定义风险表现为不利事件造成损失的情况，主要强调了损失的程度。但直至今天，学术界对于风险的定义尚未统一。

灾害风险的定义也是多样的。其中代表性观点：①1991年，联合国救灾组织定义灾害风险是由于某一特定的自然现象、特定风险与风险元素引发的后果所导致的生命财产损失和经济活动的期望损失。②1999年，中国学者黄崇福认为风险为未来情景的不确定性。③联合国于2004年的"国际减灾战略"项目中，对风险进行了权威的定义：风险是指自然或人为灾害与承灾体的易损性之间相互作用而导致一种有害的结果或预料损失发生的可能性。④2009年，该组织再次定义了灾害风险为在未来的特定时期内，特定社区或社会团体在生命、健康状况、生计、资产和服务等方面的潜在灾害损失。⑤2015年，由联合国组织的以"减少灾害风险"为主题的大会在日本召开，会议针对全球区域制定风险减灾计划。通过加强国与国之间的交流合作，建立全球化的风险信息交流平台，实现各国间灾害风险管理技术共享，促进学者间科研成果的交流，开展跨国灾害演练活动，共同抵制灾害风险。此次会议制定了《2015—2030年仙台减少灾害风险框架》，推动各国减少灾害风险工作的开展。

一般而言，灾害风险受孕灾环境、致灾因子和承灾体三者影响，其中孕灾环境是孕育灾害的环境，致灾因子是形成灾害的直接因素，承灾体是承受灾害的主体，三者之间相互影响，最终导致灾害的发生（图1-2）。

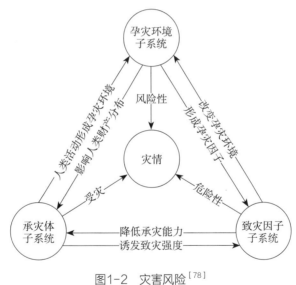

图1-2　灾害风险[78]

2. 灾害风险等级

判断灾害风险的大小，是制定不同级别类型应急管理预案的前提条件，以确定相应等级的灾害强度、影响范围和损失大小，制定相应等级的灾害管理和应对方式。因此，为衡量灾害风险的大小，需对灾害风险进行等级划分，灾害风险的等级与其发生的可能性和造成的不利后果严重性相关（表1-8）。

风险水平		后果				
		影响很小	一般	较大	重大	特别重大
可能性	极少发生	低	低	中	高	高
	不太可能发生	低	低	中	高	极高
	可能发生	低	中	高	极高	极高
	很可能发生	中	高	高	极高	极高
	肯定发生	高	高	极高	极高	极高

　　灾害风险的敏感性是指一定条件下，分析的目标区域对灾害的敏感水平和可能遭受危害的程度，对灾害风险评价有重要意义。因此，基于二维的灾害风险等级体系可进一步拓展到三维的灾害风险等级划分，对各个要素风险进行组合可得到不同的灾害风险等级（图1-3、表1-9）。

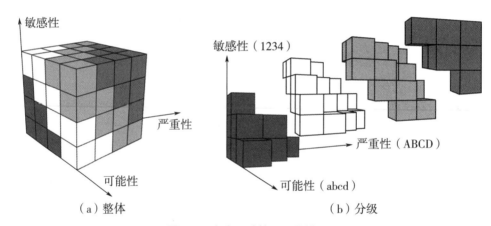

图1-3　灾害风险等级三维模型

三维灾害风险等级划分 　　　　　　表1-9

风险等级	要素风险组合
Ⅳ级风险	Aa1，Aa2，Aa3，Ab1，Ab2，Ab3，Ba1，Ba2，Bb1，Bb2，Ca1
Ⅲ级风险	Aa4，Ab3，Ab4，Ac2，Ac3，Ad1，Ad2，Ba3，Ba4，Bb3，Bc1，Bc2，Bd1，Ca2，Ca3，Cb1，Cb2，Cc1，Da1，Da2，Db1
Ⅱ级风险	Ac3，Ad3，Ad4，Bb4，Bc3，Bc4，Bd2，Bd3，Ca4，Cb3，Cb4，Cc2，Cd1，Cd2，Da3，Da4，Db2，Db3，Dc1，Dc2，Dd1
Ⅰ级风险	Bd4，Cc3，Cc4，Cd3，Cd4，Cb4，Cc3，Dc4，Dd2，Dd3，Dd4

3. 灾害风险的基本特征

灾害风险具有普遍性。地球无时无刻不在运动、变化,太阳、月球及其他天体的影响使地球的岩石圈、水圈、大气圈、生物圈等的物质在运动变化中不断产生变异,从而涌现了大量岩石的、水的、大气的和生物的极端地球物理事件。只要地球在变动,各种自然灾害就会相伴而生。近年来,随着我国的城市化进程加快,城市和乡镇的空间和人口结构发生了巨大的变化,不同社会系统的人群在不同地利用和改造自然,就必然产生不同的灾害风险。各种自然变异和人类活动,产生了多种多样的灾害风险。无论自然变异或人类活动都可能导致自然灾害或人为灾害发生,因此,灾害风险是普遍存在的。

根据中国应急管理部发布的2022年全国自然灾害基本情况:全国自然灾害时空分布不均,夏秋季多发、中西部受灾重,其中洪涝灾害呈现"南北重、中间轻"的现象,局部山洪灾害频发重发。显然,目前,我国潜在的灾害风险较大,如何做好灾害风险积极防御是接下来的防灾减灾的重要工作。

灾害风险具有动态性。灾害风险不是一成不变的。从概念上讲,风险是以下两个因素的函数:一个事件或一系列不同强度的事件发生的概率和事件的社会后果。所以,随着影响灾害事件自然原因的变化或人为作用的影响,也随着社会易损性的变化,灾害风险的程度大小,甚至性质都是可以变化的。此外,灾害的发生过程中容易引发次生灾害,形成灾害链,造成更加严重的破坏,这也体现出了灾害风险具有连锁性。因此,由于灾害及其影响因素的多变性和社会易损性的可变性,灾害风险是动态变化的。

目前,我国城市化改变了城市土地利用方式,导致湖泊面积萎缩、城市湿地、绿地不断减少,不透水面积成倍增加,提高了城市综合径流系数。径流系数的增加降低了地表水的入渗能力,大大降低了城市土地对雨洪的天然调蓄能力,导致雨水径流量的急剧增加。从而改变城市区域暴雨径流条件,使径流总量增大,洪峰流量提高,峰现时间提前,加剧了洪水的威胁和风险。而乡镇由于城市化的加速发展,原有的面貌逐渐消失。人们的生活水平得到了改善,同时不断建设工厂,导致大量污染企业流向农村,潜在的环境灾害风险越来越大。

灾害风险具有复杂性。同种灾害在不同结构的城市和乡镇中,风险性质和大小是不同的,而同一个城市或乡镇在面临不同灾害时,风险性质和大小也是不同的。同时,由于一个社会系统的社会易损性有较大的可变性,使得灾害风险更加复杂多样。大多数情况下,一种灾害的发生容易引发多种次生灾害,形成综合性灾害。从承灾体角度分析,如密集楼房、天然气管道及供水供电系统等易损性强,当地震灾害发生时,容易引发火灾等次生灾害,造成巨大的人员伤亡和经济财产损失。

现阶段,泛滥平原上的城市化、易受台风袭击的海岸城镇人口的迅速膨胀等,都会增加灾害风险;而加强减灾防灾的社会系统组织、培训和投资,增加技术资本等,能够有效减少和降低灾害风险。

灾害风险具有不确定性。随着我国科学技术的不断进步，对灾害风险的认知得以提高。但灾害风险与其所在的地理空间、气候条件和社会环境等多种因素相关，现阶段仍不能完全掌握，且获取的资料常常不全面并大多是不能够准确量化、对比的不完备信息。因此，灾害风险实质上是在综合灾害活动过程和活动后果的基础上，对灾害总体形象所作出的不同程度模糊性的认识，具有较强的不确定性。

我国气候类型复杂多样，季风气候显著，暴雨、洪水、旱涝急转、温度骤变等不良气候因素容易导致突发性灾害频繁发生。近年来，我国深受全球气候变化影响，降雨、升温的幅度与速率高于全球，极端强降雨、局地集中降雨等极端天气气候事件频发，汛期主降雨带范围变化，造成原来不易发生地质灾害的地区地质灾害易发程度明显增高，局地引发群发灾害增多，地质灾害高发时段也从以往的6～8月为主扩展为4～10月为主，地质灾害风险的不确定性更加凸显。

1.2.4　评估尺度

灾害风险是一个综合的空间特异性系统，灾害风险的影响范围、发生概率及不利效应等均具有多尺度特征。而灾害风险主要是由各级政府部门进行管理的，其数据采集方法和评估的精度不尽相同。因此，只有多尺度的综合性灾害风险评估才能够反映灾害风险的实质，预估灾害风险程度，为政府的灾害风险管理提供科学的决策支持。

城乡灾害风险评估从空间尺度可划分为四个层次：①基于灾害发生物理致因涉及的地域范围的致灾因子尺度；②基于衡量灾害强度的参数、指标所涉及的地域范围的灾害强度尺度；③基于灾害潜在影响的地域范围的灾害风险尺度；④基于灾害影响的城市行政单元的灾害风险尺度。

1. 基于灾害发生物理基础的评估尺度

按照诱发灾害的致灾因子所涉及地域、空间范围的不同，可以将灾害风险评估划分为大、中、小尺度三种类型（表1-10）。对应致灾因子尺度的灾害风险评估，主要侧重灾害的孕灾环境和致灾因子团的物理机制，包括诸如孕灾环境能量，区域环境塑造的动力，源物理动力类型，全球性、局地性的地学运动以及天文或终端因子现象等内容。可借助数学、物理学手段，天文学、地质学相关理论，开展孕灾环境和致灾因子物理场模拟与评价。

基于灾害发生物理基础的评估尺度 表1-10

评估尺度	致灾因子	灾害案例
大	地壳运动，全球气温、降水变差，较大范围的地表物质位移等	火山、地震、台风、飓风、风暴潮、干旱、洪水、雪灾、沙漠化等
中	区域地壳运动、流域气象条件变化、区域性地表物质位移等	地震、地面沉降、暴雨、洪水、干旱、高温、冰冻、水土流失、泥石流等
小	局域性地质运动、局地气象条件变化、局域性地表物质位移等	地裂缝、火灾、强对流天气、崩塌、滑坡等灾害

2. 基于灾害强度的评估尺度

按照灾害强度可能涉及空间范围的大小，可以将灾害风险评估划分为大、中、小尺度三种类型（表1-11）。一般而言，灾害强度越大，其影响的空间范围越广。基于灾害强度开展的研究主要为不同尺度灾害风险管理，即大、中、小强度灾害在对应的大、中、小尺度空间内危险性的分布，考虑到大、中、小尺度空间人员、财产、环境等易损性状况，开展不同重现期灾害潜在风险在大、中、小尺度空间的分布特征研究。

基于灾害强度的评估尺度 表1-11

评估尺度	灾害强度	灾害案例
大	高	火山爆发、6级以上地震，跨流域洪水、跨地区干旱，面积巨大的土壤侵蚀和沙漠化等
中	中	5级以下地震，低纬度台风、飓风带来的暴雨、大暴雨，小流域强降雨带来的洪水，城市内涝，城市高温、冻害，过度开采地下水导致的城市地面沉降，塌方面积较大的泥石流，着火面积较大的自然火灾等
小	低	小于2级地震，覆盖范围狭小的强降水、干旱、崩塌、滑坡灾害等

3. 基于灾害影响的评估尺度

按照灾害带来的各种不利影响（包括经济、社会、环境、生态、文化等）可能涉及的空间范围大小，同样可以将灾害风险划分为大、中、小尺度三种类型（表1-12）。目前，基于灾害影响不同尺度的灾害风险评估主要集中在灾后直接和间接损失估算；由于人员伤亡、经济损失直接关系到人类生存和社会发展，此类灾害影响分析与评估的方法层出不穷，也是从事灾后影响研究工作者首要开展的课题。此外，关于灾害产生的社会、心理效应也在大尺度灾害频发的基础上逐步成为研究热点。

基于灾害影响的评估尺度 表1-12

评估尺度	影响程度	灾害案例
大	严重	死亡人数大于万人、经济损失达数百亿元的特大地震，面积大于10万平方千米、死亡人数大于10000人、经济损失大于10亿元的洪水，大区粮食损失占全国损失百分比大于30%的干旱，土壤有效厚度不到侵蚀厚度的10倍的土壤侵蚀，土地生产力下降大于50%的沙漠化等
中	较大	死亡人数百人到几千人、经济损失达亿元以上的地震，日降雨量达到50mm以上的大暴雨，面积大于1000km²、死亡人数大于100人、经济损失大于百万元的洪水，日最高气温大于35℃的城市高温，日最低气温低于0℃的城市低温冻害，年沉降量大于的地面沉降等
小	较小	日降雨量小于10mm的降水，人员伤亡小于100人、经济损失小于100万元的泥石流，死亡人数小于10人、经济损失小于10万元的滑坡等

4. 基于城市行政单元的灾害风险评估尺度

从城市角度进行灾害风险的评估，其尺度与行政单元和研究区域比例尺相关。灾害风险的评估也可划分为大、中、小尺度三种类型（表1-13），城市行政单元包括：市域、区县和社区三个尺度，针对不同行政单元可采用合适的空间比例尺。不同的研究尺度，可采用不同的评估方法，大尺度研究一般用指标体系的评估方法，中、小尺度研究采用情景模拟和灾害现场调查方法。在同一尺度下也可采用不同的风险评估方法，对于同一种评估方法也可应用于不同尺度下的研究，以满足不同的评估精度需求，形成多尺度的灾害风险评估。

基于行政单元的灾害风险评估尺度 表1-13

评估尺度	比例尺	分辨率	行政单元
大	1：50万～1：10万	250～30m	市域
中	1：10万～1：1万	30～5m	区县
小	1：1万～1：1千	<5m	社区

1.3 灾害风险管理

1.3.1 基本内涵与原则

所谓灾害风险管理是指人们对可能遇到的各种自然灾害风险进行识别、估计和评价，并在此基础上综合利用法律、行政、经济、技术、教育与工程手段，通过整合的组织和社会协作，通过全过程的灾害管理，提升政府和社会灾害管理和防灾减灾的能力，以有效地预防、回应、减轻各种自然灾害，从而保障公共利益以及人民的生命、财产安全，实现社会的正常运转和可持续发展。灾害风险管理模式核心是全面整合的模式，其管理体系体现着一种灾害管理的哲思与理念；体现着一种综合减灾的基本制度安排；体现出一种灾害管理的水准及整合流程；体现出一种独到的灾害管理方法及指挥能力。灾害风险管理的基本内涵体现在：灾害管理的组织整合，建立综合灾害管理的领导机构、应急指挥专门机构和专家咨询机构；灾害管理的信息整合，加强灾害信息的收集、分析及处理能力，为建立综合灾害管理机制提供信息支持；灾害管理的资源整合，旨在提高资源的利用率，为实施综合灾害管理和增强应急处置能力提供物质保证。其核心是要优化综合灾害管理系统中的内在联系，并创造可协调的运作模式。灾害风险管理原则如下：

（1）全灾害的管理。人类社会所面临的自然灾害是各种各样的。尽管每一种自然灾害的成因不同、特点不同，但是，从风险管理的角度都是相同的。此外，各种自然灾害之间也有相互的关联性，灾害之间的相互关联使得某一种单一的灾变会转化为复杂性灾害。因此，自然灾害管理要从单一灾害处理的方式转化为全灾害管理的方式，这包括了制定统一的战略、统一的政策、统一的灾害管理计划、统一的组织安排、统一的资源支持系统，等等。全灾害管理有助于利用有限的资源达到最大的效果。

（2）全过程的灾害管理。如图1-4所示，灾害风险管理贯穿灾害发生发展的全过程，包括灾害发生前的日常风险管理（预防与准备），灾害发生过程中的应急风险管理和灾害发生后的恢复和重建过程中的危机风险管理。风险管理过程是不断循环和完善的过程，主

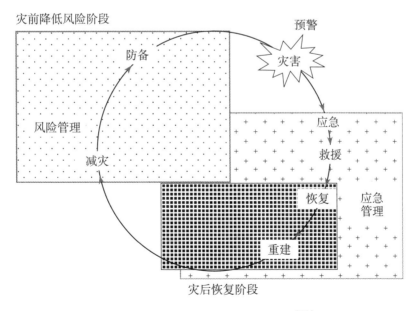

图1-4 综合自然灾害风险管理过程[78]

要包括4个阶段：减灾、防备、应急救援和恢复重建。它表明灾害风险管理是从灾害风险的结构和形成机制出发，将灾害风险管理看成是一个系统的从灾前预防和缓解风险、灾中高效地防灾抗灾和遇灾后合理地恢复与救济的周期过程。也就是说，灾害的发生和发展有其生命的周期，灾害风险管理也是一个系统的过程和循环。按照风险管理的理论，灾害风险管理与通常的灾害管理的主要不同之处在于：前者倡导灾害的准备，并要使之纳入减灾、防备、应急救援、恢复重建四大循环进程中。之所以在灾害风险管理中更多地强调"准备"，是因为它包括管理规划、危机训练、危机资源储备等重大预防的事项。因此，灾害风险管理是一个整体的、动态的、过程的和复合的管理。

（3）整合的灾害管理。整合的灾害管理强调政府、公民社会、企业、国际社会和国际组织等不同利益主体灾害管理的组织整合、灾害管理的信息整合和灾害管理的资源整合，形成一个统一领导、分工协作、利益共享、责任共担的机制。通过激发在防灾减灾方面不同利益主体间的多层次、多方位（跨部门）和多学科的沟通与合作，确保公众的共同参与、不同利益主体行动的整合和有限资源的合理利用。

（4）全面风险的灾害管理。当代灾害管理的一个重要趋向在于从单纯的危机管理转向风险管理。风险是指发生可预期的损失的可能性。风险管理是指运用系统的方式，确认、分析、评价、处理、监控风险的过程。灾害管理的风险管理是一种灾害管理的主张和行为，即把风险的管理与政府政策管理、计划和项目管理、资源管理，即与政府日常公共管理的方方面面有机地整合在一起。在灾害管理的过程中，实施风险的分析和风险的管理，包括：建立风险管理的能动环境；确认主要的风险；分析和评价风险；确认风险管理的能力和资源；发展有效的方法以降低风险；设计和建立有效的管理制度进行风险的管理和控制。图1-5给出了灾害风险管理的决策过程。

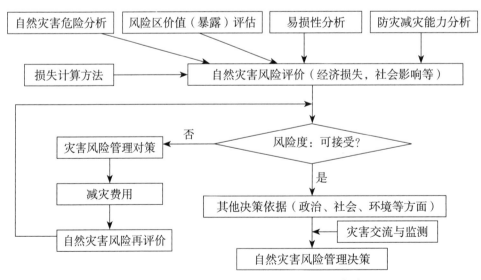

图1-5　综合自然灾害风险管理的决策过程[78]

（5）灾害管理的综合绩效准则。灾害风险管理所强调的是以绩效为基础的管理，为了实现有效的灾害管理，政府必须设立灾害管理的综合绩效指标。在灾害风险管理中随时关注灾害风险的发生、变化状况，多方位检测和考察灾害风险管理部门和机构的管理目标、管理手段以及主要职能部门和相关人员的业绩表现。特别是要针对灾害风险管理过程中的主要风险、多元风险、动态变化的风险等监测和预警工作，加强减灾、防备、应急救援与恢复重建等各环节工作，全面掌握灾害风险预警与管理行为的实际效果，减少灾害风险漏警和识警造成的危害。同时也要通过制定正确的激励机制来强化灾害风险控制能力，加强灾害的风险管理工作。

1.3.2 作用与意义

风险管理是研究风险发生的规律和控制技术并运用有效的方法管控制风险，实现用较小的成本获得较大的利益保障，降低风险可能造成的损失至最低程度。要实现风险损失的最小化，一方面可以通过加强预防性措施降低不利事件的发生概率，另一方面可以通过在生产、生活中加强保护性措施，减少事故发生造成的损失，结合两方面来实现减小可能性风险的损失。因此，风险管理就是利用预防性措施降低风险发生的概率以及采取可行的保护性措施减少风险造成的损失这两个途径来实现。同时，风险管理的过程要切实做到风险管理的成本低于其所产生的效益，只有这样风险管理才是符合人们的需求的，也是有意义的。

在灾害风险研究领域中，灾害风险通常指灾害发生的时空、强度、影响范围等的可能性，是灾害演变过程中所处的一种状态，是灾害在孕育期与潜伏期的表征形式。它是一种潜在的灾害，灾害风险是否会演变为灾害取决于灾害风险的控制机制、传递过程及承灾体的分布等。当控制机制失效，危险传递到承灾体并造成严重损害时，灾害风险才转化为灾害。因此，不是所有的灾害风险都会转化为灾害，风险的限制因素和破坏能力是灾害风险是否转化为灾害的决定性因素。只有那些风险值大，危害性后果严重的灾害风险才有可能转化为灾害。显然，对灾害风险进行有效管理能够预防灾害的发生并减少灾害的损失程度。

灾害风险管理是在灾害学理论的指导下预防灾害可能造成的自然生态和社会经济破坏的一种应急管理。它是以评估分析的理论和方法为出发点和支撑点，并结合灾害风险实际情况决策出的预防性措施。灾害风险管理能够全面反映灾害，确定减灾目标，优化防灾、抗灾、救灾措施，评价减灾效益，进行减灾施策，也能够为制定国土利用、开发计划和制定社会经济发展计划提供重要参考资料。从系统论的观点来看，致灾因子、孕灾环境、承灾体、灾情之间相互影响，相互联系，形成了一个具有一定结构、功能、特征的复杂体系。因此，灾害风险管理具有系统组成的高维特性、系统之间关联复杂和城市灾害系统的非线性等特点。灾害风险管理要以系统工程的思想、方法为主导，注重研究对象的整体化、层次化，评价方法和技术的综合化，以及信息利用的多元化，以灾害学、环境科学、经济学和社会科学等相关科学的理论与方法为基础，丰富和发展灾害风险管理的内容，建立完善的灾害风险管理体系，是应急防灾抗灾工作的客观需要。

1.3.3　主要内容

灾害风险管理是科学地预测灾害风险发生的时空、强度和影响范围等，通过综合性的评估、规划和决策做出积极有效的反应，采取预防性的措施，从而使灾害风险发生的概率降低或灾害风险造成的生命财产损失得到减缓。灾害风险的管理首先是对目标区域的灾害风险进行识别；其次是分析灾害风险的等级，预测灾害风险可能带来的威胁程度；在灾害风险分析的基础上开展评估工作，包括灾害发生概率的估算、灾后分析及防灾减灾能力等；经过科学的风险评估后，可进一步决策出工程性和非工程性的治理措施以降低灾害风险，并利用监测与预警系统建立起防灾备灾与紧急应急规划，做到防患于未然。

灾害风险识别的主要内容包括：

（1）识别孕灾环境的危险性。对研究区域的地理、水文和气候等自然环境因素进行系统性记录；采集城乡人口和建筑的类型、数量和分布等相关数据，摸底了解人口的知识文化水平、灾害风险意识和宗教信仰等；调查经济状况，包括人均GDP、主要经济支柱等，重点统计分析具有潜在灾害风险的经济活动。

（2）收集历史灾害资料，识别致灾因子。通过新闻资讯、文献资料和咨询专家等方法统计历史发生过的重大灾害，主要记录发生频率和灾害损失情况，并分析灾害的成灾机理。

（3）分析灾害风险的承灾体。一旦灾害发生，遭受了重创，产生损失最直接的就是生命财产，风险最根本的承担者是灾害发生区域的人口。

（4）防灾减灾现状调查。这部分资料主要来源于城乡的防灾减灾规划，包括分析应急避难场所、应急道路和应急指挥等，鉴别其是否满足我国防灾规划标准中的规定。

（5）得出风险识别的结果。对以上信息进行综合性分析和总结，以便为灾害风险评估工作的开展提供有效的参考依据。

完成了灾害风险的识别后，即开展灾害风险分析工作。灾害风险分析的目的是要估计每一风险的风险等级，要区别出哪些风险是主要风险，急需处理；哪些风险是次要风险，可以暂缓处理，为风险排序、风险处理评估提供依据。风险分析过程就是将灾害和社会易损性充分结合的过程。它是整个风险管理过程中的一个重要步骤。从风险管理角度出发，灾害风险等级可以分为：极度风险，需要立即采取处理措施；高度风险，必须高度关注；中风险，指定管理职责；低风险，常规程序管理。

经过对灾害风险的分析后，可进一步评估灾害风险。一段时间内，部分学者认为灾害风险评估是对致灾因子的研究，着重研究致灾因子的演化和致灾过程，将自然灾害风险论看成是致灾因子论。然而，随着学者们的研究和实践，发现在面对可能发生的灾害时，人们往往难以左右灾害的发生或是降低灾害的强度，即人们在灾害面前往往不是主动地出击而是被动地承受。为了更好地管理和减少灾害可能带来的损失，社会的管理方式由降低灾害的过程转变为降低灾害的风险，即从致灾因子的强度与承灾体的角度来分析灾害可能造成的损失，并采取措施降低这种损失，灾害风险评估的概念也就因此被提出。灾害风险评估是指对灾害发生的概率和发生后可能造成的损失的预测性分析。其主要内容包括：

（1）致灾因子的评估。致灾因子是指可能引发灾害的各种因素，如暴雨、洪水和火山等。致灾因子的评估主要是研究区域不同概率灾害事件的强度参数，包括了致灾因子的强度和承灾体的破坏程度评估。致灾因子的强度评估主要参考历史数据和相关环境的变化程度，可采用分级的方式进行评估；承灾体的破坏程度评估需结合致灾因子强度和承灾体的易损性进行综合性分析，同样采用分级方式进行评估。

（2）承灾体的暴露度评估。主要内容包括：分析研究承灾体的类型、数量及分布等情况，估算区域内的主要承灾体的社会经济价值属性，并表征出各类承灾体所遭受到的灾害强度。

（3）承灾体的易损性评估。承灾体的易损性是由自身属性、自然环境、社会、经济环境等共同作用的结果。承灾体的易损性评估是开展城乡灾害风险及损失估计的重要环节，其关键是灾害下承灾体的敏感性分析，反映出承灾体抵抗灾害的能力。

（4）承灾体的防灾减灾能力评估。承灾体的防灾减灾能力损失评估主要是分析一定时间及区域范围内抵抗不同强度灾害可能造成破坏的能力，反映出灾害下承灾体的抗灾水平。

灾害风险治理是针对不同的风险采取不同的介入策略和措施，以达到灾害风险回避、灾害风险转移、降低灾害发生的概率、缓和灾害发生的不利后果等目的。灾害风险治理过程可以分为减灾、防备、应急救援和恢复重建四个阶段，每个阶段有不同的风险介入策略和风险处理措施。

减灾的基本目标就是力图将对社会和环境造成影响的潜在灾害最小化，达到这个目标的最佳方式就是在灾害发生前采取一些减小灾害发生可能性和减轻其影响后果的预防性措施。预防措施有工程性的，也有很多有效的非工程性措施。工程性措施效果直接而明显，但涉及较大的资金投入，非工程性措施效果间接而深远，且直接的资金投入较少。预防性措施包括：将灾害管理纳入区域土地规划体系之中、制订建筑和工程防灾规范和标准、颁布防灾减灾相关的法律法规、实施有利于减灾策略的经济措施和组织措施、加强灾害意识的宣传和教育、建立有效的灾害监测和预警系统以及实施必要的防灾工程建设等。

防备是为了保证在灾害发生时，社会系统能处理灾害的不利影响而在灾害发生前采取的防御性措施。其主要包括：制订社会灾害应急规划、应急物资储备、有关人员的培训和应急方案预演以及灾前大众的应急准备等。

应急救援是灾害发生过程中，为减小灾害对生命财产的损害而采取的应急性措施。其主要包括：启动应急协调中心、灾民转安置、调配救灾人员、资金拨款、物资调度和医疗援助等。同时，也需要开展灾害风险评估、损失评估和救灾需求评估等应急评估工作。

恢复重建是灾害发生后，急需开展灾情全面调查评估、社会经济影响评估、应急救灾工作评估和恢复重建工作评估等。进一步采取重建社会的正常运转所的相应措施，主要包括：修复重要的服务设施、提供暂时性住房、提供经济援助和支持、安慰受灾群众和灾后的灾害宣传和教育等。

灾害风险治理过程中需制定相应的灾害风险处理方案，以便灾害发生时应急。灾害风险处理方案应有明确的任务、目标、职责分工、经费预算、实施阶段、时间计划表、资源调配计划、执行的措施和预计的结果。通过积极有效的灾害风险管理措施，做好灾前的风险识别、分析和评估工作，不仅可以降低灾害发生的可能性，而且在灾害发生时，也会因为充分的应对灾害准备和完善的备灾预案而做到遇灾不乱不慌，使抗灾救灾工作秩序井然，起到既能够节约救灾时间又可以降低灾害损失的作用。

1.3.4 灾害形势

世界经济论坛发布的2022年《全球风险报告》指出环境风险被视为全球最严重的五大长期威胁，也最有可能对人类和地球产生破坏性影响，其中"气候行动失败""极端天气事件"和"生物多样性丧失"排名前三。2023年的《全球风险报告》中指出自然灾害及极端天气事件、气候行动失败和大规模环境破坏事件等将主导未来两年的全球环境风险格局（表1-14）。而从长期的环境风险来看，未来十年出现全球气候持续变暖和生态崩溃的风险尤为突出。报告中气候变化的行动失败、自然灾害、生物多样性丧失和环境恶化这4项风险已连续入选全球十大风险，而生物多样性丧失被视为未来十年快速恶化的全球性风险之一。显然，目前全球环境灾害风险已日益严峻。

全球十大风险 表1-14

	两年内		十年内
1	生活成本危机	1	气候行动失败
2	自然灾害及极端天气事件	2	气候适应失败
3	地缘经济对抗	3	自然灾害及极端天气事件
4	气候行动失败	4	生物多样性破坏和生态系统崩溃

	两年内		十年内
5	社会凝聚力侵蚀和社会分化	5	大规模非自愿移民
6	大规模环境破坏事件	6	自然资源危机
7	气候适应失败	7	社会凝聚力侵蚀和社会分化
8	网络犯罪及网络安全威胁肆虐	8	网络犯罪及网络安全威胁肆虐
9	自然资源危机	9	地缘经济对抗
10	大规模非自愿移民	10	大规模环境破坏事件

我国的灾害风险在时空上分布不均。从时间维度分析，我国夏秋季的城乡灾害风险大于冬春季；而从空间维度分析，中西部的灾害风险高于其他区域（表1-15）。

灾害风险的时空特点 表1-15

空间分区	主要灾害类型	时间分区	
		冬春	夏秋
东北地区	风灾、农作物病虫害	干热风、春旱、雪灾、冻害、雹灾	森林灾害、洪涝、泥石流
华北地区	风灾、沙漠化、土壤盐碱化、作物病虫害	春旱、冻害、雹灾、江河枯水	洪涝、泥石流
西北地区	沙漠化、风灾、水土流失、地震、雹灾、雪灾	干热风、春旱、冻害、冻融	山地地质灾害、泥石流、森林灾害
长江流域	山地地质灾害、平原地质灾害、水土流失、酸雨	春涝、春季低温连阴雨、某些年份的春旱、雹灾、雪灾	洪涝、泥石流、森林灾害、台风
东南沿海及华南地区	平原地质灾害、海洋与海岸带灾害、农作物病虫害、地震、台风	低温连阴雨、春旱、春涝、雹灾	台风、咸潮、洪涝、滑坡、泥石流、森林灾害、赤潮
西南地区	地震、山地地质灾害、水土流失	春旱、雹灾	涝灾、山洪、滑坡、崩塌、泥石流、森林灾害
青藏高原	地震、风灾、雪灾、山地地质灾害、水土流失	春旱、雹灾、雪灾、冻害	涝灾、山洪、滑坡、崩塌、泥石流、地震、风灾

现阶段，我国城镇化进程加快，人口在少数特大和超大城市过度聚集，加剧了风险和灾损。如2020年，我国人口增长最快的10个城市人口总量达到1.58亿人，较2010年增长

4210万人；其占全国人口的比例，由2010年的8.7%提高到2020年的11.2%。在人口和产业持续聚集的过程中，这些城市及周边的生态绿地被大量侵占蚕食，市辖区水面率普遍下降3%~5%，应对自然灾害和安全风险的韧性能力降低。同时，各种公共服务设施、超大规模城市综合体、人员密集场所、高层建筑、地下空间、地下管网等大量建设，导致城市内涝、火灾和拥挤踩踏等灾害风险隐患日益凸显，一旦灾害发生，容易造成巨大的生命财产损失。

随着全球气候变化加剧，过去50年气候灾害数量增加了5倍，平均每天造成2.02亿美元的损失。中国是气候变化的敏感区和影响显著区，受到的威胁尤为严重，极端天气趋强趋重趋频，台风登陆更加频繁、强度更大，降水分布不均衡、气温异常变化等因素导致发生洪涝、干旱、高温热浪、低温雨雪冰冻、森林草原火灾的可能性增大，重特大地震灾害风险形势严峻复杂，灾害的突发性和异常性愈发明显（表1-16）。例如，2019年8月10日在浙江省登陆的超强台风"利奇马"，具有风力强、降雨猛和持续时间长的特点，是新中国成立以来登陆大陆强度排名第五的台风。台风"利奇马"对我国造成了严重的生命财产损失，使我国1402.4万人受灾，57人死亡，14人失踪，209.7万人紧急转移安置，直接经济损失达537.2亿元。而2021年7月20日在河南郑州等地持续遭遇历史罕见的极强降雨天气，引发特大洪涝灾害，造成重大损失。特大暴雨共造成河南省150个县（市、区）1478.6万人受灾，因灾死亡失踪398人，直接经济损失1200.6亿元。因此，针对性地开展灾害风险管理的科学性工作迫在眉睫。

2017—2023年我国典型自然灾害（来源：百度百科）　　　　表1-16

时间	地点	灾害	受灾人口	直接经济损失
2017年8月23日	广东省珠海市	台风"天鸽"	44.6271万人	289.1亿元
2017年8月8日	四川省九寨沟	7.0级地震	17万人	1.1446亿元
2018年4月上旬	华北地区	低温、雪灾	1255.7万人	233.7亿元
2018年7月上旬	江西省	暴雨、洪涝灾害	109.8万人	13.8亿元
2019年5月	浙江、江西等省份	（农作物灾害）干旱灾害	3263.5万人	189.9亿元
2019年8月10日	浙江省	台风"利奇马"	1402.4万人	537.2亿元
2019年8月20日	四川省汶川县	泥石流	3万余人	14亿元
2021年5月22日	青海省玛多县	7.4级地震	11.3万人	41亿元
2021年7月20日	河南省	特大暴雨	1366.43万人	885.34亿元
2021年8月中下旬	陕西省	暴雨洪涝灾害	107.2万人	91.8亿元

时间	地点	灾害	受灾人口	直接经济损失
2022年7月	长江流域	干旱灾害	3978万人	408.5亿元
2022年8月17日	重庆市	森林火灾	264人	74亿元
2023年7月28日	福建省	台风"杜苏芮"	291万人	147亿元
2023年7月31日	华北地区	强降雨、洪涝	58万人	—

除了自然灾害，我国将突发事件主要分为以下三类：事故灾难类（表1-17）、公共卫生事件类和社会安全事件类。其中，事故灾难类包括工矿商贸等企业的各类安全事故、交通运输事故、公共设施和设备事故、核辐射事故、环境污染和生态破坏事件等；公共卫生事件类包括传染病疫情、群体性不明原因疾病、食品安全和职业危害、动物疫情以及其他严重影响公众健康和生命安全的事件；社会安全事件类包括恐怖袭击事件、民族宗教事件、经济安全事件、涉外突发事件和群体性突发事件等。

2017—2023年的我国典型事故灾难（来源：百度百科）　　表1-17

时间	地点	灾害	死亡人数	经济损失
2017年4月2日	安徽省安庆市	化工汽油爆炸	8人	786.6万元
2018年11月28日	河北省张家口市	爆燃事故	45人	4148万元
2019年8月31日	福建省建瓯市	煤化工爆炸	3人	345万元
2020年11月23日	广东省增城区	施工事故	4人	844.79万元
2021年6月13日	湖北省十堰市	燃气爆炸	201人	5395万元
2022年11月22日	河南省安阳市	工厂火灾	40人	3057万元
2023年4月17日	浙江省金华市	火灾事故	44人	2806.5万元
2023年11月21日	山西省临汾市	坍塌事故	7人	1946.71万元
2024年3月13日	河北省廊坊市	爆炸事故	7人	未知

近几年世界各国学者对灾害风险评估展开了一系列的研究，取得了很大的进展，灾害风险管理的相关研究也受到越来越多国内外学者的关注。目前关于灾害风险的热门研究课题可分为研究对象和研究内容两方面，其中研究对象主要集中在频发的灾害，如地震、洪涝和气象灾害等，同时越来越多的学者关注多灾种和灾害链的演化。研究内容上，主要包括灾害风险的评估、评价和普查等（图1-6）。

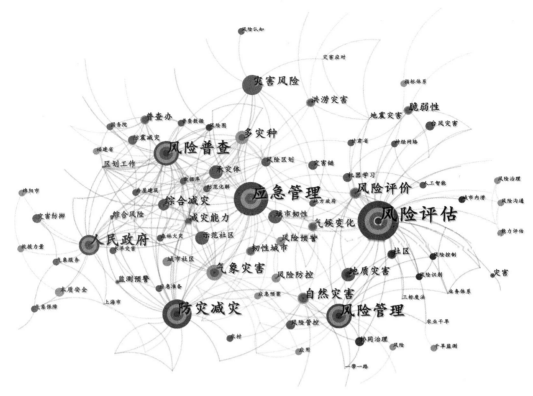

图1-6 近3年CNKI灾害风险管理关键词知识图谱

　　显然，灾害风险管理已经成为政府相关管理部门、众多学者关注的重点问题之一。面对严峻的灾害风险形势，首先，要注重风险源头防范管控。一方面，完善灾害风险分级管控与隐患排查治理机制，增强多灾种和灾害链综合监测、风险早期感知识别和预报预警能力。另一方面，进一步加强灾害风险评估并开展科学规划布局，探索建立自然灾害红线约束机制，强化自然灾害风险区划与各级各类规划融合，完善规划安全风险评估会商机制。结合国土空间规划编制实施，在"三区三线"、蓝线绿线等基础上，进一步探索城市适应气候变化的空间策略，优化城市空间布局。融合规划和土地政策，加大城市存量空间盘活力度，统筹城市地上地下空间综合利用。划定海洋灾害防治区，强化沿海城镇海平面上升应对措施。划定洪涝风险控制线，加强城市和区域调蓄空间管控。加强超大特大城市治理中的风险防控，统筹县域城镇和村庄规划建设，严格控制区域风险等级及风险容量，推进实施地质灾害避险搬迁工程，形成有效防控重大安全风险的空间格局和生产生活方式布局。

　　其次，为提高区域整体防灾抗灾救灾能力，需进一步强化区域协同，健全自然灾害高风险地区，京津冀、长三角、粤港澳大湾区、成渝城市群，以及长江、黄河流域等区域协调联动机制，统一应急管理工作流程和业务标准，加强重大风险联防联控，联合开展跨区域、跨流域风险隐患普查，编制联合应急预案，建立健全联合指挥、灾情通报、资源共享、跨域救援等机制。加快建立健全基础设施建档制度，以城市人民政府为实施主体，加快开展城市市政基础设施现状普查，摸清底数、排查风险、找准短板，提出有针对性的基础设施韧性提升措施，纳入市政基础设施建设规划及实施计划。鼓励探索开展城市基础设施压力测试。对城市基础设施安全风险进行源头管控、过程监测、预报预警、应急处置和综合治理。全面提升极端天气气候事件下城市各类基础设施的防灾、减灾、抗灾、应急救灾能力和城市重要基础设施快速恢复能力、关键部位综合防护能力。

最后，针对灾害风险的复杂性和动态性，应加强自然灾害综合治理，重点改善城乡防灾基础条件。包括开展城市重要建筑、基础设施系统及社区抗震韧性评价及加固改造，提升学校、医院等公共服务设施和居民住宅容灾备灾水平。加强城市防洪排涝与调蓄设施建设，优化和拓展城市调蓄空间。增强公共设施应对风暴和地质灾害的能力，完善公共设施和建筑应急避难功能。统筹规划建设公共消防设施，加密消防救援站点。实施农村危房改造和地震高烈度设防地区农房抗震改造，逐步建立农村低收入人口住房安全保障长效机制。完善农村道路安全设施。推进自然灾害高风险地区居民搬迁避让，有序引导灾害风险等级高、基础设施条件较差、防灾减灾能力较弱的乡村人口适度向灾害风险较低的地区迁移。

第 2 章

灾害风险评估

2.1 引言

中国是世界上自然灾害最为严重的国家之一，灾害种类多、分布地域广、发生频率高、造成损失重。根据《2022年全球自然灾害评估报告》，我国自然灾害频次为12次，位于全球第四；因灾死亡人数为17人，创新中国成立以来年度最低；因灾直接经济损失高达160亿美元，位于全球第二。中国的自然灾害风险和减灾能力仍处于全球中等水平。

党的十八大以来，以习近平同志为核心的党中央高度重视防灾减灾工作，强调要坚持以防为主、防抗救相结合的方针，坚持常态减灾和非常态救灾相统一，为做好新时代防灾减灾工作提供了科学指引。2018年中央财经委员会第三次会议中明确指出：提高自然灾害防治能力，是实现"两个一百年"奋斗目标、实现中华民族伟大复兴中国梦的必然要求，是关系人民群众生命财产安全和国家安全的大事，也是对党执政能力的重大考验，必须抓紧抓实。可见加强自然灾害防治，降低自然灾害风险，是关系国计民生的大事，而做好灾害的风险调查、评估与区划工作是提高自然灾害防治能力的前提。风险调查、评估与区划主要是摸清自然灾害风险底数，全面获取灾害致灾信息，把握自然灾害风险规律，构建自然灾害风险防治区划，为保护人民群众生命财产安全和国家安全提供有力保障。本章将详细阐述灾害风险调查和区划的内容及其方法，同时介绍综合灾害风险评估的具体内容，并结合实践案例进行深入剖析。

2.2 灾害风险调查与区划

通过组织开展灾害风险调查与区划，摸清灾害风险隐患底数，查明重点区域抗灾能力，客观认识城乡灾害综合风险水平，为国家和当地各级政府有效开展自然灾害防治和应急管理工作、切实保障社会经济可持续发展提供灾害风险信息和科学决策依据。灾害风险调查与区划主要包括两方面内容：一是获取地震灾害、地质灾害、气象灾害、水旱灾害、海洋灾害、森林和草原火灾等主要灾害致灾信息，人口、房屋、基础设施、公共服务系统、三次产业、资源与环境等重要承灾体信息，以及历史灾害信息，掌握重点隐患情况，查明区域抗灾能力和减灾能力；二是以调查为基础、以评估为支撑，客观认识当前该地区致灾风险水平、承灾体易损性水平、综合风险水平、综合防灾减灾救灾能力和区域多灾并发群发、灾害链特征，科学预判之后一段时期灾害风险变化趋势和特点，形成当地自然灾害防治区划和防治建议。

如图2-1所示，灾害风险调查是风险评估和区划的数据基础，调查的目的是获取主要自然灾害综合风险各要素的数据，摸清自然灾害风险要素的底数；评估是客观认识自然灾害风险和隐患的重点，目的是查明防灾、减灾、抗灾、救灾的能力，掌握自然灾害隐患的状况，了解历史自然灾害灾情的变化，认识区域自然灾害风险的水平与规律；区划是自然

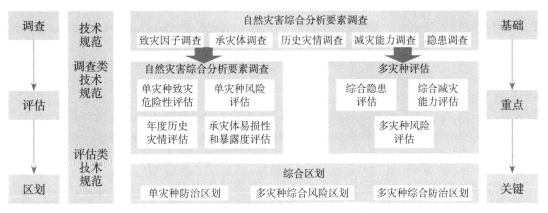

图2-1　灾害风险调查与区划流程图[53]

灾害风险普查的重要目标，亦是评估成果综合体现的关键，目的是对一个区域围绕自然灾害综合风险特征或主要自然灾害、区域自然灾害（多灾种）防治的需要而进行区域划分，支撑区域自然灾害防治空间规划和防治投入的重点布局。

为全面掌握我国自然灾害风险隐患情况，提升全社会抵御自然灾害的综合防范能力，经党中央、国务院同意，我国于2020年至2022年开始开展第一次全国自然灾害综合风险普查工作，这也是我国自然灾害领域发展到目前覆盖面最广、权威性最高、投入力量最多的一次风险评估工作（图2-2）。本部分以第一次全国自然灾害综合风险普查为例，详细介绍灾害风险调查、评估与区划的方法，包括范围与对象、调查内容和调查方法。

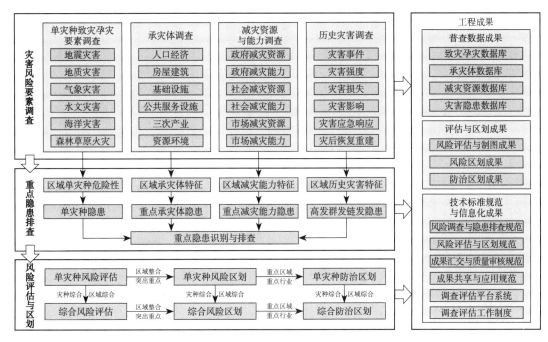

图2-2　第一次全国自然灾害综合风险普查总体框架

2.2.1 调查内容

根据我国自然灾害种类的分布、影响程度和特征，本次普查涉及的自然灾害类型主要有地震灾害、地质灾害、气象灾害、水旱灾害、海洋灾害、森林和草原火灾等。普查内容包括主要自然灾害致灾调查与评估，人口、房屋、基础设施、公共服务系统、三次产业、资源和环境等承灾体调查与评估，历史灾害调查与评估，综合减灾资源（能力）调查与评估，重点隐患调查与评估，主要灾害风险评估与区划以及灾害综合风险评估与区划。

普查对象包括与自然灾害相关的自然和人文地理要素，省、市、县各级人民政府及有关部门，乡镇人民政府和街道办事处，村民委员会和居民委员会，重点企事业单位和社会组织，部分居民等。

1. 主要致灾要素调查

孕灾要素主要指孕育和导致灾害发生发展的基本因素，按调查灾种分为地震灾害、地质灾害、气象灾害、水旱灾害、海洋灾害、森林和草原火灾，其主要指标包括断层活动、地质构造与野外火源等；主要以工程勘测、遥感解译、站点观测数据资料汇集、现场调查等多种技术手段相结合开展致灾孕灾要素调查；运用遥感技术、现场勘查和工程勘测等相结合的方法开展地震活动断层、地质灾害调查，汇集气象、水文等数据，通过构造探测、物探、钻探、山地工程等技术手段，结合多种方法校核验证，采集各类致灾孕灾要素数据资料；运用统计分析、工程填图、模拟仿真、绘制地图等方法，实现对主要灾害致灾危险性的评估（表2-1）。

主要灾害种类致灾要素信息 表2-1

灾害类型	致灾要素信息
地震灾害	主要活动断层的空间展布和活动性定量参数，宏观场地类别分区图，全国1：100万、省级1：25万地震危险性图
地质灾害	地质灾害点空间分布、基本灾害特征、稳定性现状、孕灾地质背景条件等信息，全国1：100万、省级1：25万、市县级1：5万或1：10万地质灾害危险性图
气象灾害	主要气象灾害的致灾因子危险性等级，主要气象灾害国家—省—市—县四级危险性基础数据库，全国1：100万、省级1：25万、市县级1：5万或1：10万主要气象灾害危险性区划等专业图件
水旱灾害	全国暴雨洪水易发区调查分析、全国水文（位）站特征值计算复核、流域产汇流查算图表；水文站网功能评价、统一水文测站高程基准；暴雨、洪水频率分析，全国暴雨频率图，大江、大河主要控制断面洪水特征值图表，中小流域洪水频率图；全国干旱灾害危险性调查数据库

灾害类型	致灾要素信息
海洋灾害	5个灾种全国1：100万、省级1：25万、县级1：5万海洋灾害危险性分布图
森林和草原火灾	森林和草原火灾危险性调查与评估数据库，全国1：100万、省市级1：25万或1：50万、县级1：5万的森林和草原火灾危险性分级分布图

例 地震灾害致灾调查

地震灾害致灾调查即地震危险性相关因素的调查、建库和评价，具体工作内容包括地震危险源调查及基础数据库建设、地震活动性模型更新、全国地震危险性分析与编图三部分工作（图2-3）。

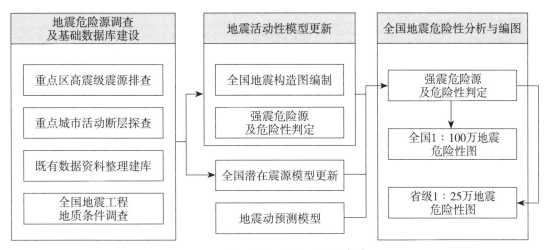

图2-3 地震灾害致灾调查内容[83]

地震危险源调查及基础数据库的建设是由地震部门系统性收集整理近十年来中央财政、各级地方财政和社会资本投入获得的地震活动断层探测、场地地震工程地质条件调查资料等信息，为大地震震源识别、未来地震活动趋势判断等工作提供扎实的基础数据库。基于数据库的信息，编制全国1：100万地震构造图，开展未来10年大地震危险源识别判定和全国潜在震源区模型的更新工作，为地震危险性图的编制和未来全国抗震设防要求的更新提供更高精度的评价模型库。基于扎实的基础数据和较为精准的评价模型，运用地震灾种危险性评价技术，开展多概率、多参数的地震危险性分析，给出以地震动峰值加速度和反应谱值为参数、4种重现期（50年、475年、2475年和10000年）的地震危险性图。

2. 承灾体调查与评估

承灾体主要指可能承受灾害打击的对象，按调查对象分为房屋建筑、基础设施（交通、市政、水利等设施）、公共服务系统（学校、医院等）、三次产业、人口、资源和环境等，其主要指标包括空间位置、几何形状、数量、功能属性、灾害属性、价值等，主要由内外业一体化技术开展承灾体调查。共享利用承灾体管理部门已有普查、调查数据库和业务数据资料，按风险普查对承灾体数据的要求进行统计、整理入库。采取遥感影像识别、无人机航拍数据提取等技术手段获取房屋建筑等承灾体的分布、轮廓特征信息，通过互联网数据抓取、现场调查与复核等多样技术手段，结合数据调查APP移动终端采集承灾体数量、价值、设防水平等灾害属性信息，并采用分层级抽样、人工复核等手段，保证数据质量。运用地理信息技术手段，评估并生成承灾体数量、价值空间分布图。

在全国范围内统筹利用各类承灾体已有基础数据，开展承灾体单体信息和区域性特征调查，重点对区域经济社会重要统计数据、人口数据以及房屋等重要承灾体的空间位置信息和灾害属性信息进行调查（表2-2）。

主要调查信息　　　　　　　　　　　　　　　　　　　　　表2-2

类型	具体信息
人口与经济普查	人口统计数据、人口空间分布信息调查；经济社会统计数据，主要包括三次产业地区生产总值、固定资产投资、农作物种植业面积和产量等
房屋建筑调查	单栋房屋建筑的建筑面积、结构、建设年代、用途、层数、经济价值、使用状况、设防水平等
基础设施调查	交通、能源、通信、市政、水利等重要基础设施的空间分布和属性数据，主要包括设施类型、数量、价值、服务能力和设防水平等
公共服务系统调查	教育、卫生、社会福利等的人员情况、功能与服务情况、应急保障能力等
三次产业要素调查	主要农作物、设施农业等的地理分布、产量等信息，危化品企业、煤矿和非煤矿山生产企业空间位置和设防水平等信息，第三产业中大型商场和超市等对象的空间位置、人员流动、服务能力等
资源与环境要素调查	土地利用现状分布资料，森林、草原、湿地等资源清查、调查等形成的地理信息成果
承灾体经济价值评估与空间化	全国不同地区主要承灾体重置价格，人口、房屋、农业、森林、草原、国内生产总值、资本存量等承灾体经济价值空间化，生成全国承灾体数量或经济价值空间分布图

例　城镇房屋建筑调查内容

城镇房屋的调查分为住宅和非住宅两类，主要调查基本信息、建筑信息、使用情况，以及房屋抗震设防基本信息等。各调查内容的具体定义在现行相关国家标准《建筑抗震鉴定标准》GB 50023、《建筑抗震设计标准》GB/T 50011、《建筑工程抗震设防分类标准》GB 50223、《民用建筑设计统一标准》GB 50352与混凝土结构设计原理等教材中各有说明。

房屋的基本信息和部分建筑信息可由非结构专业但经过相关培训的一般人员填写，房屋使用情况、裂缝、变形等损伤情况的判别，以及结构类型的判断等属于专业调查信息，由结构专业人员填写，或在后期自查过程中重点核准，其具体内容如下：

（1）基本信息：建筑名称、建筑地址、小区名称、户数（住宅建筑）、单位名称、产权单位和产权登记等。

（2）建筑信息：建筑概况（建筑面积、建筑层数、建筑高度、建造时间）、结构类型（砌体结构、钢筋混凝土、钢结构、木结构及其他类型）、房屋用途分类（医疗建筑、商业建筑、工业建筑和教育建筑等）、减隔震性能等。

（3）使用情况：房屋有无明显可见的裂缝、变形、倾斜等，建筑改造情况、建筑抗震加固情况和物业管理情况等。

3. 历史灾害调查与评估

历史灾害主要指历史上已经发生的自然灾害，按调查类别分为年度历史灾害、一般灾害事件、重大灾害事件，其主要指标包括主要灾情、房屋倒损、经济损失、致灾因子、救灾投入、行业部门损失等（图2-4）。

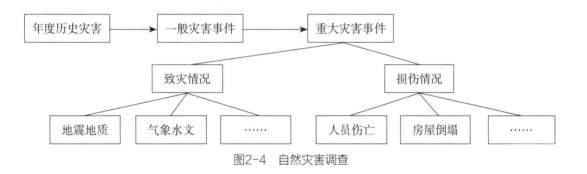

图2-4 自然灾害调查

4. 重点隐患调查与评估

以多灾种、多要素、全链条相结合开展主要灾害重点隐患调查与综合评估（图2-5）。主要灾害重点隐患主要指因自然灾害引起的重点的不安全因素，按调查类型可分为地震灾害隐患、地质灾害隐患、洪水灾害隐患、气象灾害隐患、海洋灾害隐患、森林和草原火灾隐患、次生安全生产事故隐患（次生危化、煤矿、非煤矿山、核与辐射安全事故），其指标包括频发易发、后果严重、威胁重要承灾体、次生灾害链长、隐蔽性强、减灾能力弱等。

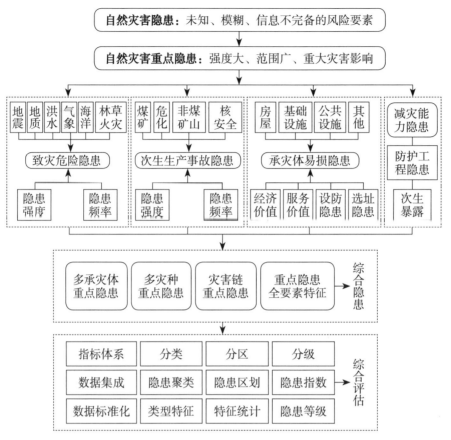

图2-5　重点隐患调查与评估

在主要灾害致灾调查与危险性评估基础上，形成灾害高危险区、建设避让区界定规范；在承灾体调查基础上，开展现有抗震、防洪等设防水平的判定；基于工程性防灾减灾信息，开展各类工程防护能力水平现状与技术规范要求的关系判定；充分利用多灾种、承灾体、历史灾害、减灾能力等多源信息，基于空间叠加分析方法，研判主要灾种风险隐患；运用专家经验评判和层次分析等方法对灾害隐患进行分区分类分级综合评定。

例　地震灾害重点隐患分级评价

按照本次普查工作的总体要求，地震灾种将基于住建部门的全国房屋建筑和市政基础设施的普查数据，综合考虑承灾体的抗震设防状况、使用情况、建造年代、现存病害、工程重要等级、地震危险性等，开展地震灾害重点隐患分级评价，给出全国地震灾害重点隐患分布图（图2-6）。

评估中，根据承灾体被地震破坏后可能引发重大人员伤亡、阻碍社会运行的不同情况，将分级评价的对象确定为居民住宅、大中小学校舍、医疗卫生设施、社会服务保障设施、商业中心和市政基础设施共6类重点隐患。其中，居民住宅包括城镇住宅建筑和农村独立住宅、集合住宅；大中小学校舍包括城市和农村的中小学幼儿园教学楼、宿舍楼等教

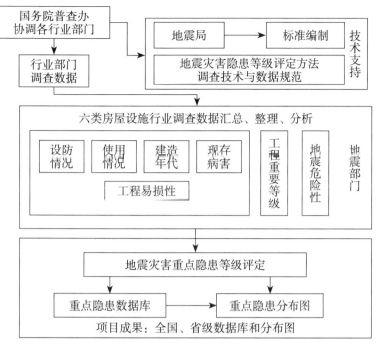

图2-6　普查工作流程[83]

育建筑和其他学校建筑；医疗卫生设施包括医疗建筑；社会服务保障设施包括城镇福利院、养老建筑、办公建筑、救灾建筑、文化建筑、体育建筑、纪念建筑、宗教建筑和农村公共服务建筑（除医疗和教育建筑）；商业中心包括城镇和农村商业建筑、住宅和商业综合以及办公和商业综合建筑；市政设施包括市政桥梁、供水厂和供水主干线。分级评价的范围为全国抗震设防相当于7度或以上的高地震危险区。

根据上述6类设施的地震灾害隐患分级评价成果，将建立全国、省两级地震灾害重点隐患调查成果数据库及地震灾害重点隐患清单，编制完成全国（1：100万）、省（1：25万）两级地震灾害重点隐患分布图，直接支撑地震灾害风险治理（图2-7）。

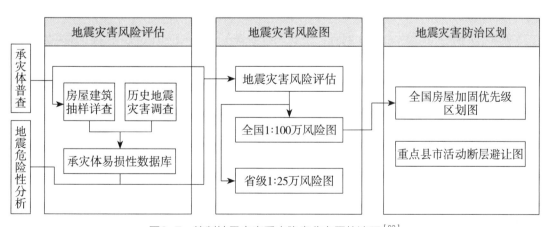

图2-7　编制地震灾害重点隐患分布图的流程[83]

5. 综合减灾资源（能力）调查

综合减灾资源主要指用于防灾、减灾、救灾的各类资源，按调查层级可分为政府减灾资源（能力）、社会应急力量和企业减灾资源（能力）、基层减灾资源（能力），其主要指标包括人力资源、财力资源、物资资源、社会应急力量、企业减灾资源、乡镇和社区减灾资源、家庭减灾资源等（图2-8）。

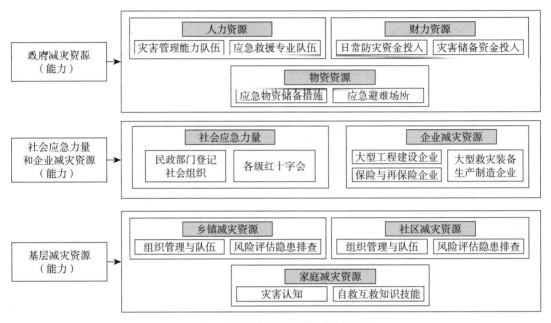

图2-8 综合减灾资源（能力）调查

政府综合减灾资源（能力）调查：主要调查国家、省、市、县级政府涉灾管理部门、各类专业救援救助队伍、救灾物资储备库（点）、灾害避难场所等的基本情况、人员队伍情况、资金投入情况、装备设备和物资储备情况。

社会应急力量参与企业减灾资源（能力）调查：主要调查有关企业救援装备资源、保险与再保险企业综合减灾资源（能力）和社会应急力量综合减灾资源（能力）。

基层综合减灾资源（能力）调查：主要调查乡镇（街道）和行政村（社区）基本情况、人员队伍情况、应急救灾装备和物资储备情况、预案建设和风险隐患掌握情况等内容；对于家庭，则抽样调查居民的风险和灾害识别能力、自救和互救能力等。

2.2.2 调查方法

1. 技术路线

充分利用第一次全国地理国情普查、第一次全国水利普查、第三次全国国土调查、第三次全国农业普查、第四次全国经济普查和地震区划与安全性调查、重点防洪地区洪水风险图编制、全国山洪灾害调查评价、地质灾害调查、第九次森林资源清查、草地资源调查、全国气象灾害普查试点、海岸带地质灾害调查等专项调查和评估等工作形成的相关数据、资料和图件成果，以县级行政区为基本调查单元，遵循"内外业相结合""在地统计"原则，采取全面调查、抽样调查、典型调查和重点调查相结合的方式，利用监测站点数据汇集整理、档案查阅、现场勘查（调查）、遥感解译等多种调查技术手段，开展灾害致灾、承灾体、历史灾害和减灾资源（能力）等灾害风险要素调查；对共享与采集的各类数据逐级进行审核、检查和订正；运用统计分析、空间分析、工程填图、模拟仿真、地图绘制等多种方法，开展灾害风险主要要素的评估（图2-9）。

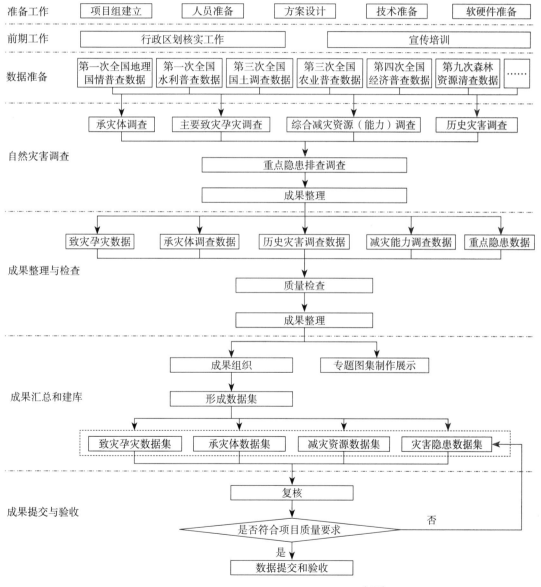

图2-9 自然灾害综合风险普查工作流程[100]

2. 技术方法

1）灾害风险调查

（1）以工程勘测、遥感解译、站点观测数据资料汇集、现场调查等多种技术手段相结合，开展致灾孕灾要素调查。采取遥感技术、现场勘查和工程勘测等相结合的方法，开展地震活动断层、地质灾害调查，汇集气象、水文等数据，通过构造探测、物探、钻探、山地工程等技术手段，结合多种方法校核验证，采集各类致灾孕灾要素数据资料。运用统计分析、工程填图、模拟仿真、绘制地图等方法，实现对主要灾害致灾危险性的评估。

（2）运用内外业一体化技术开展承灾体调查。共享利用承灾体管理部门已有普查、调查数据库和业务数据资料，按风险普查对承灾体数据的要求进行统计、整理入库。采取遥感影像识别、无人机航拍数据提取等技术手段获取房屋建筑等承灾体的分布、轮廓特征信息，通过互联网数据抓取、现场调查与复核等多样技术手段，结合数据调查APP移动终端采集承灾体数量、价值、设防水平等灾害属性信息，并采用分层级抽样、人工复核等手段，保证数据质量。运用地理信息技术手段，评估并生成承灾体数量、价值空间分布图。

（3）以全面调查和重点调查相结合的方式开展历史灾害调查。以县级行政区为基本单元，全面调查1978年以来的年度灾害、历史灾害事件，重点调查1949年以来重大灾害事件的致灾因素、灾害损失、应对措施和恢复重建等情况。构建一整套历史灾害调查数据体系，形成历史灾害调查技术规范，汇集要素完整、内容翔实、数据规范的长时间序列历史灾害数据集。利用统计分析、空间分析等方法开展历史灾害的时空特征和规律的分析评估。

（4）多灾种、多要素、全链条相结合，开展主要灾害重点隐患调查与综合评估。在主要灾害致灾调查与危险性评估基础上，形成灾害高危险区、建设避让区界定规范；在承灾体调查基础上，开展现有抗震、防洪等设防水平的判定；基于工程性防灾减灾信息，开展各类工程防护能力水平现状与技术规范要求的关系判定；充分利用多灾种、承灾体、历史灾害、减灾能力等多源信息，基于空间叠加分析方法，研判主要灾种风险隐患；运用专家经验评判和层次分析等方法对灾害隐患进行分区、分类、分级综合评定。

（5）多对象、多方法、多尺度分析相结合，开展主要灾害和灾害综合风险评估。灾害风险全要素调查与评估成果为主要灾害和综合灾害风险提供致灾因子、承灾体、历史灾害、减灾能力等风险要素信息，重点隐患调查与评估成果为主要灾害和综合灾害风险提供隐患分区、分类、分级的信息。运用等级评估、期望损失、超越概率、情景分析等方法，综合危险性评估、易损性评估、暴露度评估的结果，结合行业规范或业务工作惯例，开展主要灾害和综合灾害风险评估。

2）灾害风险数据处理

（1）基于大数据的灾害风险数据处理。灾害风险大数据的巨大价值不是表现在数据量本身，而是能够对庞大的数据集进行合理的分析，获取风险评估分析所需要的信息数据。从数据处理的生命周期上看，灾害风险大数据从初始数据的处理到数据挖掘最终获取有价值的信息，主要过程涉及五个环节，包括数据信息采集、数据的存储、原始数据的预处理、数据挖掘分析和数据可视化。首先，通过对数据的预处理挖掘价值研究所需要的数据信息，提高数据挖掘的效率，一般数据的预处理技术包括数据清洗、数据集成、数据变换、数据归约。其次是灾害风险大数据挖掘，即从历史数据集中发现规律和模型的过程，通过观察数据的结构信息特征，再选择合适的分析处理方法检查修改数据信息。最后按照目标的功能要求，寻求最优的挖掘结果集。大数据挖掘涉及问题定义、数据准备、数据挖掘、结果评估以及实践应用等五个阶段。

（2）综合运用地理信息、遥感、互联网＋、云计算、大数据等先进技术开展普查基础空间信息制备与软件系统建设。通过地理信息、遥感等技术手段，实现对专题要素、普查成果等空间信息的采集、处理、分析、存储与管理。采用云服务技术架构建设灾害风险普查软件系统及其支撑数据库，实现多部门、多层级应用的分布式部署，用户统一服务和多类型终端兼容接入，实现多部门、多层级跨平台多源异构数据的分布式采集存储、管理和维护，基于应用需求统一数据服务。

（3）以自然属性与社会经济属性兼顾、定性和定量结合的方式，开展主要灾害和综合灾害风险区划与防治区划。根据风险评估成果，结合孕灾环境、行政边界、地理分区等要素信息，通过定性和定量相结合的区划方法进行主要灾害风险区划制定，结合各类承灾体不同灾害防治特点制定防治区划。在主要灾害风险区划和防治区划的基础上，制定不同形式的多尺度综合灾害风险区划；兼顾区域自然属性和社会经济属性，制定多尺度综合灾害防治区划。

例　北京房山区风险普查成果展示（表2-3）

北京房山区主要灾害普查成果　　　　　　　　　　表2-3

序号	调查项	取得成果
1	地震灾害	完成区内断裂带活动断层调查、典型结构房屋抽样详查，典型城镇场地地震标准钻孔调查
2	地质灾害	完成地质灾害隐患点排查
3	气象灾害	完成暴雨、风雹、高温、低温、雷电、雪灾、干旱七类气象灾害致灾调查
4	水旱灾害	完成水库和十渡镇防洪安全隐患排查，小清河片区防洪外业测量及隐患调查；完成供水管线及供水厂的调查工作
5	森林火灾	完成标准地和典型大样地可燃物调查；完成收集已发生或易发生火灾位置信息，完成重点一级火险乡镇的重要火源调查
6	房屋建筑	完成城镇住宅及非住宅、农村住宅及非住宅四大类20m²以上的单栋房屋建筑的调查

序号	调查项	取得成果
7	交通基础设施	完成高速公路调查，省道、县道、乡村公路调查，桥梁、隧道调查市政道路、市政桥梁调查
8	公共服务设施	完成全区学校、医疗卫生机构、社会服务机构、公共文化场所、旅游景区、星级饭店、体育场馆、宗教场所、大型超市等调查
9	历史灾害	完成1978—2020年度各类自然灾害、一般自然灾害事件、1949—2020年房山区重大历史灾害事件数据汇总统计
10	综合减灾资源（能力）	完成政府灾害管理能力、专职消防救援队伍与装备、森林消防队伍与装备、危化油气行业救援队伍与装备、救灾物资储备库（点）、应急避难所、救援装备资源企业、社会应急力量综合减灾资源，以及乡镇（街道）社区（行政村）、家庭综合减灾资源能力调查
11	重点隐患	完成全区化工园区、危险化学品企业等排查工作

2.2.3 总体技术方案

调查试点工作分为前期准备、试点调查总体方案和全面调查三个阶段（图2-10）。

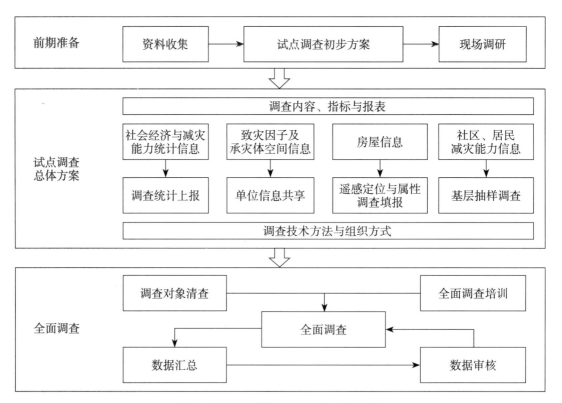

图2-10 调查总体技术方案与工作流程

1. 前期准备

围绕调查的目标和主要内容，收集国内外相关工作资料，形成调查的初步方案以及调研提纲。根据调研提纲，赴试点县通过召开座谈会、实地调研、访谈等工作方式，对各类灾害风险数据的掌握情况，县、乡镇、村（社区）的防灾、减灾、救灾能力的建设情况，以及调查试点工作的组织办法进行调研，并对部分重点数据进行预收集工作。

2. 试点调查总体方案

1）确定调查内容、指标和报表

根据调查的初步方案及内容框架，结合试点县调研情况，设计调查的具体内容，科学选择调查指标，形成调查报表；确定空间数据采集内容和指标，形成空间数据采集标准。

2）确定调查技术手段和组织方式

由于调查的内容和指标广泛，不同种类信息的属性、获取的时空精度不同，其信息采集的技术手段和组织方式有较大差别，将信息采集的主要方法划分为4类，见表2-4。

信息采集方法 表2-4

类型	方法
社会经济及防灾、减灾、救灾等	以领域（行业）部门调查统计、报表填报为主
水利、气象、地质隐患、交通、土地利用、行政区划等	采用部门信息共享的方式获取，具体由业务人员会同试点县赴有关单位实地调研获取
房屋信息	基于高分辨率遥感影像开展空间位置信息的采集
社区、居民减灾能力信息	调查问卷

3. 全面调查

1）确定调查对象

根据调查内容的设计，按照数据（报表）分类，明确调查对象。由试点县组织相关填报单位填报各类调查对象的数量，以及部分调查对象的具体名录。根据调查对象清查情况，确定调查具体范围及工作量。

2）全面调查培训

根据调查内容的分类，由工作组编制培训材料，并协助试点县项目组组织开展培训。培训内容主要包括：①县域自然灾害综合风险与减灾能力调查的目的、意义；②调查主要内容；③调查统计单元和范围、调查对象；④试点调查的主要工作流程；⑤试点调查的组织；⑥各类调查内容、指标的说明、采集技术手段和组织实施办法。培训的主要对象是参与调查的有关单位和参与调查的第三方组织。培训方式主要包括课堂培训、现场采集培训等形式。

3）全面调查

针对不同类型的调查内容，分别采取全面调查、抽样调查、典型调查和重点调查等多种调查形式，通过报表填报、单位共享数据、现场采集等调查技术，完成各类数据的采集。

4）数据汇总、审核

试点县各责任单位对本系统相关调查数据进行汇总、审核，确保调查数据来源可靠。试点县项目组对全县各类数据进行汇总和初步审核。工作组同试点县项目组对调查数据进行核对检查与抽查，不符合要求的重新进行调查。

2.2.4 灾害风险区划

1. 主要灾害风险评估与区划

利用多种分析方法和工具，对主要灾害风险进行全面评估，避免重复，确保信息的全面性和准确性。这包括调查和评估灾害风险的各种要素，如致灾因子、承灾体、历史灾害以及减灾能力等，并重点关注隐患，提供相应的隐患分区分类和分级信息（表2-5）。

主要灾害风险评估与区划　　　　　　　　　　　　表2-5

主要灾害	风险评估与区划
地震灾害	评估地震灾害工程结构、直接经济损失与人员伤亡风险，给出不同时间尺度地震灾害风险概率评估和确定性评估结果；编制不同时间尺度、不同概率水平、不同范围的概率性和确定性地震灾害风险区划图；编制我国地震灾害防治区划图
地质灾害	开展中、高易发区地质灾害风险评价，判定风险区划级别，编制全国、省、市、县四级地质灾害风险区划图件；根据地质灾害类型、规模、稳定性程度、灾害风险等级等因素，编制地质灾害防治区划方案
气象灾害	评估气象灾害人口、经济产值、居民建筑、基础设施等主要承灾体易损性；评估不同重现期危险性水平下国家、省、市、县四级各类承灾体遭受主要气象灾害的风险水平，编制各类气象灾害的风险区划方案
水旱灾害	评估不同重现期洪水淹没范围内人口、GDP、耕地、资产、道路等基础设施暴露情况和直接经济损失风险；编制不同尺度流域、行政区的洪水风险区划方案；编制全国主要江河防洪区、山洪灾害威胁区和局地洪水威胁区的宏观洪水灾害防治区划方案；编制旱灾危险性分布图和风险图、旱灾风险区划方案、全国干旱灾害防治区划方案
海洋灾害	评估沿海地区不同空间单元易损性等级；结合各类海洋灾害的危险性，评估受影响的人口、经济和房屋等典型承灾体的暴露度风险（等级）；开展海洋灾害防治区划，划定海洋灾害重点防治区域，编制国家尺度海洋灾害防治区划方案

主要灾害	风险评估与区划
森林和草原火灾	评估森林和草原火灾影响人口、直接经济损失、自然资源与环境损失的风险；编制森林草原火险区划方案；确定森林和草原火灾防治区划等级标准，完成全国、省、市、县四级森林和草原火灾防治区划

2. 灾害综合风险评估与区划

灾害综合风险的评估需要结合自然、经济和人口等多方面进行分析，进而开展风险防治区划。基于风险评估的结果，考虑环境、地理和社会等多种因素，利用综合的定性和定量方法，结合承灾体的特点有针对性地提出防治区划（表2-6）。

灾害综合风险评估与区划   表2-6

灾害综合风险评估与区划	具体内容
建设综合风险评估、风险区划和防治区划的技术规范体系	制定全国、省、市、县级相应行政单位的综合风险评估和区划技术规范体系
灾害综合风险评估	评估主要灾种影响下的主要承灾体的多灾种综合风险；评估全国、省、市、县各级行政区划以及重点区域的多灾种人口损失风险和直接经济损失风险；评估主要情景下的主要承灾体多灾种暴露度
灾害综合风险和防治区划	全国、省、市、县四级和重点区域综合风险区划；制定全国、省、市、县级各级行政单元和重点区域的综合防治区划方案
灾害综合风险评估与区划成果库建设	建立综合风险制图规范，以数据、文字、表格和图形等形式对全国、省、市、县级相应行政单位的自然灾害综合风险评估和区划成果汇总整编，建设全国1：100万、省级1：25万、市县级1：5万或1：10万重点区域灾害综合风险图、综合风险区划图、综合防治区划图和综合防治对策报告成果库

2.3 灾害风险评估内容与方法

目前，自然灾害的发生往往呈现出链式演化的态势，例如2011年3月日本的9级特大地震、海啸灾害，使得沿海地区遭到毁灭性破坏，特别是导致核电站的核泄漏，引发了日本及周边国家对核辐射的恐慌。越来越多灾害链的实例使得人们认识到，从灾害链的角度进行灾害风险研究，可以更加有效地进行灾前准备和灾中处理，减少由灾害带来的连锁损失变得尤为重要。

灾害链这一复杂系统可分为孕灾环境系统、致灾因子系统和承灾体系统，三个系统之间相互作用、相互耦合，诱发一系列的灾害事件，从而形成灾害链，并可将灾害链分为串发性灾害链和并发性灾害链两种。从灾害的发生过程角度，对灾害链的演化过程进行划分，可划分为灾害演化早期、灾害演化中期以及灾害演化晚期，并针对灾害演化不同阶段的特性进行描述和研究，把灾害链划分为崩裂滑移链、周期循环链、支干流链、树枝叶脉链等类型。

同时，我国作为一个地理多元、地貌多样的大国，各地自然地理格局、资源本底、生态安全面临着不同的风险与挑战，灾害链对于国土空间开展适宜性评价而言，应当作为划分安全底线的基础，进行精准分析与评价，进而结合其他安全风险因子因地制宜地开展资源分析工作。目前，对于暴雨、洪水、地震、滑坡、泥石流、台风、冰雹、雪灾、高低温等九类常见自然灾害，按照地震—暴雨—泥石流、台风—暴雨—洪水、雪灾—低温—高温三类灾害链，按分值加和进行综合风险评估，精准识别全国国土空间中的"安全"空间和"不安全"空间。最终，按照灾害风险的类型和等级，将全国国土空间划分为八类风险地区，如图2-11所示。

图2-11　国土空间八类风险地区[57]

基于精准分析的结果，结合重要城市群和中心城市等城镇化重点地区的识别，以及人口密度的空间分布特征，将全国国土空间划分为若干个城镇化分区，包括一级分区和二级分区（表2-7）。总体上，我国三大城市群和27个潜力城市中，约80%以上的城市处于自然灾害的中高风险和高风险地区，且大部分城市面临着水资源紧缺问题，部分城市还需应对生态环境敏感脆弱的挑战。此外，这些城市和地区人口和经济高度集聚，且大多采用高强度、高密度的开发建设模式，导致灾害防范和应急的难度更大，发展和资源环境之间的矛盾更加尖锐和突出。因此应根据不同类型城市在安全风险和资源环境方面所面临的不同问题和挑战，采取差异化的城镇建设模式和适应性的安全韧性建设技术，因地制宜地引导不同城市实现长久的可持续发展，以保障我国国土的整体安全与均衡发展。

一级分区	说明	二级分区	风险度	灾害类型说明
不适宜建设的生态敏感脆弱地区	多位于高原等生态敏感脆弱地区，人口密度低	1-a	中	多为雪灾灾害链中高风险，部分为雪灾、地震两类灾害链高风险
		1-b	中低	大部分为非灾害高风险，部分为地震灾害链中高风险
		1-c	中低	大部分为非灾害高风险，部分为雪灾灾害链中高风险
城镇化重点地区（重要城市群都市圈、中心城市）	多位于重要城市群都市圈和中心城市，人口密度高	2-a	高	多为三类灾害链高风险，部分为台风、雪火两类灾害链高风险，水资源紧缺
		2-b	高	多为地震、台风两类灾害链高风险，部分为三类灾害链高风险，北方地区水资源紧缺
		2-c	中高	多为台风、雪灾两类高风险或台风灾害链中高风险，水资源紧缺
		2-d	中	多为雪灾灾害链中高风险，部分为地震、雪灾两类灾害链高风险，水资源较为紧缺
		2-e	中低	非高风险，部分为地震灾害链中高风险，水资源紧缺（西宁、拉萨除外）
人口密度较高的平原地区	平原地区或平缓高原地区，人口密度较高	3-a	高	多为三类灾害链高风险，水资源紧缺
		3-b	中高	多为地震、台风两类灾害链高风险，水资源紧缺
		3-c	中高	多为台风、雪灾两类灾害链高风险或雪灾中高风险，水资源紧缺
		3-d	低	非高风险，部分地区为地震中高风险，水资源相对紧张
人口密度较低的平原地区	平原地区或平缓高原地区，人口密度较低	4-a	中	多为雪灾中高风险
		4-b	低	非灾害高风险
人口密度较高的山地丘陵地区	山地丘陵地区，人口密度较高	5-a	中高	多为地震、台风两类灾害链高风险，部分为三类灾害链高风险，生态较为敏感脆弱，水资源紧缺
		5-b	中高	台风、雪灾两类高风险，水资源紧缺
		5-c	中	台风中高风险或台风、雪灾两类高风险，生态敏感脆弱
		5-d	中	地震中高风险，水资源紧缺，生态敏感脆弱
人口密度较低的山地丘陵地区	山地丘陵地区，人口密度较低	6-a	中高	多为地震、台风两类灾害链高风险或台风中高风险，部分为三类灾害链高风险，生态较为敏感脆弱
		6-b	中高	多为地震、雪灾两类灾害链高风险，水资源紧缺
		6-c	中	雪灾中高风险，生态敏感脆弱
		6-d	中低	大部分为非高风险区、部分为地震中高风险，生态较为敏感脆弱，北方地区水资源相对紧缺

2.3.1 单灾种风险

灾害风险是指在未来的特定时期内，特定社区和社会团体在生命、健康状况、生计、资产和服务等方面的潜在灾害损失。最早提出灾害风险模型的是联合国人道主义事务局，在其1991年出版的名为《减轻自然灾害：现象、效果和选择》的著作中提到，灾害风险是特定地区在特定的时间内由于灾害的打击所造成的人员伤亡、财产破坏和经济活动中断的预期损失，即灾害风险是由一定区域内灾害的危险性和易损性综合作用形成的，其模型为：

$$R = H \cdot V \tag{2-1}$$

式中：R表示灾害风险，H表示危险性，V表示易损性。

此后，一些学者认为，灾害风险与特定地区的人和财产暴露于危险因素的程度有关，即该地区暴露于危险因素的人和财产越多，孕育的灾害风险也就越大，因而灾害造成的损失就越重。如图2-12所示，一定区域自然灾害风险是由自然灾害危险性、暴露度和承灾体的易损性三个因素相互综合作用而形成的。因此，灾害风险的表达式转换为：

$$R = H \cdot V \cdot E \tag{2-2}$$

式中：E表示暴露度。

除了上述的三个因素外，防灾减灾能力也是制约和影响灾害风险的重要因素（图2-13），一个社会的防灾减灾能力越强，造成灾害的其他因素的作用就越受到制约，灾害的风险因素也会相应地减弱。在危险性、易损性和暴露度既定的条件下，加强社会的防灾减灾能力建设将是有效应对日益复杂的灾害和减轻灾害风险最有效的途径和手段。防灾减灾能力表示出受灾区在长期和短期内能够从灾害中恢复的程度，具体指的是一个地区在应

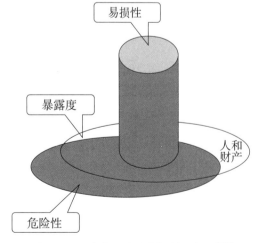

图2-12 灾害风险形成机制示意图[78]

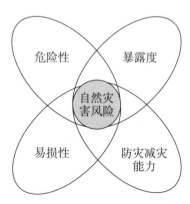

图2-13 灾害风险四要素示意图[79]

对突发灾害时，其拥有的人力、科技、组织、机构和资源等要素表现出的敏感性和调动社会资源的综合能力，构成要素包括灾害识别能力、社会控制能力、行为反应能力、工程防御能力、灾害救援能力和资源储备能力。毫无疑问，上述防灾减灾能力的提高必然会对危险性、易损性和暴露度起到一定程度的抑制作用，从而降低特定区域的灾害风险，即防灾减灾能力越高，可能遭受潜在损失就越小，灾害风险越小。从动力学的角度看，是上述四项要素孕育生成了灾害。在构成灾害风险的四项要素中，灾害危险性、易损性和暴露度与灾害风险生成的作用方向相同；而防灾减灾能力与灾害风险生成的作用方向是相反的，即特定地区防灾减灾能力越强，灾害危险性、易损性和暴露性生成灾害风险的作用力就会受到限制，进而减少灾害风险度。因此，灾害风险的表达式转换为：

$$R = (H \cdot V \cdot E)/C \qquad (2\text{--}3)$$

式中：C 表示防灾减灾能力。

综上所述，区域灾害风险是危险性、暴露度、易损性和防灾减灾能力这四要素相互综合作用的产物。应通过考查灾害的主要原因、灾害风险的条件和承灾体的易损性等，以及与灾害风险及其管理密切相关的关键问题，全面和综合地概括灾害管理过程的各个环节，并且弥补其缺欠或薄弱环节，采取全面的、统一的、整合的减灾行动，实施综合灾害风险管理。只有动员社会方方面面的力量推进防灾减灾能力建设，才能使社会应对灾害的能力得到加强，否则就无法真正降低和控制灾害风险。这既是由灾害风险形成要素的特质决定的，也是应对新型灾害风险的现实需要。因此，综合灾害风险管理是对危险性、暴露度、易损性和防灾减灾能力的全面管理过程。

1. 基于指标体系的风险建模与评估

基于指标体系的灾害风险评估方法是将指标体系作为核心、结合科学权重的确定进行的风险评估，方法上侧重于灾害风险指标的选取与优化，最终形成灾害风险指数。基于指标体系的灾害风险建模与评估是目前国内外应用最为普及的方法，其数据易于获取，建模与评估简便可行。通过风险的高低等级来进行相对性的表征，这种半定量的评估方法更适用于风险的快速评估、大众尺度的自然灾害风险评估，通过相对数值反映风险的强弱无法给出预测性的未来风险情况。然而，利用该方法无法模拟复杂灾害系统的不确定性与动态性，可能会导致一定的风险估值不准。

目前，利用基于指标体系的灾害风险建模与评估的国际研究计划主要有：灾害风险指数计划（DRI）、多发区指标计划（Hotspots）、美洲计划（Americas Programme）等。

1）指标体系的构建原则

①系统性。以风险四要素为基本理论框架，注重每个灾种的各项指标，对风险相关因素进行尽可能全面的表征。②代表性。精选具有代表性的指标，以尽可能精简的指标数

量，达到尽可能完整的指标表征，尽可能平衡评估的完整性和便利性。③数据易获取性。尽可能选择在普遍的规划研究和实践中常见的、易获取的直接数据，或是通过对常见易获取的数据进行分析，能够间接获取的指标数据。④平衡评估的科学性与可操作性。当某灾种成灾机制对空间的影响，不宜通过指标明确，而需要采取更加适宜的模拟分析途径时，要将相关方法有效结合，纳入指标法，提升评估的科学性。⑤标准化的弹性与适应性。为实践操作的多样性预留弹性，使其在不同目标、不同场景下的应用具有更强的适应性。⑥定性与定量相结合。定量指标较精确且便于分级和比较，但定量指标对于综合性、关联性反映不足，因此为了做到评价的客观全面，可将部分定性指标转化为定量指标以获得更高的可信度。

2）风险指标选取的技术导向

灾害风险评估其目的为明确不同程度的灾害风险的空间分布，面对不同灾害，承灾体遭受的破坏形式及程度并不相同，因此，在建立风险评估指标过程中，需要考虑不同的致灾因子及承灾体的破坏效应。结合成灾机理，不同灾害通常需要从致灾因子危险性、承灾体暴露度和易损性以及抗灾能力几方面考虑进行指标体系的构建。

3）指标法的关键问题

指标的标准化处理。指标法需要将定性分析转化为定量指标，并将具有不同量纲的各项指标进行无量纲化处理，便于空间分析的叠加运算，通常通过模糊评价中的隶属度函数。

指标的权重赋值。该方法中指标权重的确定以专家打分为基础，但主观经验打分得出的评估结果并不是真正意义上的风险值，因此半定量的评估方式能够很大程度上提高结果的科学性。目前权重赋值方法是通过层次分析法（AHP），依靠指标之间的影响，获得判断矩阵，附加Delphi法、加权综合评价法（WCA）等模型，对判断矩阵进行一致性检验，优化权重。

2. 基于GIS的风险建模与评估

地理信息系统（Geographic Information System或Geo-Information System，GIS）又称为"地学信息系统"。在计算机软硬件的支持下，能够对地理空间信息进行空间运算与信息处理。GIS可通过不同方式描述任意复杂度的空间特征，甚至是非空间特征，通过计算、分析数据来表达地理信息的空间、非空间，实体的空间共生性、多重性等关系，在灾害领域得到了广泛的应用。

单灾种风险评估可通过在GIS中设置特定尺度的网格单元，在以上标准化指标体系的基础上，对网格单元进行四要素二级指标的赋值和标准化，并通过空间叠加分析功能，对网格的综合风险度进行运算。用于单灾种风险空间表征时，可直接进行风险分级和区划。各网格的综合风险得分范围为0-1。为方便理解，可对数值乘以100，再按以下标准划分为四个风险等级：无风险、低风险、中风险、高风险。最后，对不同风险等级分级设色，可得城市单灾种风险区划图。

基于GIS的综合风险评价方法是在指标体系评估方法基础之上，应用地理信息系统实现空间表现的进一步方法拓展，其在空间数据的分析和管理上具有强大优势，与各类自然灾害的形成密切相关的地貌特征均有较强的空间变异性，用作空间分布数据的表现。在指标为核心的风险评估基础上，将风险值进行量化后，利用GIS的空间分析与制图功能，可以分析致灾因子的区域分布特征，选取适宜的栅格大小，建立图层，将致灾因子的各类属性值（强度、频率、持续时间等）以及易损性指标（人口密度、经济密度、土地利用等）数据图层，根据一定的数学关系分配到每个栅格中，并进行图层的叠加，从而实现灾害风险的空间可视化制图表达，以便于了解区域的灾害风险分布，为下一步防灾减灾提供空间指导。

GIS能够以地理空间数据库为基础，通过区域空间分析、多要素综合分析和动态预测分析，适时提供地理研究和地理决策服务所需要的多种空间的和动态的地理信息，辅助多种评估方法呈现可视化成果。同时广泛应用于基于情景模拟风险评估的各个环节，多源数据的叠加和影响分析能够更准确地把握灾害危险性与承灾体易损性，尤其对于地形复杂或环境恶劣的地区，例如沿海地区或山地，更适用以GIS为基础的灾害情景模拟模型的分析方式，有效提高风险评估的精度，因此GIS技术能够对灾害风险分析起到很好的支持作用。

3. 基于情景模拟的风险建模与评估

对灾害风险进行情景模拟，是一种直观地体现灾情时空演变特征和区域影响的方法。基于情景的构建能够从不同灾害、承灾体和时空尺度等方面建立评估模型，从而实现风险的动态评估。对灾害物理机理的客观实测分析与模拟开展研究，评估结果为风险的损失数值，具有较好的准确度和真实性，是一种定量评估方法。以Kaplan提出的模型最具代表性，该模型认为风险是灾害情景、概率和损失的函数，往往表达为不同情景的超越概率曲线，其表示为下式：

$$R = \left\{ S(e_i), P(e_i), L(e_i) \right\}_{i \in N} \tag{2-4}$$

式中：R 代表灾害风险；$S(e_i)$ 表不同的灾害情景；$P(e_i)$ 表示灾害发生的概率；$L(e_i)$ 代表期望灾害损失。

模型中灾害情景是指致灾因子形成过程和强度，该情景暗含了影响致灾因子的多种因素。概率是致灾因子发生的频率或频次，一般来说，致灾因子发生的概率大，则造成的损失高，反之，则小。从模型中可以看出，情景模拟方法的关键因素是探索自然灾害发生的情景，即灾害的形成机制，在此基础上进一步确定灾损或影响状况。该风险模型概念框架如图2-14所示，这种方法对于数据资料的要求较高，不仅需要长期的统计资料和监测数据，还需要高精度的基础地理信息数据和遥感数据；且模拟与计算过程复杂，不稳定性较高。

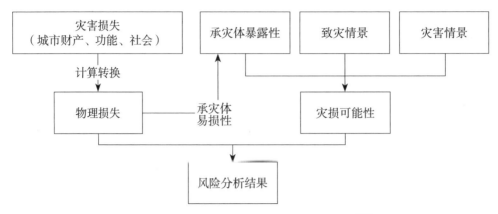

图2-14　基于情景模拟的风险模型概念框架[47]

目前，采用这种方法的研究相对较少，主要集中在美国联邦紧急事务管理局（FEMA）的MH-HAZUS项目和荷兰国际地球观测学院（ITC）等研究机构的工作上，如FEMA利用MH-HAZUS对美国迈阿密、波尔特、旧金山等城市开展了飓风、洪水、地震等灾害风险评估工作；ITC则在荷兰沿海城市地区开展了风暴潮和溃堤洪水风险评估工作。

情景模拟方法更为灵活的内部联系和演化过程分析，弥补了指标体系法对于灾害情景把握不到位、主观性和静态分析的不足，当下利用复杂的系统仿真建模手段，添加人类活动的干扰进行灾害发展演化研究，最终实现可视化表达来展现灾害风险的动态评估结果，是风险评估的热点课题。

4．基于概率的风险建模和评估

1）贝叶斯概率估计法

在灾害风险分析过程中，有时很难获得足够的符合要求的样本以支持传统的数理统计方法。在无法获得客观数据时，除主观概率外，还有其他一些方法可以确定灾害风险出现的概率，例如专家估计法。在没有历史数据可用时，主观确定的概率称为先验概率，它反映了根据过去经验和知识对某一不确定事件或多或少的认识。先验概率背后总是隐藏着不确定性。要减少不确定性，就要进行收集资料、试验、建立数学模型、计算机模拟等工作，在获得了有关信息以后，可利用概率论中的贝叶斯公式来改善对灾害风险出现概率的估算。

贝叶斯（Tomas Bayes）是18世纪的英国数学家，他发明了一个在概率运算和风险决策中广泛适用的定理，即逆概计算公式，被命名为贝叶斯定理。

全概率公式的含义为：若有 n 个互斥事件 $A_i(i=1,2,\cdots,n)$，它们组成事件完备组，而另有事件 B，它只能与 A_i 发生时同时发生，设已知 A_i 的发生概率为 $P(A_i)$，事件 B 在 A_i 发生的条件下出现的概率为 $P(B/A_i)$，则事件 B 发生的概率 $P(B)$ 为：

$$P(B) = \sum_{i=1}^{n} P(A_i B) = \sum_{i=1}^{n} P(A_i) P(B/A_i) \tag{2-5}$$

由乘法公式：

$$P(A_i B) = P(BA_i) \tag{2-6}$$

$$P(A_i) P(B/A_i) = P(B) P(A_i/B) \tag{2-7}$$

则

$$P(A_i/B) = \frac{P(A_i) P(B/A_i)}{P(B)} \tag{2-8}$$

$$P(A_i/B) = \frac{P(A_i) P(B/A_i)}{\sum_{i=1}^{n} P(A_i) P(B/A_i)} \tag{2-9}$$

这个公式告诉我们，在已知 $P(A_i)$ 和 $P(B/A_i)$ 的条件下，可以计算出 $P(A_i/B)$。这就是逆概公式，即贝叶斯定理。

贝叶斯定理是概率论中的基本定理之一，它揭示了概率之间的关系。运用贝叶斯定理，能解决计算后验概率的问题。在式（2-5）中，$P(A_i)$ 称为先验概率分布，$P(B/A_i)$ 为条件概率，即通过调查获取的新的信息。改善后的概率 $P(A_i/B)$ 即为后验概率分布。贝叶斯定理的意义在于，能在出现一个新的补充事件的条件下，重新修正对原有事件 A_i 概率的估计，即计算出后验概率分布 $P(A_i/B)$。

贝叶斯概率法是根据各种事件发生的先验概率进行分析，一般具有较大的风险。减少这种风险的办法是通过科学实验、调查、统计分析等方法获得较为准确的情报信息，以修正先验概率，利用贝叶斯定理求得后验概率。

2）马尔科夫链模型法

马尔科夫（1856—1922），俄罗斯数学家。在1906—1912年开创了对一种无后效性的随机过程——马尔科夫过程的研究。马尔科夫过程（MarKov Process）是一个典型的随机过程。设 $X(t)$ 是一随机过程，当马尔科夫过程在时刻 t_0 所处的状态为已知时，时刻 $t(t > t_0)$ 所处的状态与过程在时刻之前的状态无关，这个特性成为无后效性。无后效的随机过程称为马尔科夫过程。马尔科夫过程中的时间和状态既可以是连续的，又可以是离散的。我们称时间离散、状态离散的马尔科夫过程为马尔科夫链。在马尔科夫分析中，引入状态转移这个概念。所谓状态，是指客观事物可能出现或存在的状态；状态转移是指客观事物由一种状态转移到另一种状态的概率。马尔科夫链中，各个时刻的状态的转变由一个状态转移的概率矩阵控制。实际分析中，往往需要知道经过一段时间后，承灾体可能处于的状态，这就要求建立一个能反映变化规律的数学模型。马尔科夫灾害风险分析模型是利用概率建立一种随机的时序模型，并用于灾害风险分析的方法。马尔科夫分析法的基本模型为：

$$X(k+1) = X(k) \times P'$$ （2-10）

式中：$X(k)$ 表示趋势分析与预测对象在 $t=k$ 时刻的状态向量，P' 表示一步转移概率矩阵，$X(k+1)$ 表示趋势分析与预测对象在 $t=k+1$ 时刻的状态向量。

假定某一被预测的对象有 $E_1, E_2, \cdots, E_n$，共有 n 个状态，由 E_i 到 E_j 的转移概率 $P'(E_i \to E_j)$ 就是条件概率 $P'(E_i/E_j)$，即

$$P'(E_i \to E_j) = P'(E_i/E_j) = P'_{ij}$$ （2-11）

对于 $i \in n$，$j \in n$，转移概率矩阵 P'_{ij} 为

$$P'_{ij} = \begin{bmatrix} P'_{11} & P'_{12} & \cdots & P'_{1n} \\ P'_{21} & P'_{22} & \cdots & P'_{2n} \\ \cdots & \cdots & \cdots & \cdots \\ P'_{n1} & P'_{n2} & \cdots & P'_{nn} \end{bmatrix}$$ （2-12）

必须指出的是，上述模型只适用于具有马尔科夫性的时间序列，并且各时刻的状态转移概率保持稳定。若时间序列的状态转移概率随不同的时刻在变化，不宜用此方法。由于实际的客观事物很难长期保持同一状态的转移概率，故此法一般适用于短期的趋势分析与预测。

在经过较长时间后，马尔科夫过程逐渐处于稳定状态，且与初始状态无关。马尔科夫链达到稳定状态的概率就是稳定状态概率，也称稳定概率。灾害风险分析中，要设法求解得到灾害风险的稳态概率。

在马尔科夫分析法的基本模型中，当 $X:XP'$ 时，称 X 是 P' 的稳定概率，即系统达到稳定状态时的概率向量，也称 X 是 P' 的固有向量或特征向量，而且它具有唯一性。

3）基于损失曲线的风险评估

基于风险概率的建模与评估，是利用数理的方法，对历史灾害数据进行分析与提炼，找出灾害发展演化规律。通过灾害风险概率与灾害事件强度和损失之间的相互关系，建立灾害风险概率与损失关系函数和曲线来进行风险建模与评估，以达到预测评估未来发生灾害风险大小的目的。概率测度方法是进行城市自然灾害风险分析的重要数学方法，概率风险分析的表达式如下式所示，示意图如图2-15所示。

$$R = \int_0^\infty V_R(a) \mathrm{d}G_a(a)$$ （2-13）

$$V_R(a) = P[L_S \mid A = a]$$ （2-14）

$$G_A(a) = P[A \geqslant a] \qquad (2\text{-}15)$$

式中：$V_R(a)$ 为易损性概率分析，$G_A(a)$ 为致灾因子危险性分析，L_S 为结构的极限状态，A 为地震动的强度参数，a 为某一具体地震动强度。

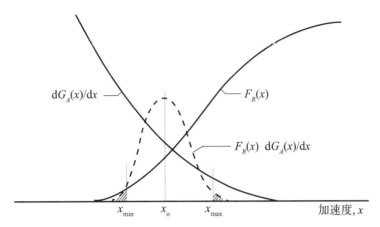

图2-15　危险性和易损性曲线的概率干扰原理图[103]

以超越概率—损失分布曲线作为灾害风险的表达时，如图2-16所示，图中 $R(l)$ 表示风险，$P(l)$ 表示概率，l 表示损失，L 表示损失的阈值。

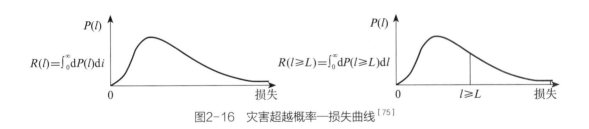

图2-16　灾害超越概率—损失曲线[75]

自然灾害系统本身具有复杂性和不确定性，用超越概率方法可以更准确地反映自然灾害风险的不确定性和复杂性。因此，在自然灾害风险评估研究中，多数学者采用超越概率方法。

2.3.2　多灾种风险

1. 多灾种风险的概念

一般认为多灾种风险是区域内多种致灾因子导致的总风险，但不同的研究者对多灾种风险内涵的理解存在差异，目前还没有形成统一的多灾种风险定义。一些研究者把多灾种风险限定为多种致灾因子在时空上同时发生。有的研究者把多灾种风险理解为区域内多种风险的简单叠加,有的则考虑了致灾因子之间的相关关系或触发关系,也有学者在研究多灾种风险时不考虑致灾因子之间的因果触发关系,而是将其单独归为灾害链问题分别研究。这里从最广义的角度,综合不同的理解,论述多灾种风险的研究进展。多灾种风险研究是建立在单灾种灾害风险研究的基础之上的,多灾种风险必然要涉及多种致灾因子,而承灾体的选择有很大的不同,既可以针对人类生命,也可以是农作物、建筑等某种具体的承灾体,还可以是包括人类在内的多种社会财产组成的多承灾体。每一种承灾体在不同类型的致灾因子作用下会呈现不同的易损性,因此多灾种风险既是一个多致灾因子问题,也是一个多易损性问题。多灾种风险评估工作的开展非常困难,如何辨析多灾种之间的内在关系是城市综合风险评估研究的难点和热点问题。目前,常见的表述有灾害链、耦合关系、激励关系和触发关系等。参考目前学者所研究的相关成果可知,从相互触发关系及耦合关系角度分析多灾种具有较强的可行性,但具体关系机制的建立还需根据具体问题进行具体分析,如对各灾种之间相互作用和相互影响过程的描述等。

随着多灾种风险研究的兴起,国际上在多灾种风险评估方面取得重要进展。一方面是科研领域综合考虑危险性、暴露度和易损性这3个因素,以及基于此建立的灾害风险评估框架成为国际灾害风险研究的主流。另一方面,自2009年起,全球多个多灾种风险评估报告发布,包括:德国观察发布的《全球气候风险指数报告》(*Global Climate Risk Index*,CRI)、联合国减灾署发布的《全球减少灾害风险评估报告》(*Global Assessment Report on Disaster Risk Reduction*,GAR)、德国发展援助联盟(BiNdnis Entwicklung-Hilf)发布的《世界风险指数》(*World Risk Index*,WRI)、欧盟联合研究中心发布的《世界风险管理指数报告》(*The Index for Risk Management Report*,INFORM)、史培军教授和Roger Kasperson教授共同主编的《世界自然灾害风险地图集》(*World Atlas of Natural Disaster Risk*,WANDR)等。这些报告不仅是了解全球灾害风险格局的重要途径,也是维系国家间合作、实现区域灾害风险管理的重要技术支撑(表2-8)。

多灾种风险评估报告的差异 表2-8

报告	灾种覆盖	风险评估维度	风险表达	等级划分
GAR	地震、海啸、洪水、风暴潮、气旋	致灾因子、暴露度、易损性	年平均损失的期望值;最大可能损失	无
CRI	洪水、气旋、极端气温	历史灾害	气候风险指数	以评估得分数值10、20、50、100为界
INFORM	地震、海啸、洪水、气旋、干旱	致灾因子、暴露度、易损性、应对能力	INFORM风险指数	Ward最小方差准则

报告	灾种覆盖	风险评估维度	风险表达	等级划分
WRI	地震、洪水、气旋、干旱、海平面上升	暴露度、易损性、应对能力、适应能力	世界风险指数	分位数分级法
WNDR	地震、洪水、风暴潮、气旋、极端气温、干旱、火山活动、滑坡、沙尘暴、火灾	致灾因子、暴露度、易损性、孕灾环境	年平均伤亡人数的等级和年平均经济损失的等级	以评估得分的10%、35%、65%、90%分位数为界

显然，不同的灾害风险评估报告在灾种、评估维度和风险表达等方面各有不同，适用的范围也存在差异。总体来看，多灾种风险评估不仅要兼顾专业性和实用性，还要考虑动态更新及不同尺度的适用性，以便随着风险评估需求的改变而调整。

2. 多灾种作用关系及量化方法

1) 多灾种间作用关系

对于区域各灾种之间的关系问题，国内学者曾提出灾害群的概念，对不同灾害在时间上的群聚和空间上的群发现象作了初步论述。多灾种各致灾因子之间的关系多样，从不同的角度呈现出各种复杂的关系，如表2-9所示。

多致灾因子之间的关系　　　　　　　　　　　　表2-9

角度	关系
相互作用	独立/相关/触发
发生时间	同时发生/先后发生
影响范围	相互交叠/相互分离
致灾效果	加重灾情/减缓灾情/无影响

由表2-9可知，灾害之间的相互作用可以分为独立、相关和触发三种类型。结合因果关系和关联度大小，定义灾害之间存在复合性和独立性两种组合关系，其中前者分为级联触发和灾害相关，后者根据是否同时发生，分为并发性灾害和独立性灾害，并结合灾害影响过程中致单灾或多重灾害，总结出四类灾种之间作用关系（图2-17）。

首要灾害级联触发单次或单种次要灾害。灾害之间的单次级联触发是较为常见的灾害作用关系，其表现为首要灾害的发生直接性导致次要灾害爆发，并不会造成其他灾害风险。例如地震的发生通过液化触发地面裂缝或塌陷，地震易诱发山体不稳定导致的崩塌、

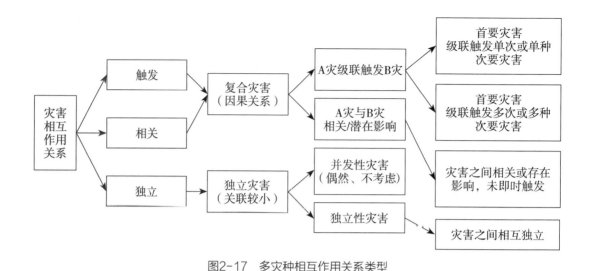

图2-17 多灾种相互作用关系类型

滑坡，在累积和激发降雨达到一定阈值后产生泥石流，其发生可能性的高低与孕灾环境的改变密切相关。

首要灾害级联触发多次或多种次要灾害。单种灾害的级联触发多种灾害表现为灾害的恶性循环，例如地震引起"动态"地震波的冲击引发多次余震则属于多次的级联触发；然而多次不同灾害的级联触发则表现为灾害链，其影响范围和致灾效果更为严重。例如"暴雨—滑坡—泥石流—堰塞湖—洪涝"灾害链，对于太行山中段的石家庄西部地区，属地质灾害多发区，常发生泥石流、滑坡等地质灾害。

灾害之间相关或存在影响。灾害之间的关系并非立即表现，大部分灾害之间存在创造条件或增加概率的潜在风险，具有相关性。主要灾害的发生能够改变次要灾害的孕灾环境，从而增加了次要灾害发生的可能性，在此情况下，次要灾害不会立即发生。例如干旱灾害与山火相互都有互相引发的可能；山火的发生降低了自然植被覆盖率，山体暴露度增加，会提升山石崩塌的发生概率；地面沉降也会增加洪水的发生概率。

灾害之间相互独立。相互独立的灾害之间成因不相关，其相互作用关系基本可以忽略。只有符合空间相近和时间一致的偶发条件时，才考虑对承灾体的影响，这种多灾情景称为灾害事故偶发，在进行多灾种风险分析过程中可酌情忽略。

区域内不同灾种之间的关系复杂多样，由于其在不同空间、时间和强度上的组合，使得进行区域多灾种研究时需要考虑的因素极多，导致多灾种风险评估工作难度极大，特别是对存在相关或者因果关系、同时发生影响某一区域的不同灾种风险评估工作，难度更大。为此，厘清灾种之间的相互作用和时空组合方式等，是多灾种研究的关键与难点。

2）灾害耦合效应

"耦合"指的是两个及以上的体系、运动形式、作用机制等，通过多样化的互动作用而彼此影响，从而产生增量，协同完成某一任务的现象。在灾害耦合效应中，从系统论的角度出发，就要客观认识灾害系统中的各个要素的结构特征、功能特点、行为规律和动态趋势之间的相互关系。灾害耦合则是多个灾害要素有机整合、相互配合、相互联系和作用，形成的一个新的复杂的有目的（有序）的灾害系统。

相比灾害叠加而言，灾害耦合效应具有整体性、有序性、动态性和目的性4个特征。其中整体性指的是灾害耦合系统中各构成要素相互依赖、相互制约、相互作用形成的有机整体，即多个灾害要素作为一个整体，共同参与并发挥作用；有序性指的是灾害耦合系统内部要素和过程的有序性，即灾害耦合过程中各要素按照一定规则在灾害过程中发挥作用；动态性是指灾害耦合系统在内部变化和外界因素影响下所表现出的特征，具体来说，这包括灾害耦合过程的内部变化，以及新灾害要素的介入，这些因素共同导致灾害特征的迭代变化；目的性是指灾害耦合系统的目的性，即所有灾害要素和灾害过程的发展均在一定的约束下呈现出的相互配合和有机耦合。

灾害形成要素的耦合。灾害结构和功能体系耦合是灾害结构体系和功能体系的有机整合和相互作用，包括孕灾环境的耦合、致灾因子的耦合、承灾体的耦合、灾情的耦合及其上述要素间的有机耦合（图2-18）。其中孕灾环境的耦合包含自然孕灾环境的耦合、人文孕灾环境的耦合和前两者彼此交叉耦合，主要指社会—经济—生态环境的固有和瞬时特征下的相互作用导致孕灾环境的敏感性发生变化。致灾因子的耦合是指多个致灾因子同时或相继发生，并产生相互作用，导致致灾因子的危险性发生变化。承灾体的耦合是指承灾体本身的空间集聚现象和彼此相互影响，从而导致承灾体的韧性发生变化，且一般呈现为暴露度和易损性增加。灾情的耦合是指灾害损失和功能破坏的组合形态导致灾害系统内部恢复力丧失或大幅降低，进一步加剧或放大了灾害影响。灾害结构和功能体系间的耦合主要是孕灾环境、致灾因子、承灾体和灾情构成的灾害耦合系统内部的综合作用。自然界的灾害耦合效应也多表现为灾害结构和功能体系间的耦合，但因灾害类别特征差异，灾害形成要素在灾害耦合效应中的作用有所差异。在上述灾害形成要素的耦合中，致灾因子的耦合是灾害耦合效应的触发因素，孕灾环境的耦合是催化和放大因素，承灾体的耦合是关键因素，灾情的耦合是扩展因素。总体来看，灾害形成要素的耦合主要是改变灾害耦合系统的结构体系特征和功能体系特征，从而驱动灾害耦合效应得以发生发展。

灾害演化过程的耦合。指灾害系统的结构体系和功能体系相互耦合作用的过程，其结果就是灾情的耦合。灾害演化过程耦合主

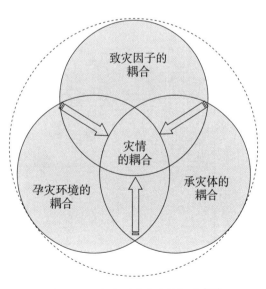

图2-18 灾害形成要素的耦合[30]

要包括灾害演化的动力学过程耦合和非动力学过程耦合。其中，动力学过程耦合包括地质力学过程耦合、天气动力学过程耦合、生态学过程耦合等；非动力学过程耦合包括经济学过程耦合、社会学过程耦合、政治学过程耦合等。灾害形成要素的耦合使得灾害耦合系统的结构体系和功能体系发生变化，因而使得灾害耦合系统内的演化状态发生变化，即通过源灾害系统内的"渐变—累积—突变"的动力和非动力过程发生变化，进而使得灾害间的诱发过程得以发生发展（图2-19）。在灾害间诱发过程中由于灾害耦合系统内外的物质、能量和信息交换，导致系统内部的协同作用和灾害系统的组织作用得以实现，最终加剧了灾情。一般而言，可以利用耗散结构理论分析灾害耦合系统内外的物质、能量和信息交换过程；采用协同理论探究灾害耦合系统内部的系统作用；基于循环理论解构灾害系统的组织作用。灾害间的诱发过程导致一系列不同的诱发结果，这些结果通过灾害间诱发路径的不同而最终呈现出灾害系统不同状态。一般而言，可以采用突变原理解析灾害间的不同诱发路径。

灾害演化过程的耦合因灾害形成要素的耦合差异而产生不同的灾害耦合过程。在这个意义上，可以认为灾害形成要素耦合是灾害耦合效应的微观层面的组成结构和内在功能的变化，灾害演化过程的耦合则是灾害耦合效应的宏观层面的动态变化过程。灾害演化过程路径的差异又会对灾害形成要素产生新的迭代影响。也就是灾害演化过程的耦合会导致灾害系统状态的变化，会导致系统内外的物质、能量和信息的频繁交换，从而给灾害系统的结构体系和功能体系带来不可忽视的影响，最终影响到灾害形成要素的耦合。因此，灾

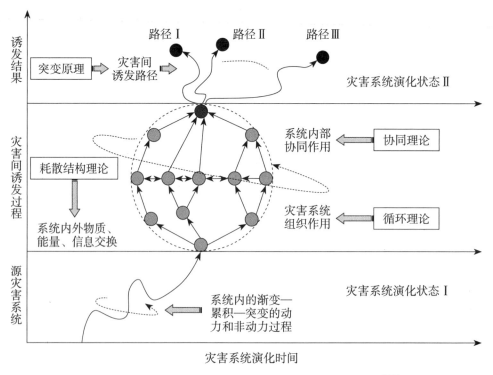

图2-19　灾害演化过程耦合导致的灾害系统演化状态变化[30]

害形成要素的耦合和灾害演化过程的耦合是灾害耦合效应的不同反映，是认识灾害耦合效应的重要方面。

3）作用关系的量化方法

在当前的领域研究中，多灾种之间的相互作用较为复杂，国内研究对其量化方式以定性与定量结合的方法为主。国外研究将灾害的相互关系划分为触发、改变条件、复合、独立和互斥五类类型，与上文的"独立、触发和相关有包含关系"存在相似之处，在提出相互作用的基础上介绍了三种量化多灾种相互作用的方法模型：随机模型、经验模型和机理模型。

随机模型。通过对单灾种风险建模或对灾害之间的多元建模和Copulas（如Gaussian、Vine、Archimedean等）联合概率建模，达到考虑灾害发生频率和强度之间的统计相关性目的；随机模型可以模拟极端环境变量（如极端风、极端雨）之间的统计相关性，能够模拟复合灾害，提供两种危险同时发生的联合概率。

经验模型。经验模型一般通过历史灾害数据拟合、检验建立线性、分位数、Logistic等回归模型和多因素N-K耦合模型，来表达多变量之间的相关性和依赖程度。其缺点在于过度依赖于可用的数据范围，无法外推。

在此模型中，多个变量相关的描述即相关性度量，统计方法即为回归模型，多因素N-K耦合模型、皮尔逊线性相关系数等可以适用于联合变量之间相关性的广泛研究，逻辑回归、幂回归或分位数回归方式提供了用于主次灾害之间的作用关系的统计途径。

机理模型。机理模型是灾害物理作用过程和机制的数学化表达，可分为概念模型和物理模型；概念模型需要大量数据和完善的理论支撑，使灾害之间的复杂关系框架化或可视化，能够将多种灾害的相互作用从该概念出发进行理论模型的构建，进而转化成数学文字进行量化的计算，如上文基于风险评估模型构建灾害链风险评估的概念模型；物理模型是更为专业化的相互作用量化方法，旨在模拟不同系统的行为，例如大气系统、水文系统等，物理模型依赖于流体力学、传热方程或热力学定律，借助大数据的支撑建立机理模型进行灾害情景的模拟，从而确定更为准确的多灾种相互作用机理。

综上，虽然量化技术已大量应用于多灾种风险评估，但仍然存在灾害历史数据有限、空间表达难度大、设置准确的联合概率分布所需的数据量大、数据边界对风险的内在约束、组合物理模型所需的计算限制了模型扩展等问题。

4）多灾种对工程组合作用

相较于独立灾害作用下的结构性能分析，工程结构在多灾害组合作用下的性能变化研究更为复杂，需要结合多灾害模型获得灾害组合发生时的强度与概率分布，这是开展工程结构多灾害组合作用研究的前提与难点。不同灾害作用于工程结构的位置和形式存在差异，工程结构多灾害作用分析模型需要体现不同灾害作用于结构的方式与时间顺序，同时多灾害组合作用产生的叠加和耦合效应需要通过合理的结构性能指标体现，对于灾害相继作用下的结构性能变化，研究需要揭示前种灾害对结构造成的损伤对后种灾害作用下的结构性能的影响。

不同类型的结构对于不同灾害的敏感性存在差异。例如，生土结构在洪水的浸泡作用下更易出现生土材料性能的下降，而木结构受火灾的威胁相较于其他类型的结构更加显著，高层建筑对地震和风等水平灾害作用更加敏感。不同的结构在不同多灾害组合作用下的易损性也存在差异，例如，钢筋混凝土建筑自身抗风能力较强，强风雨条件下风驱雨现象形成的附加雨荷载对钢筋混凝土结构的影响微弱，但对输电塔的结构响应影响却不容忽视。

目前已有的针对各类特定灾害组合作用进行的结构抗多灾分析正在试图解决上述问题，然而由于灾害种类及灾害作用形式的多样，大多数研究仅针对两种灾害的某种特定组合作用形式对结构进行抗多灾分析，缺乏成体系的多灾害作用分析方法。部分灾害作用形式对于结构的影响具有相似的效果，采用的研究方法也类似，基于灾害关系与灾害作用效应，结合已有多灾害组合作用下的工程结构分析研究，对工程结构可能遭受的不同灾害组合作用进行了总结（图2-20）。

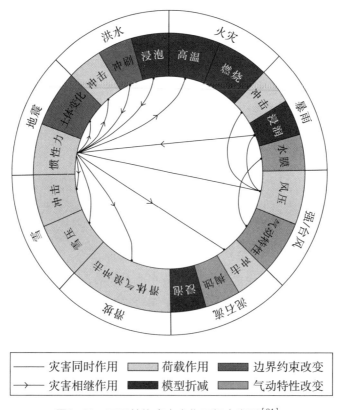

图2-20　工程结构多灾害作用组合类型[31]

3. 多灾种易损性分析方法

经过多灾种之间关系的量化与可视化，能够准确地识别一个地区发生的灾害种类以及灾害之间的耦合效应，多种灾害之间的相互作用关系不仅增加了区域面对的自然灾害危险性，更影响了本身建筑的易损性。对于多灾种易损性的分析，可以基于多灾种的耦合效应，使用修正后的PTVA模型进行计算研究，根据建筑年代、结构、层数和周边环境等指标实现量化，计算建筑物在灾害作用下遭到破坏的可能性和损失的严重程度，使用易损性指数来表征易损性等级。通过"初始单灾种易损性—耦合后易损性—综合易损性—耦合后综合易损性"分级计算的流程展开。

1）初始易损性

初始易损性的计算来源于单灾种易损性。通过文献比较，统计分析台风、暴雨、地震和火灾等不同灾害物理易损性的指标体系和指标特征，同时考虑灾害之间的耦合效应对同一易损性指标量化的差异，修正初始指数指标，在此列举了易发生台风、暴雨、地震和火灾的地区，根据台风诱发暴雨、地震伴随火灾的多灾情景，对建筑单体的易损性评价指标体系如表2-10所示，易损性等级标准见表2-11。

建筑物理易损性评价指标体系 表2-10

指标（j）	分级	台风（B）	暴雨（B）	地震（B）	火灾（B）	台风伴随暴雨（B'）	地震伴随火灾（B'）
结构形态	钢筋混凝土结构	0.3	0.2	0.2	0.2	0.4	0.4
	砖石混合结构	0.5	0.3	0.7	0.6	0.6	0.8
	土石结构	0.8	0.5	0.9	0.8	0.9	1
	木材或纤维结构	0.9	0.7	0.5	1	1	0.9
……	……	……	……	……	……	……	……
防火间距（m）	＞7	—	—	—	0.1	—	0.1
	4~7				0.3		0.3
	1.5~4				0.4		0.4
	＜1.5				0.6		0.6
消火栓（个）	＞150	—	—	—	0.5	—	0.5
	80~150				0.3		0.3
	＜80				0.2		0.2

物理易损性等级标准 表2-11

易损性指数	易损性等级	描述
[0，2]	极低	灾害对建筑物有极轻微的干扰，其产生的影响可忽略，允许建筑物进一步建造
(2，4]	低	灾害对建筑物有轻微的损害和干扰，建筑物内人员几乎无危险，建筑物无须施工改造，在获得相关许可条件下可进一步建造
(4，6]	中	灾害对建筑物可能造成损坏，但破坏较少，建筑物内人员有轻微的危险，建议建筑物进行必要的施工改造，在获得相关许可条件下可进一步建造
(6，8]	高	灾害对建筑物可能造成破坏，建筑物内外人员处于危险之中，强烈建议建筑物进行施工改造，在严格的条件许可下允许进一步建造
(8，10]	极高	灾害对建筑物可能造成严重破坏，建筑物内外人员处于极度危险之中，急需进行施工改造，禁止进行下一步建造

单灾种易损性的计算需要通过指标权重法确定，权重根据各属性对于灾害的重要程度进行确定，设区域内某种灾害A的初始易损性指数为V_A，其计算方法见式（2-16）：

$$V_A = \sum_{j=1}^{n} W_j B_j \qquad (2-16)$$

式中：n为第A个灾害所拥有的指标个数，用j标记，$j=1,2,\cdots,n$；W_j为第j个指标对应的权重，B_j为第j个指标对应的易损性指标。

2）耦合后易损性

在单灾种易损性量化基础上分析多灾种耦合效应，包括两种灾害的伴随、触发和多级链发等关系类型，并且在现实中，多种灾害容易形成多次耦合效应，由于多灾种耦合研究尚处于起步阶段，现以两种灾害的一次耦合效应为例进行易损性计算，考虑灾害耦合关系，对单灾种的易损性指数进行修正，并根据权重设定计算耦合后的建筑易损性指数V'，其计算见式（2-17）：

$$V'_A = \sum_{j=1}^{n} W'_j B'_j \qquad (2-17)$$

式中：B'_j为第A个灾种耦合后指标j的易损性指标；W'_j为灾种A第j个指标的权重。

3）多灾种综合易损性计算

对易损性综合考量的过程中，根据发生频率，有些灾害需要优先考虑，因此需要引入单灾种易损性的权重，再据此计算综合易损性。未考虑耦合效应的综合易损性指数为V_C，考虑耦合效应的综合易损性指数为V'_C，假设发生m种灾害，其计算见式（2-18）、式（2-19）：

$$V'_C = \sum_{A=1}^{m} W_A V_A \qquad (2\text{--}18)$$

$$V'_C = \sum_{A=1}^{m} W'_A V'_A \qquad (2\text{--}19)$$

式中：V_A 为第 A 个灾害的单灾种易损性；V'_A 为耦合后的灾害易损性指数；W_A 为所有灾害类型中灾种 A 的权重，W'_A 为多有耦合灾害类型中耦合后灾害 A 的权重。

4. 多灾种综合风险评估方法

1）指标参数法

以人口经济损失等灾情参数或指标体系构建多灾种损失预评估模型，并计算灾害综合风险。通常适用于缺乏定量参数情况下的大尺度（全球、国家和地区层面）自然灾害综合风险格局和区划的表达。如"灾害风险指数"（DRI）计划和"全球灾害热点"（Global Hotspots Project）计划，分别从全球尺度进行了多灾种综合风险评估。DRI运用EM-DAT等灾情数据库以国家为单元通过两个全球易损性指标，即相对易损性指标和社会—经济易损性指标，计算出全球249个国家地震热带气旋洪水和干旱灾害的人口死亡复合风险；Hotspots计划基于EM-DAT灾情数据库分别计算了热带气旋、干旱、洪水、地震、火山、滑坡6种自然灾害的死亡风险相对经济损失风险和绝对经济损失风险指数，并在单灾种风险评价基础上，编制了全球多灾种综合风险图。史培军等基于区域灾害系统理论开展了汶川地震灾害链评估，选取因灾造成的死亡和失踪人口、房屋倒塌、转移安置人口、平均地震烈度和地质灾害危险度5个指标，计算了综合灾情指数。

2）风险叠加评估方法

当前主流的综合灾害风险评估思路是以单灾种风险评估为基础，通过风险灾空间上叠加的视角进行评估分析，这类方法可以分为风险结果的综合和风险要素的综合。风险结果的综合即综合各单灾种的评估结果，风险要素的综合是计算多致灾因子综合危险性和多致灾因子综合易损性得到多灾种风险。

风险叠加的综合方法是不考虑灾害的耦合、触发、关联作用，从致灾因子和易损性建立指标体系，叠加权重后进行综合灾害风险评价（如DRI、Hotspots、ESPON、JRC等多灾种风险评估方法）或以单灾种风险和综合风险矩阵为基础进行多灾种综合风险区划。此类方法的一般步骤为"风险辨识—风险分析—风险评估"，概括区域特征、历史灾情、致灾因子、暴露要素、易损性等要素则应作为风险分析的具体内容进行系统阐释。其流程包括：灾害风险辨识、单灾种中风险评估指标的选取、单灾种风险分析、灾害等级排序、综合灾害风险评估和综合灾害风险区划几个步骤。

3）耦合视角的多灾种风险分析方法

风险耦合视角的综合评估思路更关注灾害之间的相互作用关系，将不同风险或灾害因子的相互依赖、相互影响的关系与程度视为复杂的风险系统的重要组成部分，通过建立耦合规则、复杂网络模型构建实现多灾种风险的综合评估。

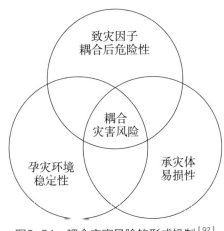

图2-21 耦合灾害风险的形成机制[92]

不同的学科中对于耦合的定义不同，系统动力学中指出万事万物都是以系统的一部分而存在，并不是孤立的。自组织理论中，耦合被认为是一种范式：系统间的相互作用是非线性的表现形式。耦合风险指的是复杂的风险系统活动过程中不同风险或风险因子之间的相互依赖和相互影响的关系与程度，由灾害系统论可知，耦合灾害风险是指灾害系统中致灾因子子系统、承灾体系统和孕灾环境系统之间及其内部风险因子间相互依赖和相互影响的关系与程度（图2-21）。

当前对于耦合灾害风险的讨论缺乏系统性，在此简单介绍耦合灾害风险的形成机理。对于多灾种而言，相关性角度主要对与线性相关或与可化为线性的非线性相关的不同风险或风险因子之间的耦合效应进行分析。若用相关系数 ρ_{ij} 反映风险因素（因子） R_i 和风险因素（因子） R_j 的相关程度（耦合程度），其绝对值大小反映各种因素或因子之间的相关程度（耦合程度），其符号（-或+）反映了耦合灾害风险是缩小了还是放大了，它们之间的触发关系可以划分为"零耦合""弱耦合""强耦合"三种状态。为了削弱和减弱"强耦合"效应的发生，应当从源头上摸清各灾种之间的触发机制和作用机理；不同风险因子之间存在线性或非线性的耦合效应，针对非线性关系耦合，通过非线性曲线上每点切线的正交分解，然后再将其合成。假设："●"表示承灾体，O 为承灾体风险原点，R_i 和 R_j 为两种灾害风险，"→"表示风险的大小和方向，得到线性耦合效应（图2-22）。

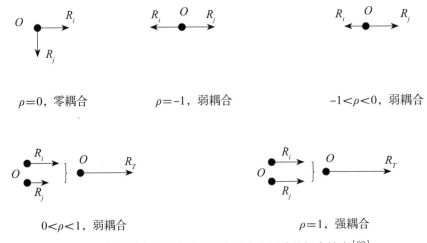

图2-22 物理学中的力合成直观表示灾害风险的耦合效应[92]

对不同风险或风险因子之间的耦合效应进行分析。尤其当不同风险或风险因子之间存在模糊关系时，利用风险矩阵对耦合效应进行分析更能显现风险矩阵的优势，因此结合风险损失等级矩阵（表2-12），在已知初始风险损失等级 R_j 和 R_i 时呈现初耦合效应直观图（图2-23）。

风险等级矩阵   表2-12

风险损伤等级		风险度等级				
		5	4	3	2	1
损失度等级	5	0.9	0.7	0.5	0.3	0.1
	4	0.7	0.5	0.5	0.3	0.1
	3	0.5	0.5	0.3	0.3	0.1
	2	0.3	0.3	0.3	0.1	0.1
	1	0.1	0.1	0.1	0.1	0.1

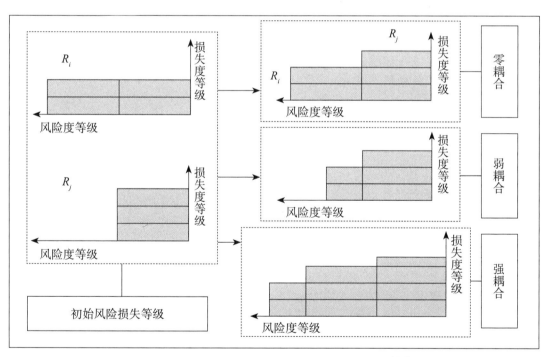

图2-23　风险矩阵直观反映灾害风险的耦合效应[92]

基于上述耦合灾害风险的形成机理介绍，考虑灾害耦合的风险分析方法需要进行灾种关系的充分考虑，在单灾种风险分析的基础上考虑复合灾害耦合作用，建立多灾种耦合致灾风险模型 $R = \max R_i + \Delta R$，进行多灾种综合风险区划（图2-24）。

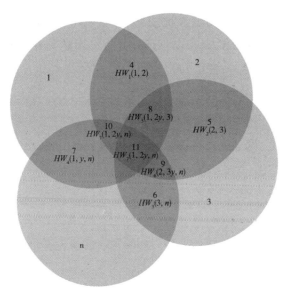

图2-24 城市多灾种耦合致灾风险评估的概念模型[93]

基本模型表达如式（2-20）所示：

$$MHV = \left[IHV_i \times MF_i \right] + \sum_{IHV \geqslant 3} HW_{ij} \qquad (2-20)$$

式中：MHV 为多灾种风险值，IHV_i、MF_i 分别为单灾种风险标准化值和发生概率均值，HW_{ij} 为灾害 i 和 j 的空间作用权值。

针对耦合下的多灾种风险评估思路：首先，构建耦合触发规则，是指系统中某些灾害风险达到自身阈值后，会刺激到相关灾害触发或突变产生新脉冲，而导致系统失去线性平衡的现象，针对上述三种耦合状态进行触发关系统计分析；其次，分析耦合激励效应，是指系统中因各风险要素之间的相互作用和相互影响而改变风险大小的联动现象，或称为级联触发效应，构建风险矩阵，识别灾害之间的触发规则；最后，构建多灾种风险综合评估模型，运用有序加权集结算子研究多灾种之间的耦合激励关系。

4）基于GIS考虑多灾耦合的指标体系法进行综合风险评估

该方法是从致灾因子和易损性角度出发，建立完整科学的风险评估指标体系，采用指标权重叠加和多灾种耦合关系矩阵的修正结果给出区域综合灾害风险成果。不同于单灾种风险指标对致灾因子的确定性，综合风险评估指标体系需要审视多灾风险的形成机理，多种灾害之间存在复杂且难以预测的耦合关系，如何统计耦合类型、量化耦合关系并将其应用到传统的指标体系中是这一领域的研究难点。

评估流程如下：

（1）确定评估的单一事件类型，分析研究区域内各类致灾因子的强度和概率，结合实际评判各类风险的严重等级划分，并确定权重和一致的等级数量。

（2）在地理信息系统上将灾害的空间信息叠加，得到叠加后的危险因子空间分布。

（3）评估目标区域的易损性信息，包括建筑易损性和潜在的人员伤害，将最小行政单元人均GDP、人口的密度分布和建筑震害信息等统筹考虑到易损因了的评估指标中，形成易损性分布图。

（4）将叠加的危险性与易损性分级，通过重分类生成的最终的风险等级值进行评估（图2-25），自行划分等级进行空间上的风险区划识别。

风险的强度	易损性的程度				
	1	2	3	4	5
1	2	3	4	5	6
2	3	4	5	6	7
3	4	5	6	7	8
4	5	6	7	8	9
5	6	7	8	9	10

图2-25 综合风险等级值[15]

由图2-26可知，图中数字越大、颜色越深说明风险或易损性越大，且易损性的程度随着风险强度的逐渐变大而增大。

（5）根据事件链耦合关系矩阵确定危险源耦合评估结果。此类方法的关键在于识别灾害之间的关联关系，可通过文献调研或风险普查等研究报告获得基础数据，将灾害之间的耦合关系通过矩阵的方式表达（图2-26），分别在图中进行多灾关系的分类填充，建立灾害拓扑关系，并假定足以诱发次生灾害的等级，形成多灾种耦合评估区划图。

结果	原因															
	沙尘暴	干旱	地震	极端气温	泥石流滑坡	森林火灾	暴雨	雷电	洪涝	暴风雪	冰雹	轨道交通事故	危化品事故	核设施事故	油品储运事故	最容易被引发的事件
沙尘暴	×	1	0	0	0	0	0	0	0	0	0	0	0	0	0	1
干旱	0	×	0	1	0	0	0	0	0	0	0	0	0	0	0	1
地震	0	0	×	0	0	0	0	0	0	0	0	0	0	0	0	0
极端气温	0	0	0	×	0	0	0	0	0	0	0	0	0	0	0	0
泥石流滑坡	0	0	1	0	×	0	1	0	1	0	0	0	0	0	0	3
森林火灾	0	1	1	1	0	×	0	1	0	0	0	0	0	1	0	5
暴雨	0	0	0	0	0	0	×	0	0	0	0	0	0	0	0	0

图2-26 多灾种耦合关系矩阵[15]

5）多种灾害的仿真模拟研究

多灾种仿真是在综合考虑各类灾害的可能性和发展趋势基础上，通过系统仿真研究复杂灾害的演化过程和灾害之间的相互作用，为未来灾害评估和应急决策提供科学依据的前沿技术，包括灾害情景生成、多个灾种的协同演化和多灾种的系统演化几方面内容。

（1）多灾种情景生成：通过对研究区域内多个灾种影响因子进行分析，包括自然环境因素、社会经济因素、基础设施因素、灾害事件特性等，构建可能出现的多个具有不同影响因子特征的灾种情景。

（2）多灾种协同演化：在多个情景下，通过数据驱动的方式对灾种影响因子之间的相互作用进行模拟。从定量化角度描述多个灾种之间协同演化的过程。

（3）系统演化：第一种思路是在现有的单灾种的情景仿真研究成果基础上，研究区域内多灾种同时发生或耦合关系的情景仿真，其技术障碍在于致灾因子的不一致导致难以呈现多灾种综合性效果，需要大量的数据支撑和技术研发，适用于小尺度空间多灾情景的模拟；第二种研究思路是以复杂系统动力学为基础，通过复杂网络信息技术和仿真技术模拟复杂网络上节点之间的相互影响，描述各类灾种之间的相互作用关系，从而实现多灾种的系统性演化，这类方法具有一定的失真性，更适用于大尺度空间的多灾影响模拟；第三种思路是采用面向对象建模的方法对灾害事件进行实体抽象、属性建模和关系建模，构造适合多灾种系统演化过程分析的数学模型。

（4）多灾种灾害链全要素耦合作用情景构建技术：首先，开展多致灾因子联合概率分布研究；其次，在分析各单致灾因子的基础上，综合考虑多致灾因子的耦合作用基于极值理论的单致灾因子累积概率曲线的构建方法，重点解决了建立基于高维嵌套Copula函数估计多致灾因子联合分布概率的关键技术问题。

2.3.3 灾害链风险

1. 灾害链与多态灾害链

1）灾害链

灾害链是因一种灾害发生而引起的一系列灾害发生的现象，是某一种原发灾害发生后引起一系列次生灾害，进而形成一个复杂的灾情传递与放大的过程。灾害链具有两个基本特征：一是灾害链中多种灾害之间存在明确的引发关系；二是灾害链在时间与空间上存在连续扩展过程而造成灾情的累积放大。灾害链涉及三个过程：①触发过程，即触发灾害链的事件。②初始过程，即灾害链的初始过程，一般是由渐进性破坏导致，而不是由于发生明显的触发过程和链发过程。③连发过程，即灾害链的一系列灾害发生。如2014年12月31日，一次大规模的山体滑坡堵塞了当时位于印度北部克什米尔的Phuktal河，导致形成了一个长17.2km的湖泊；127天后，湖泊大坝被冲垮，引发了山洪，导致下游的桥梁、涵洞和建筑物等受到严重破坏。如图2-27所示的震后地质灾害链，首先是不同类型的同震地质灾害；其次是震后短期灾害效应；最后是震后几十年到百年、千年尺度的长期效应。

灾害链具有三个主要的特征：①诱生性。灾害链存在引起与被引起的关系，即一种

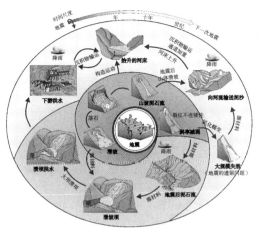

（a）震后地质灾害链演化过程示意图　　　　（b）震后灾害链效应之泥石流影响

图2-27　震后地质灾害链[94]

或多种灾害的发生是由另一种灾害的发生所诱发的。②时序性。灾害链的诱生作用使得灾害发生有一定的先后顺序，即原生灾害在前，次生灾害在后。灾害链的时间尺度相对来说较短，对于经过几年、几十甚至几百年后诱生另一种灾害的则不形成灾害链。③扩围（展）性。重大灾害发生时，往往会产生次生灾害，使其影响范围扩大。不同灾种对环境的敏感性不同，其影响范围（大小）也不尽相同。基于灾害链的三大特征，在进行灾害链评估时，需分别考虑每种致灾因子的危险性强度、对应的影响范围以及可能诱发次生灾害的概率，通过此流程即可确定每个评估单元中致灾因子的数量、类型与强度。

2）灾害链的分类

（1）基于灾种的灾害链分类

灾害链研究侧重于不同灾种之间的联系，因此，将灾种作为分类标准是最直观和最基本的灾害链分类方法，是现有研究中对于灾害链的最常见分类方法之一。按照圈层、灾害种类等标准进行分类，可分为台风—暴雨灾害链、寒潮灾害链、干旱灾害链和地震灾害链；也有学者将其分为气候—地质灾害链、地震—地质灾害链（图2-28）、海洋—陆地灾

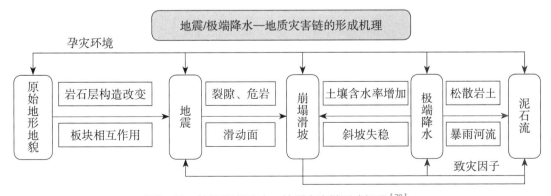

图2-28　地震/极端降水—地质灾害链形成机理[79]

害链、河流上下游间地质灾害链和地质—生物灾害链。部分学者认为灾害链可分为地质灾害链、气象灾害链和地质—气象灾害链三大类。

（2）基于时空结构的灾害链分类

灾害链的结构可以从时间与空间上的关系来研究。时间上是指灾害链中各灾害事件发生的先后顺序，而空间上指各灾害链引发的灾害在范围上扩展的方式。从灾害链产生原因将灾害链分为因果链、同源链、互斥链和偶排链4种。从灾害链发生时序上将灾害链划分为并发性灾害链与串发性灾害链（图2-29）。从灾害链结构上分为鞭状、树枝状、环状、多链—灾群。从灾害过程将灾害链分为灾害蕴生链、灾害发生链、灾害冲击链三种。根据链的载体反映不同性状的灾害演化过程的链式类型特征，把灾害链划分为崩裂滑移链、周期循环链、支干流域链、树枝叶脉链、蔓延侵蚀链、冲淤沉积链、波动袭击链、放射杀伤链8种类型。从灾害链的连接和交错情况进行分析，可将灾害链分为直式灾害链、发散式灾害链、集中式灾害链、循环式灾害链、交叉式灾害链5种类型。各种划分差异较大，主要原因在于不同学者对灾害链的认识与理解不同，这也反映了灾害链的复杂多样性。

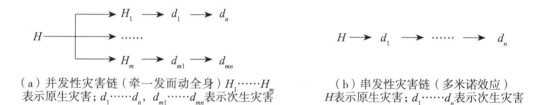

（a）并发性灾害链（牵一发而动全身）H_1……H_m
表示原生灾害；d_1……d_n，d_{m1}……d_{mn}表示次生灾害

（b）串发性灾害链（多米诺效应）
H表示原生灾害；d_1……d_n表示次生灾害

图2-29　并发性灾害链与串发性灾害链[95]

（3）基于灾害系统要素的灾害链分类

这种分类方法主要依据区域灾害系统论，综合考虑致灾因子、孕灾环境和承灾体，从成灾机制的角度进行分类，对于灾害链评估、区划具有重要的意义。如从承灾体的角度入手，可将城市灾害链划分为城市地震灾害链、城市洪涝灾害链、城市台风灾害链、城市暴雪低温冰冻灾害链4种典型灾害链。针对山地灾害链，可依据致灾因素的不同将其划分成地球内营力作用、外营力作用和人为作用致灾的灾害链3种类型。此类灾害链分类方法为灾害链分类研究提供了新的思路与方法，但这类划分方法仅针对特定区域且分类过程较为复杂。

3）多态灾害链

不同于灾害和灾害链，多态灾害链的概念于2006年被首次提出，是一种灾害在不同条件下可能诱发不同灾害链的现象，是综合风险管理的重要对象，也是综合风险分析的重要考虑因素，它的出现充分说明建立综合风险管理体系的必要性。目前大多数研究对于多态灾害链只停留在概念和形式化描述的研究阶段。

由定义可知，多态灾害链会产生不同的过程和不同的结果供选择，最终的过程和结

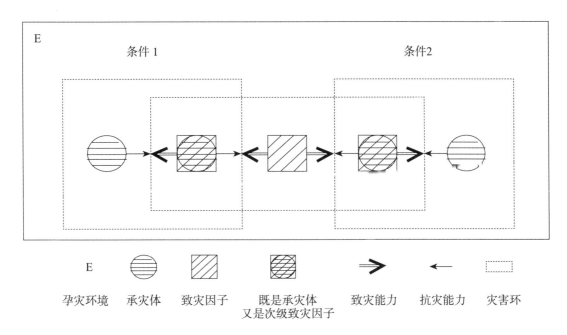

图中图例：

孕灾环境　承灾体　致灾因子　既是承灾体又是次级致灾因子　致灾能力　抗灾能力　灾害环

图2-30　多态灾害链的结构

果作为客观事物的发展过程和结果是确定的，但由于系统的复杂性，人们并不能事前对其有确切了解，多态灾害链的结构如图2-30所示。

4）灾害链与多态灾害链的区别

灾害链是包括一组灾害元素的复合体系，链中诸灾害要素之间和诸灾害子系统之间存在着一系列自行连续发生反应的相互作用，其作用的强度使该组灾害具有整体性。多态灾害链是一个远离平衡态的非线性的开放系统，理论上是一个耗散系统，存在蝴蝶效应。灾害链与多态灾害链有一定的不同（表2-13）。

灾害链与多态灾害链　　　　　　　　　　表2-13

分析角度	灾害链	多态灾害链
影响因素	自然环境	自然环境和人为管理
损失成本	损失程度	损失程度和抗灾防灾投入
过程与结果	唯一	不确定性
形成机理	单一	复杂多样

2. 灾害链的构建

1）构建自然灾害分类矩阵

以我国现行国家标准《自然灾害分类与代码》GB/T 28921确定的五类39种自然灾害作

为灾种依据，同时考虑具有明显相互作用关系的灾害种类，去掉其余灾种，形成行作首发灾害、列作次生灾害的正方形矩阵，方便后续进一步填充数据。

2）数据收集、处理与集成

多灾关联框架的建立所需要的数据包括：涵盖周边地质环境条件相似的城市灾情和管理人员的问卷与访谈内容的定性数据，以及历史上的灾情数据和城市单灾种的风险评估报告等定量数据。

3）多灾种相互作用关系的对应矩阵填充

结合历史灾害数据，根据发生条件和影响效果不同，对城市域范围内的自然灾害进行整体梳理与分类，以形成有效的城市多灾数据库。将两种灾害在数据样本中出现的次数填充进前文划定的分类矩阵中（图2-31）。

首发灾害（行）＼次生灾害（列）	地震	火山爆发	滑坡	崩塌	泥石流	地面塌陷	地面沉降	地裂缝	海啸	风暴潮	海浪	海冰	赤潮	大风	冰雪	洪涝	暴雨	冰雹	大雾	雷电	沙尘暴	干旱	高温	低温	森林火灾	植物病虫害	疫病	鼠害	草害	水土流失	风蚀沙化	盐渍化	石漠化
地震地质灾害·地震		9	4	9	3	5	5	9	3		4																						
地震地质灾害·火山爆发	9		4	2	1	1	1																			3							
地震地质灾害·滑坡	4	4		3	3											4	15																
地震地质灾害·崩塌	9	2	3		4				2																	1							
地震地质灾害·泥石流	3	1	3	4										1		11	17																
地震地质灾害·地面塌陷	5	1																															
地震地质灾害·地面沉降	5	1						4																									
地震地质灾害·地裂缝	9					4																											
海洋灾害·海啸	3		2													14																	
海洋灾害·风暴潮														14		14																	
海洋灾害·海浪	4													15		6																	
海洋灾害·海冰																									2								
海洋灾害·赤潮																																	
水文气象灾害·大风										14	15					8	19				15				2								
水文气象灾害·冰雪				1																													
水文气象灾害·洪涝			4	11					14	14	6			8			20													4			
水文气象灾害·暴雨			15	17										19		20		9												10			
水文气象灾害·冰雹																			7														
水文气象灾害·大雾																																	
水文气象灾害·雷电																		9	7						5								
水文气象灾害·沙尘暴														15																			
水文气象灾害·干旱																																1	
水文气象灾害·高温																																	
水文气象灾害·低温												2																					
生物灾害·森林火灾			3	1										2						5										5	1		
生物灾害·植物病虫害																																	
生物灾害·疫病																																	
生物灾害·鼠害																																	
生物灾害·草害																																	
生态环境灾害·水土流失																4	10								5								
生态环境灾害·风蚀沙化																					1				1								
生态环境灾害·盐渍化																																	
生态环境灾害·石漠化																																	

图2-31 多灾关系数据在分类矩阵中的填充示例

4）构建多灾种关联与网络框架

多灾种频次填充后需要结合数据样本中相互作用的识别进行进一步筛选，通过不断聚类、分类及判别，把144个相互作用事件按照上述相互作用规律划分成4个类别，通过差异化符号标注实现多灾种之间相互作用关系的可视化，即为多灾种关联框架；在相互作用关系可视化的基础上，通过数据库筛选包含2类灾害以上并呈现链式关联的事件样本，结合"点—线—点"的图形化方式呈现多灾种的链式关联关系，达到一张图的多源数据集成效果。

3. 灾害链风险评估

1）综合风险值计算

链式灾害网络风险由网络内富含所有链式灾害以及伴随型灾害风险构成，综合风险值大小应为所有灾害情景的风险值之和，包括单灾种情景、多灾种链式情景以及多灾种伴随式情景。因此综合风险计算为：

$$R_c = \sum_{i=1}^{n} R_i \times w_i \qquad （2-21）$$

式中，R_c 为城市综合多灾种风险值；R_i 为灾害 A_i 形成的灾害情景的风险值；w_i 为相应灾害情景所占权重。

在链式灾害网络的演化进程中，该网络不仅包含了各个灾害事件所带来的多灾种风险，还涉及了这些事件之间的触发效应。具体来说，灾害事件的风险程度可以通过其发生的概率以及可能造成的损失来进行评估。同时，灾害事件之间的触发效应则通过触发概率来体现。因此，综合来看，链式灾害网络的整体风险与源事件的发生概率、次生事件的触发概率，以及各事件可能造成的损失都是密切相关的。假设 A_i 可触发一张包括 m 种灾害事件的链式灾害网络，链式灾害网络多灾种风险 R_{ci} 的计算为：

$$R_{ci} = P_i \times L_i + \sum_{k=1}^{m-1} P_k \times L_k \qquad （2-22）$$

式中：P_i、L_i 为源事件 A_i 的发生概率以及可能造成的损失；P_k、L_k 为次生事件 A_k 的触发概率以及可能造成的损失。

不同的链式灾害网络对风险的影响程度各有差异。当一张链式灾害网络的结构越加稳固、难以破坏时，人为地进行断链减灾活动的难度就越高，其带来的风险也越大。因此，在考虑区域多灾种风险时，不同的链式灾害网络所占的权重和影响程度都不尽相同。为了有效评估和管理链式灾害网络的多灾种风险，必须根据其网络结构进行相应的调整。复杂网络的抗毁性，作为衡量网络可靠性的重要指标，指的是在网络中移除某个节点或某条边后，网络仍能保持原有功能的性质。这种抗毁性可以通过计算基于节点或边的自然连通度来量化评估，从而为我们提供关于链式灾害网络结构稳定性的具体信息。复杂网络的抗毁性可量化灾害链的网络结构，复杂网络自然连通度的计算如式（2-23）所示：

$$\overline{\lambda_i} = \ln\left[\frac{1}{N}\sum_{a=1}^{N}\exp(\lambda_i^a)\right] \tag{2-23}$$

式中：$\overline{\lambda_i}$ 为以 A_i 作为源事件所形成的链式灾害网络的自然连通度；λ_i^a 为该网络邻接矩阵的特征根；N 为该网络特征根的个数。

为了衡量灾害链的网络结构对区域多灾种风险的影响程度，可利用复杂网络的抗毁性计算一张网络在区域链式灾害网络中的权重，如式（2-24）所示：

$$w_\lambda^i = \overline{\lambda_i} / \sum_{i=1}^{n}\overline{\lambda_i} \tag{2-24}$$

式中：w_λ^i 为以 A_i 作为源事件所形成的链式灾害网络在区域链式灾害网络中的权重。

考虑链式灾害网络的拓扑结构，利用网络抗毁性调整各灾害事件触发链式灾害网络风险，如式（2-25）所示：

$$R_{cd}^i = R_{ci} \times \overline{\lambda_i} \tag{2-25}$$

式中，R_{cd}^i 为经抗毁性调整后的以 A_i 作为源事件的网络多灾种风险值，用于衡量该链式灾害网络的风险等级。

2）概率计算

考虑区域内灾害事件的历史数据有利于客观认识区域灾害事件发生的概率，分析灾害系统要素可考虑风险的不确定性，从而降低模型的历史依赖。将不同事件发生的概率分为历史概率和潜在概率，区域的源头管控措施会降低灾害发生的概率，根据该逻辑关系，利用源头管控能力降低灾害发生的概率。源事件发生概率为：

$$P_i = \varphi_{Ph} \times P_h^i + \varphi_{Pq} \times P_q^i \left(1.05 - 0.05C_y^i\right) \tag{2-26}$$

式中：P_h^i、P_q^i 分别为灾害事件发生的历史概率和潜在概率；φ_{Ph}、φ_{Pq} 分别为历史概率与潜在概率的权重，采用序关系分析法求得；C_y^i 为源事件的源头管控能力。

利用灾害间的触发概率量化链式灾害网络的演化过程。假设由源事件 A_i 引发次生事件 A_k 的灾害链路径有 t 条，其中，第 s 条为 $A_i \rightarrow A_{i+1} \cdots \rightarrow A_j \rightarrow A_k$，则该灾害链的发生概率为源事件的发生概率与次生事件的触发概率的乘积。次生事件 A_k 的发生概率为 t 条路径的概率之和。事件之间的触发概率从历史触发概率以及潜在关联度两方面考虑，P_{ii+1}、P_{jk} 均为触发概率，计算方法一致，统一用 P_{jk} 表示。计算如下式：

$$P(A_{i,i+1},\cdots,j_k)_s = P_i \times P_{ii+1} \times \cdots \times P_{jk} \tag{2-27}$$

$$P_k = \left(1.05 - 0.05C_y^k\right) \times \sum_{s=1}^{t} P\left(A_{ii+1},\cdots,j,k\right) \tag{2-28}$$

$$P_{jk} = \varphi_{Ph} \times P_h^{jk} + \varphi_{Pq} \times P_q^{jk} \qquad (2\text{-}29)$$

式中：$P\left(A_{i,i+1},\cdots,j_k\right)_s$ 为由 A_i 引发次生事件 A_k 的 $A_i \rightarrow A_{i+1} \cdots \rightarrow A_j \rightarrow A_k$ 灾害链路径的概率；P_{ii+1}、P_{jk} 分别为 A_i 触发 A_{i+1} 以及 A_j 触发 A_k 的触发概率；C_y^k 为 A_k 的源头管控能力；P_h^{jk} 为历史触发概率；P_q^{jk} 为潜在触发概率。

历史概率是基于灾害事件的客观历史数据计算而得，可采用事件发生的频次进行计算，源事件的历史概率 P_h^i 利用源事件年平均发生频次与年发生频次最大值之商衡量，如下式：

$$P_h^i = T_b^i / T_c^i \qquad (2\text{-}30)$$

式中：T_b^i 为事件 A_i 年均发生频次；T_c^i 为事件 A_i 的年发生频次最大值。

采用 Jaccard 系数计算次生事件的历史触发概率 P_h^{jk}：

$$P_h^{jk} = T_c^{jk} / \left(T_c^j + T_c^k - T_c^{jk}\right) \qquad (2\text{-}31)$$

式中：T_c^{jk} 为次生事件 A_k 与首发事件 A_j 年均同时发生的频次；T_c^j、T_c^k 分别为事件 A_k、A_j 的年均发生频次。灾害的潜在发生概率是基于风险的不确定性，通过对孕灾环境及致灾因子分析而得。采用诱发因素产生的可能性指标衡量源事件发生的潜在概率，将诱发因素产生的可能性分为5级，表2-14为本书中各风险评估要素的指标体系及分级标准，共7类风险评估要素，将各指标分为5个等级。

风险评估指标体系及分级标准　　　　　　　　表2-14

指标类型	函数式	二级指标/描述/值	极低	较低	中等	较高	极高
可能性	x_{qi}^a	诱发因素发生的可能性	不易出现	较少出现	可能出现	经常出现	持续存在
灾害强度	P_i	灾害事件发生的强度	极弱	较弱	中等	较强	极强
源头管控能力	C_y^i	安全预警技术完善程度	$[0,0.2)$	$[0.2,0.4)$	$[0.4,0.6)$	$[0.6,0.8)$	$[0.8,1]$
		源头治理技术措施完善程度	$[0,0.2)$	$[0.2,0.4)$	$[0.4,0.6)$	$[0.6,0.8)$	$[0.8,1]$
		周期隐患排查整改程度	$[0,0.3)$	$[0.3,0.6)$	$[0.6,0.8)$	$[0.8,1)$	1
		安全管理人员配备达标程度	$[0,0.3)$	$[0.3,0.6)$	$[0.6,0.8)$	$[0.8,1)$	1
灾害事件历史损失	L_h^i	死亡率（人/次）	0	$(0,1)$	$[1,3)$	$[3,10)$	$[10,\infty)$
		受伤率（人/次）	0	$(0,5)$	$[5,10)$	$[10,50)$	$[50,\infty)$
		经济损失（万元/次）	$[0,1)$	$[1,10)$	$[10,100)$	$[100,1000)$	$[1000,\infty)$

指标类型	函数式	二级指标/描述/值	极低	较低	中等	较高	极高
承灾体暴露度	V_E^i	受影响人口的占比	$[0,0.01)$	$[0.01,0.04)$	$[0.04,0.07)$	$[0.07,0.1)$	$[0.1,1]$
		死伤率（人/万人）	$[0,0.1)$	$[0.1,0.2)$	$[0.2,0.3)$	$[0.3,0.4)$	$[0.4,\infty]$
		受影响面积占比	$[0,0.01)$	$[0.01,0.04)$	$[0.04,0.07)$	$[0.07,0.1)$	$[0.1,1]$
		受影响GDP占比	$[0,0.01)$	$[0.01,0.04)$	$[0.04,0.07)$	$[0.07,0.1)$	$[0.1,1]$
承灾体易损性	V_C	人口抚养率	$[0,0.25)$	$[0.25,0.3)$	$[0.3,0.4)$	$[0.4,0.5)$	$[0.5,1]$
		失业率	$[0,0.02)$	$[0.02,0.03)$	$[0.03,0.04)$	$[0.04,0.05)$	$[0.05,1]$
		大专以上学历人数占比	$[0.2,1)$	$[0.15,02)$	$[0.1,0.15)$	$[0.05,0.1)$	$[0,0.05]$

由于不同灾害事件的诱发因素不同，在进行评估时需要根据具体灾害事件选择不同的指标，再根据其特征进行可能性分级。例如：地质灾害的诱发因素有降水、人为开挖扰动、人为抽排水等。假设事件 A_j 诱发因素产生的可能性指标有 r' 项，潜在概率的归一化公式为：

$$P_q^i = \left(\delta_p \times \sum_{a=1}^{r'} x_{qi}^a \times \varphi_{Pqi}^a \right) / 5 \qquad (2-32)$$

式中：x_{qi}^a 为第 i 种灾害发生的可能性指标中的第 a 个指标的取值；φ_{Pqi}^a 为其指标的权重，由序关系分析法获得；δ_p 为概率系数，取值范围为 $(0,1)$。

对次生事件而言，首发事件的发生可能会触发子事件，当灾害间的关联度越高，灾害间连锁反应可能性越强，则次生事件被首发事件触发的潜在概率越高。因此，利用灾害间的关联度衡量次生事件触发的潜在概率，灾害间的关联度需考虑区域环境中灾害作用及承灾体的时空关系，以及灾害间因果关系。如林地周围有危化品储存基地时灾害间关联度高，气象灾害之间的关联度也高。灾害间的关联度取值范围为 $[0,1]$，即 $P_q^{jk} \in [0,1]$。

源头管控措施是针对致灾因子，通过对灾害要素的监管，及时发现异常状态，并通过有效预防措施防止灾害事件发生，从而降低灾害发生的概率。源头管控能力可衡量某种灾害事件的治理或本质安全技术和管理水平。

源头管控能力采用指标赋值法计算，如式（2-33）所示，其中，C_y^i 与 C_y^k 均为事件的源头管控能力，计算方法一致，统一用 C_y^i 表示。

$$C_y^i = \sum_{b=1}^{r'} \varphi_i^b \times x_i^b \qquad (2-33)$$

式中：x_i^b 为事件 A_i 的源头管控能力指标体系中的第 b 个指标的取值；φ_i^b 为该指标的权重，由序关系分析法取得。

自然灾害与事故灾难的源头管控方式不同，评估时需根据不同的灾害类型选取相应的源头管控能力指标。自然灾害采用安全预警技术完善程度和安全管理人员配备达标程度衡量源头管控能力；事故灾难则采用源头治理技术措施完善程度、周期隐患排查整改程度以及安全管理人员配备达标程度衡量源头管控措施的及时性和有效性。

3）损失计算

考虑历史数据的客观性和风险的不确定性，不同灾害事件发生的损失可分为历史损失和潜在损失。区域的风险防范措施可降低灾害事件的损失，因此，利用风险防范能力削减灾害事件可能造成的损失。灾害事件损失的计算为：

$$L_i = \varphi_{Lh} \times L_h^i + \varphi_{Lq} \times L_q^i \times \left(1.05 - 0.05C_f^i\right) \qquad （2-34）$$

式中：L_h^i 为事件的历史损失；L_q^i 为事件的潜在损失；φ_{Lh}、φ_{Lq} 分别为两者的权重；C_f^i 为风险防范能力，采用指标赋值法计算；L_k 与 L_i 均为事件的损失，计算方法一致，统一用 L_i 表示。

灾害的历史损失利用历史数据统计计算而得，从人口和经济两个方面考虑，利用事故造成的人员死亡率、人员受伤率以及经济损失率三个指标衡量灾害的历史损失。根据指标取值计算，得历史损失 L_h^i 的值：

$$L_h^i = D_i \times I_i \times F_i \qquad （2-35）$$

式中：D_i 为死亡率等级；I_i 为受伤率等级；F_i 为经济损失等级。

灾害事件的潜在损失通过对致灾因子以及承灾体的分析而得，由灾害发生的强度、承灾体的暴露度与易损性共同衡量。灾害事件发生的强度越大，可能造成的损失越大；承灾体暴露度与易损性越大，灾后的损失越大。灾害潜在损失的计算为：

$$L_q^i = q_i \times V_E^i \times V_C \qquad （2-36）$$

式中：q_i 为灾害发生的强度；V_E^i 为承灾体的暴露度；V_C 为承灾体的易损性，均采用指标赋值法计算，如下式：

$$C_f^i, q_i, V_E^i, V_C = \sum_{c=1}^{o} \varphi_i^c \times x_i^c \qquad （2-37）$$

式中：x_i^c 为事件 A_i 对应评估要素指标体系中的第 c 个指标的取值；φ_i^c 为该指标的权重，由序关系分析法取得。

链式灾害损失计算为：

$$L\left(A_{i,i+1}, \cdots, j_k\right)_s = L_i \times L_{ii+1} \times \cdots \times L_{jk} \qquad （2-38）$$

$$L_k = \left(1.05 - 0.05C_y^k\right) \times \sum_{s=1}^{t} L\left(A_{ii+1} \cdots, j, k\right) \qquad （2-39）$$

式中：$L(A_{i,i+1},\cdots,j_k)_s$ 为由 A_i 引发次生事件 A_k 的 $A_i \rightarrow A_{i+1}\cdots \rightarrow A_j \rightarrow A_k$ 灾害链路径损失；L_{ii+1}、L_{jk} 分别为 A_i 触发 A_{i+1} 以及 A_j 触发 A_k 的触发损失；C_y^k 为 A_k 的源头管控能力。

灾害强度需根据不同灾害事件的特征选取衡量灾害强度的具体指标，再将不同的强度指标分为5级。

承灾体的暴露度表示在某种灾害下，承灾体受影响的范围或持续时间。利用灾害影响范围、人口、经济等指标衡量。承灾体的易损性是指城市区域的承灾体在遭受灾害时的应对能力。根据承灾体的类型将承灾体分为人口、经济两个方面，选取相应指标进行衡量。

风险防范措施是针对承灾体通过政府组织、制度保障、宣传教育等方式，加强承灾体的抗灾能力的措施。自然灾害采用安全基础设施完善程度、安全管理制度完善落实程度及宣传教育活动覆盖程度作为风险防范能力的评价指标；事故灾难则采用安全基础设施完善程度、安全管理制度完善落实程度及安全生产教育达标程度衡量风险防范能力。

4）风险等级

基于区域多灾种风险值R，确定了区域链式灾害网络的多灾种风险等级；通过抗毁性调整后的多灾种风险值 R_d^i，实现了对各类灾害事件形成的链式灾害网络的等级划分。链式灾害网络的多灾种风险根据计算结果被划分为5个等级，具体见表2-15。

风险分级   表2-15

等级	极低	较低	中等	较高	极高
风险值	［0，1）	［1，5）	［5，10）	［10，20）	［20，∞）

4. 区域灾害链网络模型

城市安全受到区域发展不平衡的影响导致了愈来愈高的风险态势，城市人口、建筑物、生命线系统等承灾体密集的特征，很可能加快灾害的演化，进而形成灾害链。例如2008年汶川地震引发的地震—滑坡—泥石流、地震—设施损坏等灾害链，从区域层级造成了严重的生命财产损失。复杂网络可较好地表现灾害链系统的拓扑结构，能够有效利用到灾害链系统的演化的研究中，实现城市灾害链安全风险评估。

区域灾害链的演化过程可以用灾害链网络表示，根据灾害事件种类、先后顺序和影响范围将灾害链分为互不影响的独立并行关系和同源的耦合触发关系。由于城市区域孕灾环境不稳定，承灾体高度集中，当多种灾害发生时，相互作用导致城市区域灾害链错综复杂，形成 n 类事件的城市区域灾害链网络。灾害事件间触发关系的紧密程度由触发概率表征，城市区域的灾害链网络如图2-32所示，图中的虚线表示该触发关系不发生，单向不发生时采用单向箭头。

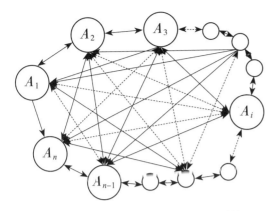

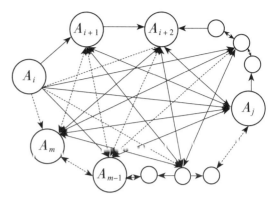

图2-32 城市区域灾害链网络模型[3]   图2-33 以某事件A_i为源事件的灾害链网络[3]

根据灾害链的独立并行关系，每个事件都有可能形成一张灾害链网络，不同源事件触发的灾害链网络之间互不影响，如台风灾害链与生产经营单位火灾事故灾害链可同时发生，互不影响。例如某事件A_i可触发一张包括m种灾害的同源灾害链网络，如图2-33所示。

5. 以暴雨灾害链为例的断链推演

灾害情景模拟能够进行灾害重现，客观全面地再现各级灾害在城市中发生后的真实世界，从而科学地揭示有关灾害发生推演过程的发展规律，其中对于灾害链的综合研究与分析，链式推演模拟在灾害链的阻断过程中起到了重要的作用。基于较强的专业性和针对性，这里介绍城市暴雨—内涝灾害链的断链推演及其应对方法研究。

水文学多为过程模型，以暴雨洪水管理模型（SWMM）和英孚沃克（Info Works）模型最为经典，国内研究团队运用大数据手段搭建起覆盖多个城市的内涝风险分析评估模型，通过模拟推演，可针对城市内涝灾害过程中的降雨历程、积涝历程以及各类风险点进行推演分析，辅助提升城市内部各部门、各级单位在应对暴雨链生灾害工作的预见性、准确性与科学性，为阻断暴雨灾害链提供有效支撑，通过对特大城市暴雨灾害链予以梳理可得到城市内涝综合风险评估及辅助支撑系统（图2-34）。

由图2-34可知，特大城市面临暴雨灾害时总体灾害链为发散式，部分链式灾害发灾有所交叉，还有部分链生灾害会形成循环链。从承灾体角度综合分析，人员、设备、设施以及城市基础能力均受到多条灾害链的影响。

2.3.4 灾害风险评估技术

随着科学技术的不断进步，更多新兴技术、方法被广泛应用于灾害风险评估分析，

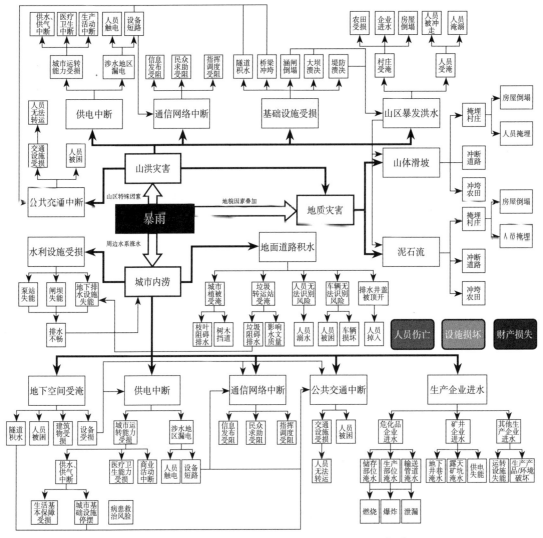

图2-34 城市内涝综合风险评估及辅助支撑系统[97]

灾害风险研究领域也得到飞速的发展。学者们应该运用人工智能、卫星遥感和多体系协同监测等先进手段对各类灾害风险进行评估分析，最大限度地避免和减轻灾害造成的人员伤亡和经济损失。

1. 人工智能与灾害风险评估

人工智能是计算机科学领域的一个分支，是通过研发使机器或设备能够模拟和扩展人类智能，进而执行人类思想功能的一种技术手段、算法或应用系统。通过对相关文献的调研梳理，人工智能在城市自然灾害管理中涉及的关键技术主要有以下三部分：利用图像识别技术对承灾体、致灾因子和孕灾环境等进行深度分析；基于自然语言处理提取和分析灾中灾后全过程的社会媒体信息，及时了解灾难事件的发展趋势；应用机器学习、深度学习和强化学习等对灾害风险进行评估分析，提高城乡防灾韧性。

例 基于机器学习模型的地质灾害风险评估（图2-35）

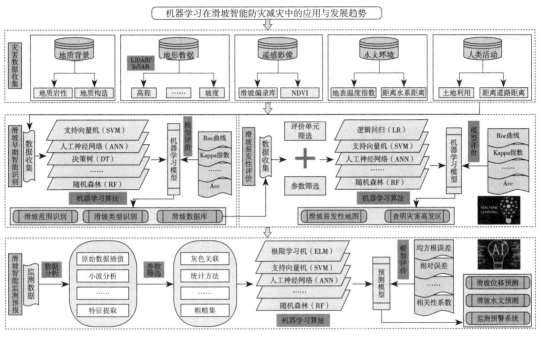

图2-35 机器学习在滑坡灾害中应用的流程[10]

例 基于数据增强和深度学习的建筑震害快速评估方法框架（图2-36）

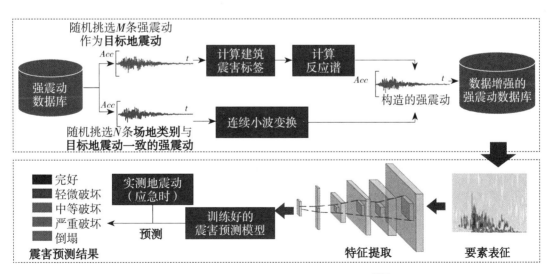

图2-36 深度学习在地震灾害中的应用[96]

1）机器学习模型

机器学习模型是一个黑箱模型，即无法基于物理机制对灾害风险的形成作出解释，需要去学习驱动因子输入与风险输出之间的关系。机器学习模型最初应用于灾害预报方面，近年来被引入灾害模拟和风险评估领域。机器学习作为数据驱动型方法，可以从大量数据中学习到灾害与影响因子之间复杂的关系，且随着遥感技术和人工智能的迅速发展和广泛应用，与灾害相关的高精度（高空间分辨率和高时间分辨率)数据集能够被快捷方便地获取，计算机计算能力不断提高，近年来国内外许多学者基于高精度数据集利用机器学习的方法模拟预测灾害风险。目前应用于灾害风险评估的机器学习模型主要包括支持向量机、随机森林、线性回归等（表2-16）。

无论是传统的机器学习模型还是新兴的深度学习模型，它们在灾害风险评估方面应用的基本都是有监督的模型，即需要从已知的指标与风险的关系之中寻找两者之间的规律，然后根据其他区域的指标值情况预测其灾害风险。而为了构建已知风险的训练样本数据库，以往研究通过三种方式来构建：一是对历史淹没数据进行统计，二是通过数值模拟结果，三是基于已有的灾害风险评估成果去构建样本数据集，使得机器学习模型对指标与灾害风险之间关系的学习更为准确，为灾害风险机制探究提供更坚实的基础。而无监督学习针对无标记数据，需要从给定的数据集中找到隐藏的规律。无监督学习有助于从数据中找到有用的见解，更适用于未标记和未分类的数据集。无监督学习主要包括聚类和降维算法，它们也常用于灾害风险的评估分析。

用于灾害风险的常见人工智能算法 表2-16

监督类型	类型	算法	说明
监督学习	机器学习	支持向量机	通过在特征空间中找到一个最优的超平面，将不同类别的样本分开。它在高维空间中能够有效地解决线性和非线性分类问题
		随机森林	由多个决策树构成的集成算法，通过投票或平均来提高预测的准确性和稳定性，适用于分类和回归任务
		线性回归	用于建模输入特征和输出之间的线性关系，常用于预测连续值的问题，如房价预测
	深度学习	卷积神经网络	由神经元层组成的模型，可以用于解决各种问题，包括图像识别、自然语言处理等
		循环神经网络	一类以序列数据输入，在序列的演进方向进行递归且所有节点按链式连接的递归神经网络

监督类型	类型	算法	说明
无监督学习	聚类	层次聚类	通过计算不同类别数据点间的相似度来创建一棵有层次的嵌套聚类树，不同类别的原始数据点是树的最底层，树顶层是一个聚类的根节点
		K均值聚类	一种无监督学习算法，将数据分成预定数量的簇，每个簇由与其平均值最近的数据点组成
	降维	主成分分析	用于降低数据维度的技术，通过找到数据中的主要变化方向来实现，常用于特征提取和数据可视化
		非负矩阵分解	一种矩阵分解的方法，它可以将一个大的非负矩阵分解为两个小的非负矩阵，又因为分解后的矩阵也是非负的，所以也可以继续分解。常用于解决因数据庞大而带来的复杂超额的计算量

2）基于机器学习的灾害风险评估方法

机器学习方法广泛应用于灾害风险评估分析研究，其模型构建主要有以下步骤：数据收集、数据预处理、模型框架构建、模型训练与测试。模型构建的技术路线如图2-37所示。

（1）数据收集。数据收集阶段的主要任务是建立训练机器学习模型所需的数据集，首先需基于灾害风险评价指标确定目标数据，评价指标的选取应基于科学性、完整性、独立性等原则。一般可基于"致灾因子—孕灾环境—承灾体"的灾害风险评估框架选取相关指

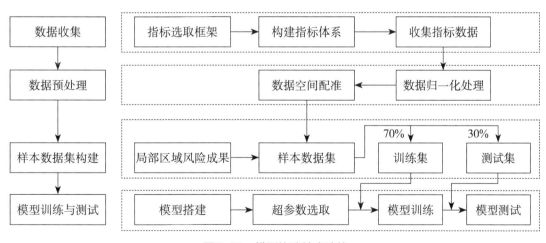

图2-37　模型构建技术路线

标。如在洪涝灾害风险评估中，致灾因子可选取最大三小时降雨、最大一日降雨和台风频率等；孕灾环境可选取坡度、高程、河流分布等；承灾体可选取人口密度、建筑分布等。针对建立的多项指标收集相关数据。

（2）数据预处理。随后需要对数据进行预处理，包括特征选择、归一化等。数据归一化的主要目的是尽可能减小离群值对模型训练的影响，也能够在一定程度上提升模型的预测精度。特征选择的意义在于降低数据维数、提升机器学习的效率、获得更强的模型泛化能力。相互之间具有干扰性的输入变量以及与预测任务无关的变量会被剔除，其余变量则作为机器学习的输入变量，真正参与模型训练的过程。

（3）样本数据集构建。样本数据库是机器学习模型训练的基础，直接关系到模型对于灾害特征的学习量和风险评估结果的合理性，通常利用历史灾害事件的统计资料来创建样本数据库。

（4）模型训练与测试。模型建立阶段首先需要选择适当的算法，通常集成算法的预测准确度更高，但其通过编程建立模型的过程更为复杂。随后进行模型训练和模型评估，包括对模型内部的参数进行调整，提升模型预测准确性，防止欠拟合和过拟合的发生。过拟合是学习器将训练样本自身的特点也归为数据集整体的一般特征；欠拟合与之相反，是学习器尚未学习到训练样本的一般性质。二者均会导致模型的泛化能力下降，但解决方法有所差异。通常只需增加训练轮数或对模型进行调整即可解决欠拟合的问题，而过拟合无法完全消除，一般通过留出验证集、交叉验证、调节模型参数等方式减小其发生的风险。

3）机器学习模型性能评价

模型实验后需要对训练得到的最优模型进行解释、检验和评价。机器学习模型是计算机程序自动构建的，其具体的训练和学习过程并未被展示模型解释的意义在于辅助人们理解机器学习模型的学习过程和学习内容，以及模型对每一组输入数据作出相应决策的原因和决策的可靠性，是模型评价阶段的重要环节。最常用的手段是通过Shapley additive explanations分析（SHAP），将输入变量对输出结果的贡献进行量化和排序，并判断正、负相关性。检验与评价则是依据模型对测试集数据预测的均方根误差（RMSE）、平均绝对误差（MAE）、绝对百分比误差（MAPE）、相关系数等指标进行的。此外，可以引入综合评价指标（OBJ），同时考虑模型在训练集和测试集的预测误差，对模型的泛化能力进行评价。

2. 卫星遥感与灾害风险评估

灾害及其风险是人类面临的共同挑战，空间维度分布范围广、类型多、影响复杂，时间维度具有孕育发生发展演变规律和不同频次出现的特点。卫星遥感的宏观、动态、综合、长时间序列地球观测优势与灾害的时空演变特点高度契合，自1972年世界上第一颗地球观测卫星发射运行以来，灾害风险管理一直是重要应用领域之一。近年来随着遥感卫星数量迅猛增加和卫星遥感技术不断发展，卫星遥感已经成为世界各国灾害管理的重要支撑。《2015—2030年仙台减轻灾害风险框架》明确提出充分利用卫星遥感数据和技术加强理解灾害风险。随着卫星遥感与信息化技术的融合创新发展，卫星灾害管理应用日趋科学、精准并呈现全球化监测、全过程覆盖和智能化服务趋势。

我国是世界上自然灾害最为严重的国家之一，同时也是航天大国，目前轨遥感卫星数量位居世界第二，一贯高度重视卫星应用支撑灾害管理工作。20世纪90年代以来，伴随着我国灾害管理能力的不断提升和卫星遥感技术的持续发展，卫星遥感在应急管理领域的应用也经历了从科学研究到形成业务支撑能力并不断完善发展的过程（图2-38）。

图2-38　卫星减灾应用发展历程示意图[33]

1）卫星遥感在灾害管理中的体系框架

卫星遥感应用是灾害管理信息化发展的组成部分，是一项系统工程。从框架总体来看，需要功能包含信息化全流程，内容覆盖灾害管理全领域，建设运行需要卫星资源、软硬件设施与软环境保障（图2-39）。从流程角度，包含从数据获取到产品服务全链路各环节，数据环节包括数据获取、处理、管理等数据治理内容，为应用提供有效数据支撑；信息环节包括提取、分析和综合研判等过程，是应用的核心内容；产品环节包括产品生产、服务与用户管理等内容，是应用的成果体现。从业务内容角度，覆盖要素监测、风险监测、应急监测和恢复重建监测全过程，分别直接支撑风险调查、风险评估、应急处置和救助保障等灾害管理业务，服务于国家灾害管理能力建设和全球减灾框架。在运行保障方面，应急专用卫星或共享资源数据源是应用的输入和基础，软硬件设施是

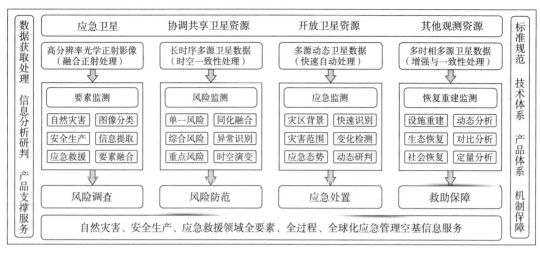

图2-39 卫星遥感灾害管理应用框架[33]

应用的承载与支撑，相应的技术体系、产品体系、标准规范和机制保障是业务运行的软环境保障。

2）卫星遥感在灾害管理中的应用

卫星遥感可为防灾、减灾、救灾，安全生产和应急救援管理提供全过程监测信息支撑（表2-17）。常态条件下，利用卫星数据定期开展要素、风险和恢复重建等监测；应急条件下，利用卫星数据和其他协调获取的数据资源，开展动态灾害应急监测，为灾害应急管理提供支撑。

卫星遥感的应用   表2-17

应用领域	主要应用场景
防灾减灾救灾	灾害风险调查与校核、灾害风险动态监测、灾害动态监测、灾后恢复情况监测
安全生产	危化品生产安全的全面监测、矿山安全生产监管、事故灾难动态监测
应急救援	救援场景构建和实景动态信息更新、定位重点灾区和救援区域、救援物资动态监测、救灾情况宏观动态分析
全球监测服务	作为与他国的合作资源、为灾害管理国际救援提供信息支持、服务于"一带一路"倡议

3. 天空地新技术

1）"天—空—地"的协同监测体系

近年来，我国灾害事故频发，造成巨大的人员伤亡和经济损失，如地质灾害，根据中国地质调查局发布的2010—2020年地质灾害通报统计结果，近11年间全国共发生地质

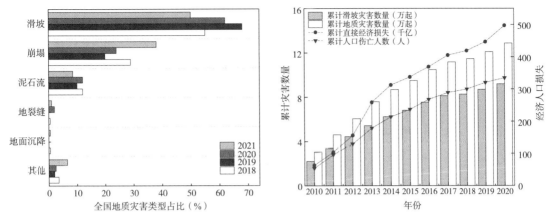

图2-40　全国不同地质灾害类型占比及近11年地质灾害统计[10]

灾害12.9万起，其中滑坡灾害9.2万起，占灾害总量的71.3%，在各类地质灾害中占比最大（图2-40）。

为了避免和减轻各类灾害的破坏，传统的技术手段已难以满足防灾、减灾要求。而随着"3S"技术、大数据、人工智能、数字孪生、物联网及5G通信技术的创新与发展，新技术能够实现海量多场观测数据的实时传输，且卫星遥感技术在灾害风险领域的广泛应用，更多的学者开始将其与低空和地面的灾害监测系统相结合，形成"天—空—地"的协同监测体系。该技术广泛应用于地质灾害风险评估分析，特别是滑坡灾害。"天—空—地"的协同监测体系主要内涵是通过构建基于卫星平台的InSAR和高分辨率光学影像、基于航空平台的无人机摄影测量和机载LiDAR技术、基于地面平台的监测感知的多元立体监测体系，实现对重大灾害隐患的多层次、多角度、多手段的全天候监测（图2-41）。

针对滑坡灾害，首先，可通过星载InSAR和高分辨率光学影像对历史上曾经的变形破坏区或当前正在变形的区域进行历史回溯、变形迹象识别和长期持续观测，实现对广域范围滑坡隐患的识别和中长期变形监测；其次，针对滑坡多发区域或正在变形的大型滑坡，可通过无人机摄影测量和机载LiDAR进行多期次的飞行观测，实现对重点区域和重大坡隐患地表变形破坏过程的短周期高精度动态监测和调查；最后，结合卫星和航空平台的多时相动态监测结果，通过地质调查对是否存在滑坡隐患进行复核确认，分析评估滑坡变形阶段和危险性，并对风险等级高尤其是已进入加速变形阶段的滑坡隐患，有针对性地部署地表和坡体内部传感器，开展高频实时自动化监测，同时结合预警模型和判据，以及滑坡实时监测预警系统平台，实现滑坡的早期预警和主动防范。

2）"天—空—地—内"的协同监测体系

2022年2月24日，自然资源部办公厅印发《关于全面推进实景三维中国建设的通知》，

图2-41 "天—空—地"协同监测技术体系[71]

明确了实景三维中国建设的目标、任务及分工等，标志着实景三维中国建设工作将全面启动。实景三维作为真实、立体、时序化反映人类生产、生活和生态空间的时空信息，是国家重要的新型基础设施，可以通过"人机兼容、物联感知、泛在服务"实现数字空间与现实空间的实时关联互通。

　　为进一步提高灾害风险普查的精度，实现更好的实景三维防灾减灾体系，有学者在"天—空—地"的基础上提出了"天—空—地—内"协同监测体系。该技术充分考虑数据尺度性、时效性和知识性等特性，推进灾害全时空要素刻画，在提高调查测绘精度的同时，从过去的以陆地表层空间为主，扩展到同时考虑致灾体和承灾体的"地上＋地下、水上＋水下、室内＋室外、致灾体＋承灾体"多源数据采集与三维模型构建，同时与实时感知和物联网有机融合（图2-42、图2-43）。

　　"天—空—地—内"的协同监测体系中，"天"主要是卫星观测平台，利用高分辨率光学卫星影像可观测到滑坡的变形迹象，也可根据滑坡地貌识别古老滑坡体。利用SAR卫星通过干涉差分观测地表正在缓慢变形的区域，以此来识别和圈定滑坡潜在隐患。"空"主要是指航空平台，利用航空平台的倾斜摄影测量技术尤其是近年发展起来的贴近摄影测量技术，可实现毫米级的三维摄影测量，观测地表细微的变形和岩体结构，构建地表及建（构）筑物室外三维精细化模型。利用机载激光雷达不仅可获取高分辨率的点云数据，还可利用其特殊的去除植被功能，使隐藏于茂密植被之下的"损伤"（如裂缝、滑坡边

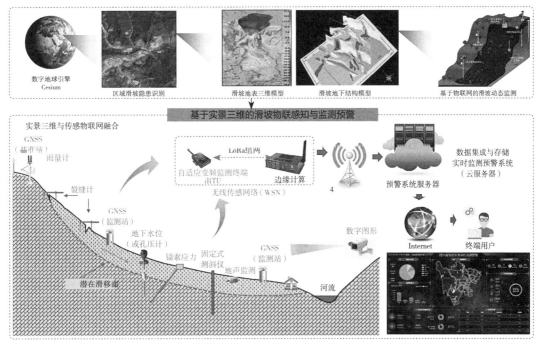

图2-42 基于实景三维的滑坡物联感知与监测预警架构[69]

图2-43 暴雨型山洪灾害链监测体系构想[50]

界等）暴露无遗，成为识别隐蔽型滑坡隐患的利器，同时为地表和建（构）筑物室外三维模型构建提供高分辨率的点云数据。"地"主要为地基观测手段，包括三维激光扫描仪地基SAR以及放置于地表的各种感知传感装置，从地面获取地表三维模型、变形、岩土体破裂产生的微震、次声信号、岩土体运动的实时影像等。"内"主要指建（构）筑物的室内三维模型快速获取、水下地形测绘、斜坡体内部结构和各种场（如水、应力、变形、温度等）的探测和观测。

通过上述天—空—地—内的协同观测，可实现地下 + 地下、室内 + 室外、水上 + 水下、致灾体 + 承灾体的全时空要素的观测。利用"天—空—地"观测手段可实现地面以上的相关各种观测，利用"内"的观测手段实现内部结构和状态的探测。利用实时定位与地图构建技术可实现建（构）筑物、地下洞穴巷道等空间结构的快速高精度测量；利用多波束探测仪可实现水下地形的快速高精度测量；利用"天—空—地"观测手段容易实现室外、水上的测绘和观测。

2.4 灾害风险评估案例

2.4.1 单灾种风险评估案例

石家庄东与衡水接壤，南与邢台毗连，西与山西为邻，北以保定为界。南北最长处148018km，东西最宽处175383km，周边界长760km，跨太行山地和华北平原两大地貌单元，自然条件和社会环境差异较大，灾害类型多样、分布广泛、突发性强、危害性大。中心城区作为石家庄政治、经济、人口等要素重点集聚区，易遭受地震、地质、火灾、洪水、内涝等五大灾害的威胁，制约城市经济社会发展，减灾需求非常迫切。涉及的数据主要包括地震、地质、洪水、内涝、火灾，地震数据来源于《石家庄市城市抗震防灾规划（2010—2020）》；地质灾害数据来源于《石家庄市地质灾害防治规划（2005—2020年）》；火灾数据来源于《石家庄都市区火灾风险评估专题研究报告》（2017年）；洪灾数据来源于《石家庄都市区城市防洪规划》（2013年）；内涝数据来源于《石家庄市城市排水防涝综合规划（2014—2020）》。为方便对多灾种风险进行统一化评估，将各单灾种的初始风险值进行归一化处理，确定归一后的单灾种风险值并进行风险分级，其对应关系见表2-18。

危险性指数与危险性等级的对应关系　　　　　　　　　　　表2-18

风险等级	无风险	极低	低	中等	高	极高
单灾种风险值	0	（0，0.2］	（0.2，0.4］	（0.4，0.6］	（0.6，0.8］	（0.8，1］

考虑到研究的精确度及算法运行效率，首先经过GIS及MATLAB算法多次运行调试，将中心城区按照200m×200m的栅格网划分为12396个基本空间单元，然后网格化处理各灾种风险等级数据，得出单灾种风险等级区划图，如图2-44所示。

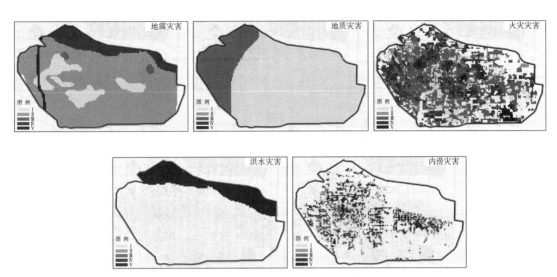

图2-44　单灾种风险等级区划[61]

2.4.2　多灾种风险评估案例

基于栅格化后的单灾种数据结果，从耦合激励的角度进行多灾种综合风险分析。

首先，建立耦合激励目标及规则。其次，通过有序加权集结算子研究多灾种之间的耦合激励关系：①依据综合风险的激励目标，给定各激励分位点，并根据分布分位数公式计算灾害风险集结数据的相对发展水平；②确定激励子区间，构建激励系数及分位权重的表达式；③给定激励偏好系数，求解调整参数β；④求解分位权重值，得出耦合激励后的多灾种风险集结结果。

多灾种间耦合激励机制。耦合激励效应是指系统中多灾种之间相互作用而改变风险大小的现象，常常表现为一种触发关系、耦合关系或联动效应，如地震灾害发生后可能引发山体滑坡、泥石流、水灾、火灾、爆炸等一系列复杂的灾害演化事件。为详细描述各灾害之间的模糊关系，从风险矩阵的角度直观分析不同风险之间的耦合激励效应，见表2-19。

灾害间的耦合激励关系 表2-19

触发灾害	被触发灾害				
	地震	地质	火灾	洪水	内涝
地震	—	0	0	0	0
地质	1	—	0	1	0
火灾	1	0	—	0	0
洪水	1	1	1	—	0
内涝	1	1	1	1	—

注："0"表示耦合激励效应弱；"1"表示耦合激励效应强；"—"表示无耦合激励效应。

　　根据被评价对象与评价需求者的合理性需求，通过参数调整的方法对不同发展水平上的灾害实行耦合激励，获得相应的综合风险增量及一致化的等级划分结果，这种灵活性的评价模式使得最终的多灾种综合风险结果不仅能充分反映出客观数据信息，还能照顾到决策者的主观意愿，对解决多灾种之间的耦合激励问题更有针对性。其中，在正耦合激励机制下，当灾害指标分布分位数所处的耦合激励子区间越接近1时，综合风险值越大；反之，综合风险值越小；当灾害指标分布分位数越接近0时，随着耦合激励偏好系数的增加，综合风险值减小，即弱化了发展水平相对低的指标的作用，实现了高风险奖励效果。综上所述，灵活性的参数调整能对被评价对象的发展起到一定引导作用，且能考虑到决策者偏好程度的表达，最终风险等级分布情况如图2-45所示。

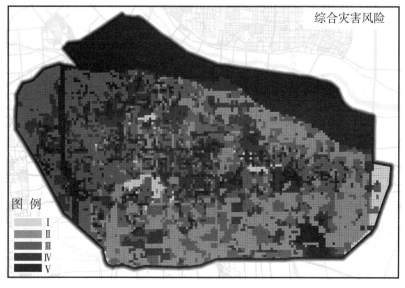

图2-45 多灾种综合灾害风险区划 [61]

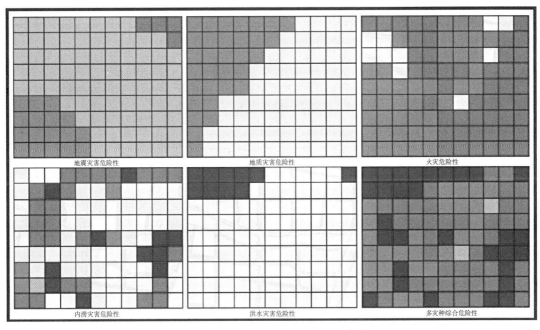

图2-46　局部栅格单元风险分析[61]

图2-45中，颜色越深，其综合风险值越高。通过风险区划，可清晰地了解到评估范围内各区域的综合风险值。

单元空间分析。为验证文中所构建的耦合激励模型计算结果的有效性和合理性，从图2-45中选取部分栅格空间单元作具体分析，如图2-46所示。

由图2-47可知：当空间单元内存在高危险性灾种时其耦合激励后的风险为极高等级（Ⅴ）；当空间单元内同时存在2处高等级（Ⅳ）及1处中等级（Ⅲ）的灾种或存在1处高等级（Ⅳ）及2处中等级（Ⅲ）的灾种时，耦合激励后的风险也会达到极高等级（Ⅴ），当空间单元内同时存在3处或4处中等级（Ⅲ）灾种时，多灾种耦合激励后的风险水平仍为中等级（Ⅲ），可看出中等及以下等级的灾种之间耦合激励效应很弱。由分析结果可知：各单元多灾种风险集结值符合空间耦合激励规则。

耦合激励后的综合风险图显示，中心城区内有26%的区域处于极高危险性状态，主要位于中心城区北部的滹沱河泄洪区、东南部的重大化工企业密集区以及西部的石家庄断裂带上；9%是高风险区域，主要分布于城区内高密度老旧片区、东南部的重大化工企业缓冲区域以及西部石家庄地震断裂带两侧区域；31%的区域是中等风险；21%的区域是低风险；3%的区域是极低风险，与实际情况相符。滹沱河作为中心城区内最大的液化区和洪水频发区，其区域面积占中心城区的20%，是威胁石家庄城市空间安全布局的重要因素，应当禁止或限制周边建设，并加强河堤防护和工程检测。耦合激励下的多灾种综合风险评价方法最终评价结果与实际情况高度相符，表明建立耦合激励机制模型，能够有效过滤模型自身的不确定性所导致的结果差异，减少单灾种信息冗余量。

2.4.3 灾害链风险评估案例

以北京为例，根据北京2018—2022年的历史灾情数据以及区域环境特征，选取4类发生概率最大的自然灾害和5类近年常发的安全事故，对灾害事故起数、死伤人数和经济损失进行统计，如表2-20所示，并结合历史灾情和报道介绍构建链式灾害网络模型，计算综合多灾种风险。

1. 构建城市链式灾害网络

由表2-20可知，北京市在2018—2022年间常受洪涝灾害、气象灾害、森林火灾和地质灾害等自然灾害侵袭，城市安全事故中以道路交通运输事故最为频繁，液化石油气爆燃事故所造成的经济损失最为严重。

2018—2022年北京城区发生事故的损失及安全风险　　　　　　表2-20

灾害类型		灾害名称	发生起数	死伤人数	经济损失（亿元）
自然灾害	A_1	地质灾害	4	13	—
	A_2	气象灾害	19	0	6.48
	A_3	洪涝灾害	24	0	—
	A_4	森林火灾	11	0	0
安全事故	A_5	生产单位火灾爆炸事故	8	6	—
	A_6	液化石油气爆燃事故	920	6	0.298
	A_7	建筑施工安全事故	171	210	0.21
	A_8	道路交通运输事故	1166	1422	0.0871
	A_9	铁路交通运输事故	38	50	—

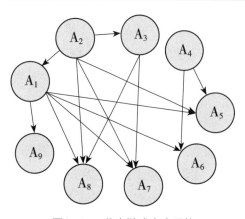

图2-47　北京链式灾害网络

结合北京城的历史灾情资料、区域环境特征和文献，分析得到灾害之间潜在的相互作用关系，以链式触发为主，无明显的伴随性灾害关系。根据城市灾害关系建立链式灾害网络，如图2-47所示，使用矩阵表示，如图2-48所示。

结合链式灾害网络与灾害相互作用框架，除了单灾种风险情景，梳理北京市面临的多灾种链式灾害风险共有25种，可视化表达如图2-49所示。

首发事件		次生事件								
		A₁	A₂	A₃	A₄	A₅	A₆	A₇	A₈	A₉
		地质灾害	气象灾害	洪涝	森林火灾	生产单位火灾爆炸事故	城市火灾	建筑施工安全事故	道路交通运输事故	铁路交通运输事故
A₁	地质灾害	╱			触发	触发	触发	触发	触发	触发
A₂	气象灾害	触发	╱	触发		触发		触发	触发	
A₃	洪涝灾害			╱				触发	触发	
A₄	森林火灾				╱	触发	触发			
A₅	生产单位火灾爆炸事故					╱				
A₆	城市火灾						╱			
A₇	建筑施工安全事故							╱		
A₈	道路交通运输事故								╱	
A₉	铁路交通运输事故									╱

图2-48 北京市灾害相互作用关系框架

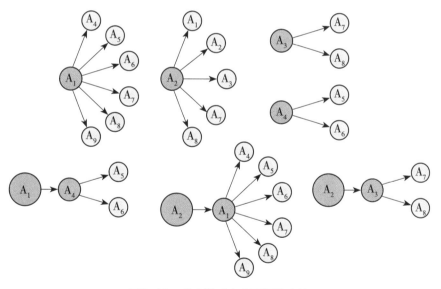

图2-49 北京链式灾害可视化表达

2. 多灾种关联风险评估

1）评估结果

根据北京市的实际情况，对所有源事件发生概率进行计算，结果如图2-50。由最终计算数据可以看出，北京市所有可能发生的灾害种类，概率排序从大到小为：洪涝灾害、

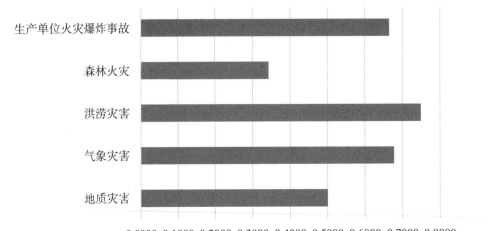

图2-50　源事件发生概率对比

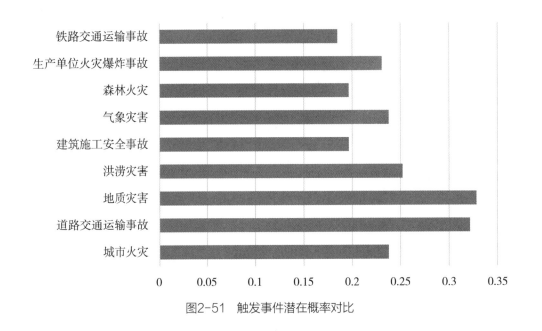

图2-51　触发事件潜在概率对比

气象灾害、生产单位火灾爆炸事故、地质灾害、森林火灾。

　　结合北京城多灾种链式风险类型，对触发事件的潜在触发概率计算如图2-51。其中，地质灾害潜在发生概率最高，火灾与生产单位火灾爆炸事故潜在概率最低。

　　结合上述结果，得到各类灾种作为次生灾害的触发概率如图2-52所示，综合结果，概率由高到低分别是道路运输事故、液化石油气爆燃事故、建筑施工安全事故、洪涝灾害、铁路交通运输事故、气象灾害、生产单位火灾爆炸事故、地质灾害、森林火灾。

　　根据链式灾害类型的灾害组成和发生概率、路径概率，结合链式灾害概率计算方法，得到25种多灾种情景的灾害发生概率（图2-53）。

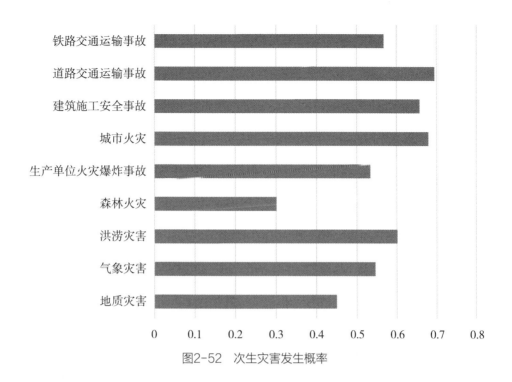

图2-52　次生灾害发生概率

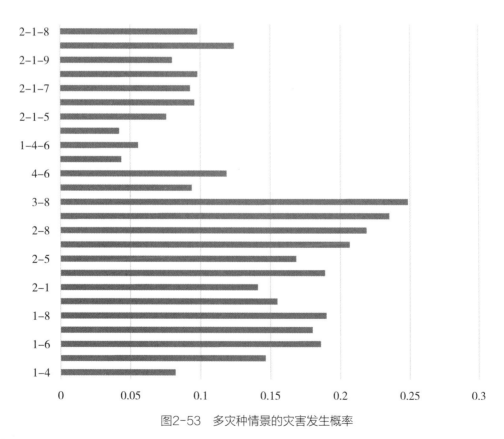

图2-53　多灾种情景的灾害发生概率

根据城市基础数据，计算各类灾害发生后的潜在损失，如图2-54所示，损失由高到低排序为生产单位火灾爆炸事故、洪涝灾害、地质灾害、铁路交通运输事故、气象灾害、液化石油气爆燃事故、建筑施工安全事故、道路运输事故、森林火灾。

链式灾害类型的灾害组成和发生概率、路径概率，结合链式灾害损失计算方法，得到25种多灾种情景的灾害损失，如图2-55所示。

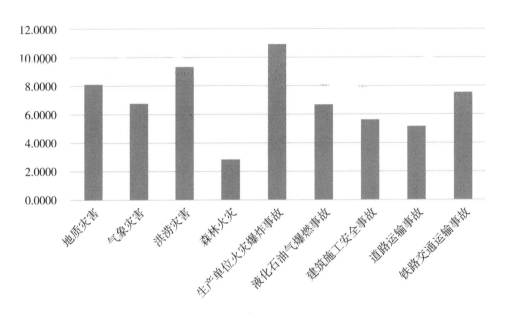

图2-54　灾害发生的潜在损失

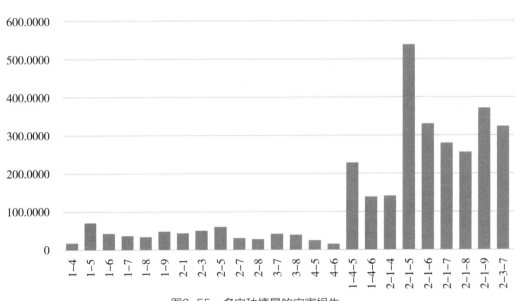

图2-55　多灾种情景的灾害损失

2）结果分析

北京市各灾害事件发生的损失、概率及关联风险对比如图2-56所示，各类灾害风险等级如表2-21所示。

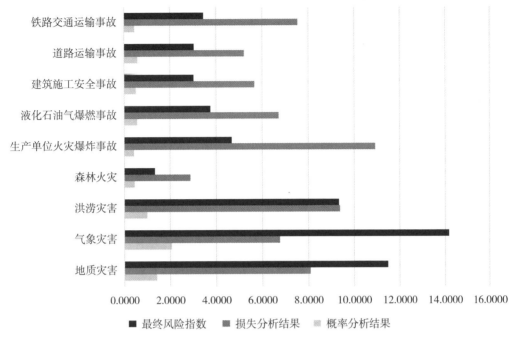

图2-56　北京市各类灾害发生的损失、概率及关联风险对比

根据评估结果，北京市地质灾害、气象所引发的链式灾害网络的风险最高，其余自然灾害的安全风险也较高。这是北京市所处的地理位置所决定的，且自然灾害源头管控较难，与其他灾害的关联度较高，导致灾害链网络的安全风险较高。在事故灾难中，生产单位火灾爆炸事故的安全风险最高，其次是液化石油气爆燃事故，这是因为两者的历史发生概率、损失较高，北京市工业园区、风险高的化工园区相对密集，且北京市人口众多，居住较为密集，所以生产单位火灾爆炸事故风险和家庭发生液化石油气爆燃均大于其他安全事故风险，并且两类灾害的源头管控以及风险防范能力不高。针对北京市的评估结果，建议从降低事故发生概率、减少事故损失及降低灾害间关联度等方面采取防灾减灾措施，如加强对地质灾害的防护与预警，对气象灾害进行防控，加强对化工园区、建筑施工项目和道路交通运输的安全监管，强化医疗体系的建设，构建绿色可持续的发展模式。

各类灾害风险等级　　　　　　　　　　　　　　　表2-21

灾害种类	地质灾害	气象灾害	洪涝灾害	森林火灾	生产单位火灾爆炸事故	液化石油气爆燃事故	建筑施工安全事故	道路运输事故	铁路交通运输事故
风险等级	较高	较高	中	较低	较低	较低	较低	较低	较低

综上所述，灾害之间的触发作用导致各类灾害之间千丝万缕的联系，若仅计算单个灾害的风险值，除地质灾害、气象灾害为中风险外，其余灾害均为较低风险，且整体区域风险为3.01，远小于区域安全风险值评估结果。这是因为灾害之间的触发作用会导致灾害的后果更严重，导致整体关联风险值提升。因此，根据区域环境特征，考虑灾害之间的触发关系，有利于准确认识区域安全风险。若忽视灾害链网络的抗毁性，通过求平均值的方式，求得整体区域的安全风险为5.04，小于区域安全风险值的评估结果，这是因为网络抗毁性使得更不易破坏的灾害链网络所占比例更高，例如地质灾害引发的灾害链网络占比。因此，引入网络抗毁性可全面认识区域安全风险，指导防灾减灾工作。模型以风险与灾害事件的发生概率和可能的损失为基本思想，结合灾害之间的触发作用和复杂网络的数学特征；通过风险要素的分析，结合风险的不确定性和历史数据客观性，建立各风险要素的计算模型及特征指标，通过实例示范应用，表明模型的科学性和有效性。

2.4.4 综合灾害风险评估案例

1. 基于机器学习的灾害风险评估

支持向量分类机（Support Vector Classification，SVC）是一种经典的机器学习方法，其主要思想是将数据点用核函数从数据空间映射到高维特征空间，在特征空间中寻找最小球体去包围数据集，形成包围数据点的轮廓。由于轮廓线分离，当特征空间中的球体映射回数据空间时就分离成若干部分，每一部分包含单独的类别，可得到全局分类判别，克服了传统机器学习方法中存在的局部极小、维数灾难、推广能力不强等问题，具有自动设计模型复杂度和泛化能力强等优点，应用较为广泛。以SVC评价地震次生地质灾害的危险性为例，其计算过程如下：

1）模型建立

综合国内外的研究现状，地震次生地质灾害危险性评价主要从地质、地貌、气候、植被、人类活动等五个方面分析，考虑的因素主要有岩石风化系数、地震烈度、河网密度、相对高度、>25°山坡面积、年降水变差系数、>50mm年降水日、荒草地、垦殖率等主要影响因素及其分级参考指标，见表2-22。以地震次生地质灾害危险性评价结果作为判别的输出指标，建立数学模型。

影响因素及其等级　　　　　　　　　　　　　　　表2-22

类别	因素	V级 （危险性极高）	IV级 （危险性高）	III级 （危险性中等）	II级 （危险性低）	I级 （危险性极低）
地质	岩石风化系数x_1	≥2.0	2.0~1.9	1.9~1.8	1.8~1.7	≤1.7
	地震烈度x_2（度）	≥8	8~7	7~6	6~5	≤5

类别	因素	V级 （危险性极高）	IV级 （危险性高）	III级 （危险性中等）	II级 （危险性低）	I级 （危险性极低）
地貌	河网密度x_3 （km/km²）	≥0.50	0.50~0.40	0.40~0.30	0.30~0.20	≤0.20
	相对高度x_4（m）	≥2000	2000~1750	1750~1500	1500~1250	≤1250
	>25°山坡面积x_5 （%）	≥50	50~40	40~30	30~20	≤20
气候	年降水变差系数x_6 （%）	≥0.21	0.21~0.18	0.18~0.15	0.15~0.12	≤0.12
	>50mm年降水日x_7 （d）	≥3.0	3.0~2.0	2.0~1.0	1.0~0.5	≤0.5
植被	荒草地x_8（%）	≥40	40~35	35~30	30~25	≤25
人类 活动	垦殖率x_9（%）	≥40	40~35	35~30	30~25	≤25

注：利用SVC建立模型，评价等级分别用1、2、3、4、5分别代替。

对于不同的训练参数，SVC的学习效率和泛化能力不同。径向基函数作为核函数，即：

$$K\left(x_i, x\right) = \exp\left\{-\frac{\left|x - x_i\right|^2}{\sigma^2}\right\} \tag{2-40}$$

式中：x_i为训练输入；σ为核函数宽度。SVC的参数主要为核函数参数和惩罚因子（Penalty Factor）PF。对于多项式核函数，其多项式次数，一般为2~9；对于径向基核函数，其σ值一般为0.1~3.8。

支持向量分类机的训练参数为σ和PF。σ的大小影响样本的输出响应区间，当σ越小时，响应区间越窄，得到的分类面临风险越小，表现为函数曲线光滑，但结构风险越大。惩罚因子PF，它表征对错误的惩罚程度，通过控制训练精度，在训练误差与推广能力之间取折中，PF越大表示对错误分类的惩罚越大。

为了验证模型的测试效果，以测试样本集数据的识别率作为模型适应度函数评价标准，即：

$$F = \frac{测试样本集中分类正确的样本数目}{测试样本集中总的样本数目} \times 100\% \tag{2-41}$$

2）SVM模型最优参数选取

遗传算法为常用的智能优化算法，将遗传算法应用于SVC参数优化，基本步骤如下：

步骤1：迭代次数$t = 0$；

步骤2：对SVC模型的惩罚因子PF和核参数σ进行编码；

步骤3：随机选择实数编码的初始种群$P(t)$；

步骤4：针对$P(t)$中的个体训练SVC，计算个体适应度函数值$F(t)$；

步骤5：若种群中最优个体所对应的适应度函数值满足要求或达到设定的迭代次数，则转到步骤8；

步骤6：$t = t + 1$；

步骤7：应用选择、交叉以及变异算子产生新的种群之后转到步骤4；

步骤8：给出的核参数σ和PF，用其训练数据集以获得最佳判别模型，如图2-57所示。

3）验证分析

案例收集了200组实际资料作为样本，对地震地质灾害危险性进行评价，随机地选取165个样本作为训练模型的学习样本，其余35个样本实例用于测试建立的模型。为消除不同量纲之间较大的差异对SVM学习速度、判别精度和推广能力的影响，可利用matlab中mapminmax（）函数对样本进行归一化预处理，将所有的数据都归一化到［0，1］。SVC支持平台采用台湾大学林智仁教授开发的libsvm-mat-2.89-3工具箱。在此分别利用GA、PSO和K-CV三种算法优化支持向量分类机参数进行地震次生地质灾害危险性评价，相关结果见表2-23。

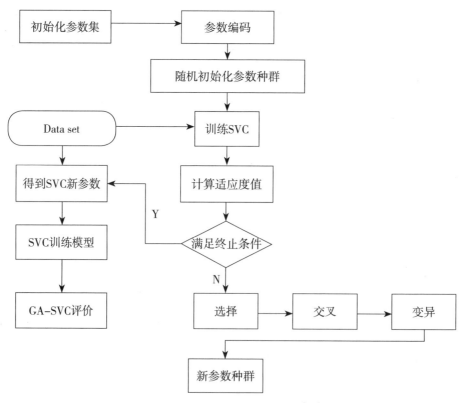

图2-57　GA-SVC结构示意图[60]

三种优化方法的判别结果对比表

表2-23

方法	PF	σ	训练样本分类识别率	测试样本分类识别率
GA	38.9767	0.1213	74.50%	82.86%
PSO	13.2928	0.2379	73.00%	82.86%
K-CV	0.7071	1.0000	72.50%	62.86%

从表2-23中可以看出：利用GA、PSO方法测试样本正确率较高，K-CV算法相对较差，训练样本分类正确率不高的主要原因是所选数据样本较不均匀，两端数据较多，而中间数据较少，对三种模型总体判别结果有所影响；测试样本分类正确率最高超过80%，基本上可以满足城市抗震防灾规划相关评价的需求。该方法可以很好地表达地震次生地质灾害危险性与其影响因素之间的非线性映射关系，具有广泛的适用性（图2-58）。

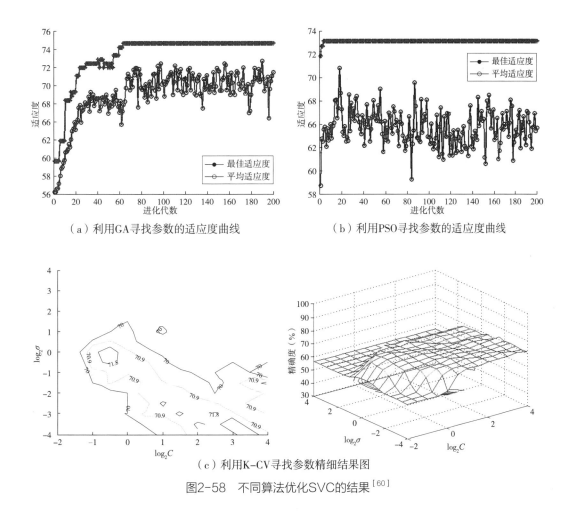

（a）利用GA寻找参数的适应度曲线　　　　　　（b）利用PSO寻找参数的适应度曲线

（c）利用K-CV寻找参数精细结果图

图2-58　不同算法优化SVC的结果[60]

2. 卫星遥感计算在灾害风险评估的应用

1) 灾害事故应急监测

利用多源卫星数据可针对自然灾害和安全生产事故及救援过程开展动态监测。如森林火灾方面可对森林资源状态、火点识别、火情态势、过火范围、发展趋势及恢复情况的全过程进行监测。图2-59是针对2020年3月四川凉山州森林火灾开展的全过程遥感监测。针对防汛抗旱应用，洪涝灾害可利用卫星遥感监测洪涝范围、受影响建筑物和基础设施、洪涝范围变化与恢复情况。针对旱灾可开展土壤墒情、典型水源地水体范围变化、植被长势、旱灾范围等监测。针对地震地质应用，可开展地震灾害影响范围、毁损基础设施、倒塌建筑物及滑坡、堰塞湖等次生灾害监测（图2-60）。

危化品爆炸和尾矿库溃坝是容易出现的安全生产事故。化工厂爆炸事故不但对周围建筑物和设施造成严重毁损而且还会产生有毒物质溢出扩散，应急人员第一时间难以进入现场。图2-61a是2019年3月21日江苏省盐城市响水县陈家港镇化工园区内江苏天嘉宜化

（a）2020年3月30日上午

（b）2020年3月30日下午

（c）2020年3月31日上午

图2-59　2020年3月四川凉山森林火灾遥感监测图[33]

工有限公司发生爆炸事故，利用卫星遥感手段识别灾后影响区域情况。图2-61b是2020年6月13日，G15沈海高速浙江省台州市温岭市大溪镇良山村附近高速公路上发生槽罐车爆

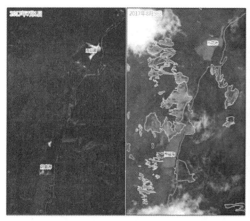

（a）四川九寨沟7.0级地震山体滑坡及道路受损遥感监测图

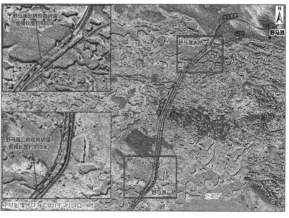

（b）青海玛多县7.4级地震共玉高速桥梁坍塌遥感监测图

图2-60　灾害实时遥感监测图

（a）江苏响水化工厂爆炸事故灾后遥感监测图　　　（b）浙江温岭槽罐车爆炸事故遥感监测图

图2-61　安全生产事故的遥感监测

炸事故，利用卫星遥感技术对比分析事故前后区域。

　　2）灾区恢复重建监测

　　灾害事故对建筑物和基础设施造成的严重毁坏需要重建，造成的社会服务中断和生态破坏需要恢复，重特大灾害特别是地震造成的严重破坏和影响甚至需要数年才能完成重建和恢复。及时掌握恢复重建情况，有助于合理安排转移安置、人员救助和部署灾区生产生活的恢复。陆地卫星具有近50年的应用历史，保存的全球陆表数据记录了许多大灾发生的历史，也为定期开展灾区重建和恢复情况的监测提供了数据积累。图2-62是2008年汶川地震4天后的卫星影像，可见震中映秀镇的建筑物几乎全部毁坏、道路中断、山河破碎，2015年的卫星影像则可见重建的城镇建筑和学校、道路等设施，山川被葱郁植被覆盖，生态得到恢复。

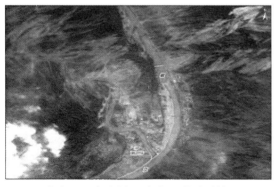

（a）2008年汶川地震后4天的映秀镇　　　　　（b）2015年重建后的映秀镇

图2-62　2008年汶川地震灾区映秀镇灾后4天和7年重建恢复对比

3）国际灾害事故监测

世界各国均面临灾害事故的风险挑战，但遥感卫星资源却集中在少数具有航天能力的国家，所以针对国际重大灾害开展卫星数据共享和监测服务是遥感应用合作最为活跃的领域之一，在全球和区域层面出现了一些专门合作机制，推动重大灾害卫星应急国际服务。随着我国国产卫星资源逐渐丰富，将国际灾害纳入日常监测，并通过多双边合作机制开展服务，也为国家灾害管理提供信息借鉴。2023年2月，土耳其一天之内连发两次7.8级地震，图2-63是我国巢湖一号卫星对土耳其地震受损道路进行监测。

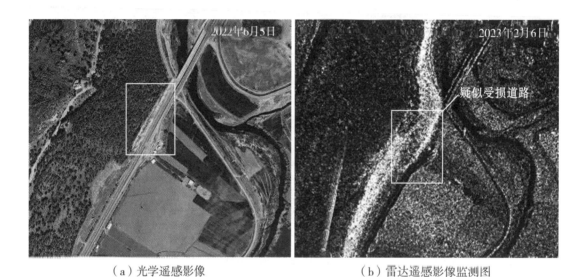

（a）光学遥感影像　　　　　　　　　（b）雷达遥感影像监测图

图2-63　国际灾害事故遥感监测

第 3 章

灾害应急管理

3.1　引言

灾害突发会对人民生命财产造成威胁，严重时破坏城市的基础设施及水电气等供应系统，不利于城市及社会的稳定发展，因此通过适当的预警措施可以有效减少灾害造成的影响。同时，如何科学应对和及时、妥善处置各类灾害，在灾害来临之际进行科学有效的应急救援，是当今我国乃至全球必须面对的一个重大课题。党的十八大报告明确指出，"要加强防灾减灾体系建设，坚持预防为主"，如何提高预警和处置我国各类重大自然灾害的能力，切实加强灾前灾中的应急管理，是构建社会主义和谐社会的重要内容，也是我国各级政府全面履行政府职能、提高行政能力的迫切要求。2023年，在二十届中央国家安全委员会第一次会议上，习近平总书记指出，要"加快建设国家安全风险监测预警体系"，"完善应对国家安全风险综合体，实时监测、及时预警，打好组合拳"。从系统论的角度来看，"最有效的公共危机预警系统需要融入所有子系统"。除了上述风险监测、预警发布和预警响应三个阶段以及风险监测、预警发布两大系统以外，有效的风险预警管理体系还需得到风险评估、风险沟通、演练培训和应急响应等方面的体系支撑（图3-1）。本章将详细阐述典型灾害风险监测预警，同时介绍综合灾害风险评估的具体内容，并结合实践案例进行深入剖析。

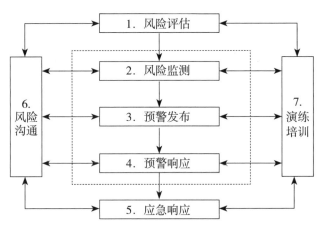

图3-1　灾害风险预警管理的理论框架[9]

3.2　灾害风险监测预警

灾害风险预警是基于对致灾因子监测，结合承灾体和孕灾环境，综合考虑防灾减灾能力，在风险评估基础上的预警，达到一定级别后向社会发布灾害警报信号。预警级别主要以灾害可能影响程度为依据，即考虑致灾因子强度，结合承灾体暴露度、易损性和减灾能力，利用风险评估模型，计算自然灾害综合风险指数，在此基础上划分自然灾害综合风险预警等级。当前我国自然灾害预警主要依托于各行业部门的监测系统进行监测。监测体系按监测平台所处位置的不同进行划分，可大致分为空间对地监测体系、航空对地监测体系和地面站网监测体系，中国正在构建并逐步形成"天—空—地现场"一体化灾害监测体系。其中空间对地监测体系是通过卫星遥感、地理信息系统、全球定位系统、卫星通信等技术成果的综合应用和集成转化，提升对自然灾害的监测、响应能力。航空对地监测体系是以飞机、飞艇和气球等为主要载体，搭载各类传感器获取信息，实现对地面灾害的精准监测预警。而地面站网监测体系是通过在地面上建设监测站点，构建系统性的监测站网络，实时监测灾害风险，如基准气候站网、水文站和地裂缝监测等。进一步由相关的部门发布预警信号，气象部门发布天气预警，水利部门发布水情预警和山洪灾害预警，海洋部门发布海洋灾害预警，自然资源部门发布地质灾害预警，开展自然灾害风险监测预警工作，有利于提升自然灾害风险防范能力，具有重要的现实意义。下文将具体介绍洪涝灾害、地震灾害、台风灾害和干旱灾害的监测预警理论方法。

3.2.1 洪涝灾害

洪涝灾害是对我国影响最重的自然灾害。据统计，1961—2020年暴雨洪涝总体呈现显著增加趋势（图3-2）。根据应急管理部发布的灾情数据显示，2023年洪涝灾害共造成全国5278.9万人次受灾，因灾死亡失踪309人，倒塌房屋13万间，直接经济损失2445.7亿元，其中华北、东北地区遭受严重暴雨洪涝灾害，局地山洪地质灾害突发。面对严峻的洪涝灾害形势，开展洪涝灾害监测预警工作是提升防灾减灾能力的迫切需求。

洪涝灾害监测预警工作已从传统的雨量观测站网研究、水文观测站网研究发展到当前结合信息技术的洪涝灾害遥感监测研究新阶段，如应用遥感（RS）和地理信息系统（GIS）等高新技术，分析计算高风险河道和可能发生中小河流风险的流域，城市内涝和

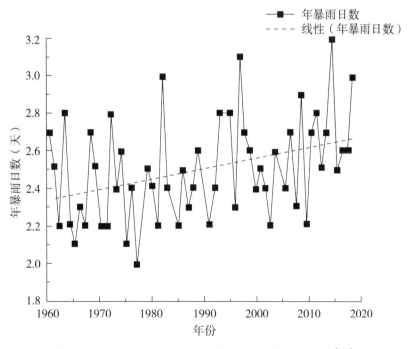

图3-2　1961—2020年全国平均年暴雨日数历年变化[98]

山洪的监测主要基于降雨、气温、风速等致灾数据驱动的水文水动力耦合模型，计算不同暴雨重现期下的洪水风险，分析得到可能发生的内涝和山洪小流域。同时，相关科研、教学部门研制了气象卫星，不断改进对小区域自然灾害进行应急监测的技术系统；另外，综合考虑致灾因子、孕灾环境对承灾体影响，利用不同地区暴雨洪涝灾害易损性模型，以县级行政区为单元，评估当前洪涝灾害对人口、房屋、农作物、GDP可能造成的期望损失，最终通过距标准差方法进行综合风险等级划分。根据灾情实时情况，叠加未来洪涝风险区评估，可以分析计算得到灾情可能持续加重区域。

1. 致灾强度界定方法及模型研究

1）不同年遇型暴雨强度计算

全国各地面气象站点不同年遇型暴雨强度的计算，是运用被广泛认可并应用的Pearson-Ⅲ型分布函数拟合计算得到的。以全国各气象站点历年年降水量日值数据为基础，采用Pearson-Ⅲ型分布函数原理方法。

基本过程为首先提取全国各气象站点每年降水量日值数据的最大值，即年最大24小时降水量，每个站点将形成一个年最大24小时降水量的序列，并把它作为单个站点的样本序列，以此序列来估计Pearson-Ⅲ型分布函数的相关参数，最后确定该站点的具体Pearson-Ⅲ型分布函数，依据N年一遇与概率的对应关系，从而将其作为输入变量，把其具体值输入已经得到的该站点的Pearson-Ⅲ型分布函数，输出代表降水量的变量值，即完成该站点的某一年遇型暴雨量的计算，其他不同站点、不同年遇型的计算同此过程。

P-Ⅲ分布被规定为我国水文频率计算的首选线性，其概率密度函数为：

$$f(x) = \frac{\beta^{\alpha}}{\Gamma(\alpha)}(x-a_0)^{\alpha-1}e^{-\beta(x-a_0)} \tag{3-1}$$

设大于或等于x_p的概率为p，则

$$p(X \geqslant x_p) = \int_{x_p}^{\infty} f(x)\,\mathrm{d}x \tag{3-2}$$

令$t = \beta(x - x_0)$，经过代换可得：

$$p = \frac{1}{\Gamma(\alpha)}\int_{t_p}^{\infty} t^{\alpha-1}e^{-t}\mathrm{d}t \tag{3-3}$$

上式即为标准化GAMMA分布。又

$$\alpha = \frac{4}{c_s^2} \quad \Phi_p = \frac{c_s}{2}t_p - \frac{2}{c_s} \tag{3-4}$$

$$K_p = \Phi_p C_V + 1 \quad x_p = K_p \bar{x} \tag{3-5}$$

由此可知，当 p 确定时，t_p 仅依赖于 α。因而，统计参数 c_s，c_v，$\bar{x}$ 确定后，求解 x_p，就归结为求解 t_p。在实际计算中，由于 c_s 的样本值与总体差距太大，所以常常使用 $c_s = kc_v$ 来计算（一般 k 取3.5）。最后计算不同重现期的降雨就归结为计算不同 p 下的 x_p。求解过程实质就是求 Γ 分布的上分位数（$\beta = 1$）。

在获取各气象站点的年遇型数据的基础上，本书建议采用克吕格插值法和反距离权重（IDW）插值法，进行不同年遇型暴雨强度空间分布图的编制。基于全国700多个气象站逐日降雨量信息，应用Pearson-Ⅲ型分布函数拟合计算得到各站不同年遇型降水量；借助Arcgis软件平台，分别采用普通克吕格和反距离权重（IDW）两种插值方法，得到全国暴雨强度（年遇型）空间分布图并对比分析（表3-1、图3-3）。

全国不同年遇型的暴雨强度（mm/24h）值域范围及构成　　　表3-1

年遇型	暴雨强度		一定暴雨强度下的站点比例（%）					
	min	max	5~30	30~50	50~100	100~200	200~300	>300
5年一遇	8	300	14.0	14.6	29.1	39.5	2.8	0
10年一遇	10	375	8.5	15.6	26.7	42.8	5.6	0.8
20年一遇	12	450	4.9	16.4	21.6	45.6	9.5	2.0
50年一遇	14	570	2.4	15.6	16.4	40.6	20.5	4.5
100年一遇	16	665	1.2	12.4	17.7	35.3	25.3	8.1
200年一遇	18	810	0.8	9.5	18.4	32.9	26.7	11.7

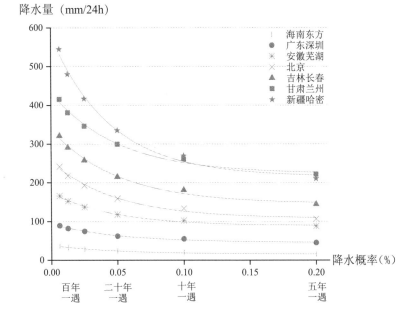

图3-3　不同年遇型暴雨强度的地区差别

全国不同地区，其洪涝灾害的暴雨强度差别很大，尤其是东南部的湿润多雨区与西北干旱少雨区之间。越是干旱少雨的地区，对于降水量增减变化的反应越敏感，日降水10~20mm的变化，致灾强度从五年一遇到百年一遇发生突变。而广大的东南地区，日降水量超过100mm才会引起五年至十年一遇的洪涝灾害，日降水量激增到200mm甚至更多，会可能引起五十年一遇的洪涝灾害。

2）综合致灾强度模型构建

综合致灾强度的评估依据灾害系统理论，选取主要致灾因子——24小时降水量，主要的孕灾环境因素——地形因子和河网水系因子作为评价要素。致灾因子属于易变因子，而孕灾环境相对变化甚微。同一区域，各灾害案例中综合致灾强度的差异，主要源于降水量（年遇型）的不同。因此，首先对"孕灾环境稳定度"进行评价。

地形对洪水形成的影响主要在于两个方面：地形高程及地形变化程度。地形高程相对标准差能很好地反映地形变化程度，标准差越小，表明该处附近地形变化越小。根据地形因子中绝对高程越低、相对高程标准差越小，则洪水危险性程度越高的原则，确定综合地形因子的划分标准及影响程度（赋分），如表3-2所示。

综合地形因子划分标准及赋分　　　　　　　　　　　　　表3-2

地形标准差	地形高程（m）				
	<100	100~200	200~500	500~800	>800
<20m	0.9	0.8	0.6	0.5	0.3
20~60m	0.8	0.7	0.5	0.4	0.2
>60m	0.6	0.5	0.3	0.2	0.1

河网的分布在很大程度上决定了区域遭受洪水侵袭的可能性大小，选取两个指标——距水道距离和河网密度构建综合指数。①距离河道、湖泊、水库等越近，则洪水危险程度越高。不同级别的河流其影响力的大小（即范围）是不同的，因此，分别确定距离及影响程度（赋分）标准，如表3-3所示。②河网密度一定程度上反映了一个地区的降雨量与下垫面条件。随着降雨量的增加，河网密度加大；随着渗透性加大，流域河网密度降低。若降雨量高、渗透性弱，则洪水危险性相对较高。因此，河网密度高的地方，遭遇洪水的可能性较大。

具体评价技术流程如图3-4所示。在技术上，主要采用地理信息系统及相关软件的空间分析功能（叠加、缓冲区、统计等），以栅格（30km网格）作为评价的基本单元。

在获取各县域"孕灾环境稳定度"数值的基础上，根据具体灾害案例或者是情景预设的24h降水量可查询洪水年遇型，进而计算"综合致灾强度"。设定洪水年遇型划分标准及其赋分，如表3-4所示。

河网水系缓冲区的划分标准及赋分 表3-3

缓冲区	一级、二级河流		三级～五级河流		湖泊（面状水域）	
	距离（km）	赋分	距离（km）	赋分	距离（km）	赋分
一级缓冲区	8	0.9	3	0.5	2	0.9
二级缓冲区	12	0.7	8	0.3	6	0.7
非缓冲区	—	0.1	—	—	—	—

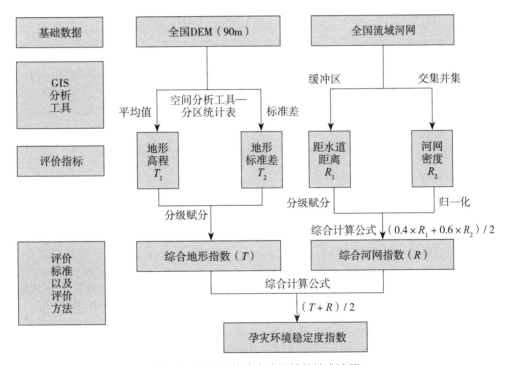

图3-4 孕灾环境稳定度评价的技术流程

暴雨洪水年遇型分级标准及赋分（P） 表3-4

年遇型分级	1年一遇	2年一遇	3～5年一遇	6～10年一遇	11～50年一遇	51～80年一遇	>80年一遇
赋分	0.2	0.3	0.4	0.5	0.7	0.9	1

在此基础上，可根据式（3-6）计算不同县域不同灾害案例中的综合致灾强度（图3-5）：

$$DM = 0.4 \times P_s + 0.3 \times T + 0.3 \times R_r \tag{3-6}$$

式中：DM为综合致灾强度，P_s取暴雨洪水年遇型分值，T为综合地形因子指数，R_r为综合河网因子指数。

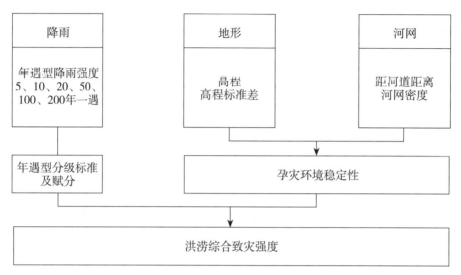

图3-5　暴雨洪涝灾害综合致灾强度模型构建流程

2. 典型省份暴雨—洪涝灾害损失快速分析

以典型暴雨—洪涝灾害过程数据为基础，构建暴雨—洪涝灾害影响范围、致灾强度和损失风险的快速分析技术流程，建立洪涝灾害人口、农作物和房屋受损易损性矩阵，初步实现暴雨—洪涝灾害损失快速分析（图3-6）。

本书选取广东、浙江、福建、湖南、江西、广西、四川、重庆、甘肃等9省（自治区、直辖市），拟合人口受灾率、房屋倒塌率的致灾—损失曲线（图3-7、图3-8）。

在此基础上确定综合致灾强度—人口受灾率曲线的下限方程式（3-7）和上限方程式（3-8）分别为：

$$y = 2.767e^{(3.2528x)} \tag{3-7}$$

$$y = 2.2475e^{(3.7445x)} \tag{3-8}$$

式中：y为人口受灾率，x为综合致灾强度指数（图3-9）。

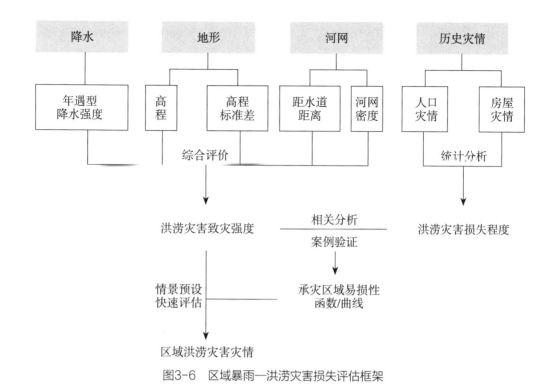

图3-6 区域暴雨—洪涝灾害损失评估框架

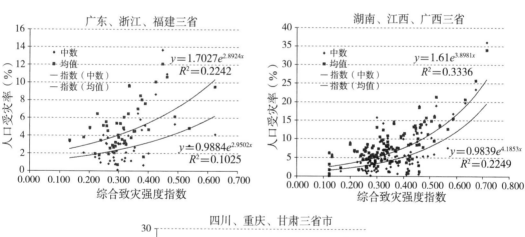

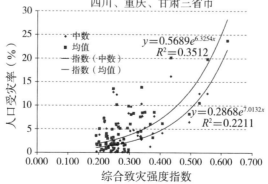

图3-7 县域综合致灾强度—人口受灾率

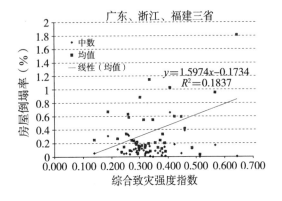

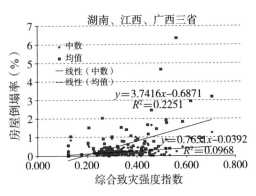

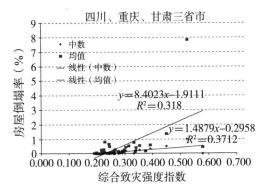

图3-8 县域综合致灾强度—房屋倒塌率

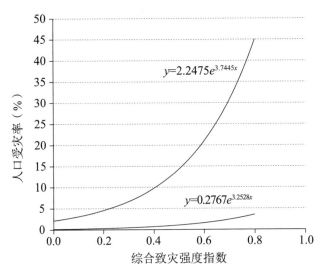

图3-9 县域洪涝易损性曲线（综合致灾强度—人口受灾率）

综合致灾强度—房屋倒塌率曲线的下限方程式（3-9）和上限方程式（3-10）为：

$$y' = 0.305x + 0.0072 \tag{3-9}$$

$$y' = 4.358x + 0.0712 \tag{3-10}$$

式中：y' 为房屋倒塌率，x 为综合致灾强度指数（图3-10）。

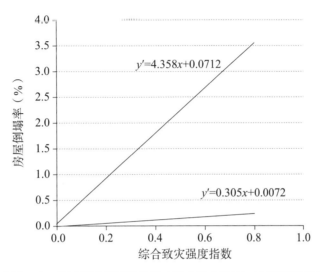

图3-10　县域洪涝易损性曲线（综合致灾强度—房屋倒塌率）

3.2.2　地震灾害

地震灾害被称为群灾之首，给人类社会造成了大量的人员伤亡和巨大的财产损失。随着我国经济社会快速发展，全社会对地震安全的要求越来越高，建设地震灾害预警系统并精准有效发布预警信息，对于提高防御地震灾害的能力具有重要意义。然而地震灾害预警具有高度的社会敏感性与科学技术难度，加强地震灾害预警，在破坏性较强的波到达前，提供短暂的预警时间用来逃生和采取其他措施减小地震所造成的损失，就成为一项兼具理论价值与实践指导意义的重要课题。

1. 地震灾害监测预警技术

地震预警是在地震发生后，利用震源附近密集的各类地震观测站点检测到的地震波初期信息，快速测定地震参数并预测地震对周边地区城市和社会的影响，抢在破坏性地震波到达目标区域之前，估计预测烈度和预警时间（图3-11），发布地震波来袭警报，使公众获取几秒至几十秒逃生避险的宝贵时间，使高铁、危化企业、精密仪器等重要工程提早采取地震应急处置措施，使建筑减隔震结构等提前做好主动防御地震波的准备，进而减轻

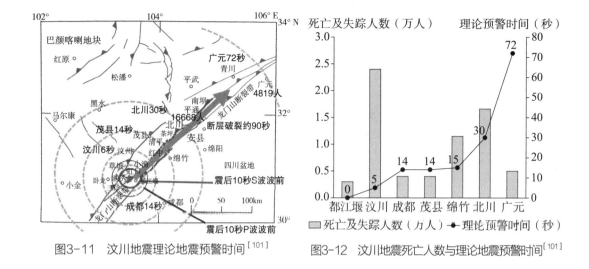

图3-11　汶川地震理论地震预警时间[101]　　　　图3-12　汶川地震死亡人数与理论地震预警时间[101]

人员伤亡和社会财产损失（图3-12）。我国内陆地区的震源深度一般在10～30km，地震发生后其能量以地震波的形式向四周传播。在震中一定范围内主要有两种波，一种是纵波，也称P波，其传播速度较快，约为6km/秒；另一种是横波，也称S波，其传播速度较慢，约为3.5km/秒。相对于P波，振动幅值更大（约为P波的4～5倍）的S波携带了更多的破坏能量，也是造成结构剪切破坏的主要因素。假设发生一次地震，震源深度10km，对距离震中60km处，S波的传播时间约为17秒，按照目前我国地震预警监测台网的密度估计，在震后10秒内（首台触发后3～5秒），我们即能比较准确地计算相关地震参数（发震时间、地点、震级、震中烈度及预测烈度分布等）并有效发布出去，这样在破坏性S波到来前，则至少有7秒的预警时间，而在距离震中100km处，其获得的预警时间则至少有19秒。在震后10秒计算出地震参数并发布出去时，破坏性S波已经传播了约33km，这时以震中为圆心的33km半径内已无预警时间，即所谓的地震预警"盲区"。从以上例子也可以看出，地震监测台网越密集，处理和发布的速度越快，在某一地点获取的预警时间也越多，其"盲区"半径也就越小。

地震预警的核心技术是利用最接近震源处的少量台站的地震初期震动信息快速判定地震并测定地震参数，进而预测尚未传播开来的地震动大小、烈度分布、影响范围和影响程度。其技术环节包括从地震监测数据的噪声和干扰中准确判别地震信号，实时估计地震发生的位置和大小，实时预测地震波的传播和地震烈度场的分布，实时预测可能的灾害。地震预警系统为实时、全自动、高时效，且24小时连续运行处理的技术系统，其实现和减灾效果的发挥需要高密度的地震观测台网、低时延的通信网络、高可靠的自动化处理系统、多渠道的紧急信息发布系统和有效的紧急避险及紧急处置措施。其系统组成如图3-13和图3-14所示。

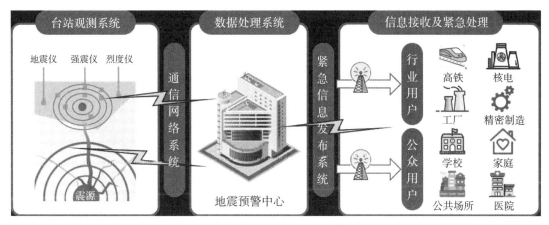

图3-13　地震预警系统组成[102]

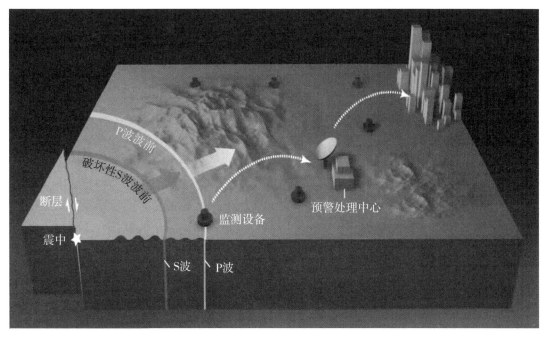

图3-14　地震预警系统工作示意图[102]

2. 地震灾害损失快速评估

震后损失快速评估主要包括人员伤亡评估和经济损失评估。从人员伤亡、直接经济损失、间接经济损失三方面进行研究。表3-5是关于震后评估学术界较为成熟、文献中出现次数较多的一些方法，主要有经典统计方法、易损性方法和机器学习方法。

经典统计方法主要从经验数据角度进行统计。常用方法有聚类分析法、主成分分析法、因子分析法等。通过分析烈度与建筑易损性、生命易损性、经济易损性之间的相关主成分系数，对被评价的对象进行震害程度上的排序，进而分析；易损性方法是最直接的方法，主要是从建筑物的角度进行分析，考虑建筑结构易损性的方法多为对灾害总

	经典统计方法	易损性方法		机器学习方法
		考虑建筑物易损性	不考虑建筑物易损性	
特点	以加权思想进行分析排序；以主成分分析降维思想为中心；以综合评价方法为脉络核心	建筑参数估算建筑破坏度	统计历史震害资料	解决非线性问题
优点	模型准确可靠、合理规范	给出在区域或网格下的分布结果	短时间内评估经济损失，更快把握地震灾害程度	有效处理数据残缺问题
缺点	数据需求量大	参数单一，准确性相对较低；区域差别不明显，损失分布情况不详细		样本偏少，数据的来源不准确时，预测结果有较大的误差；网络中中间层的结点数没有有效的确认方法

的损失估算，不考虑建筑物易损性的主要用以估算灾区或某一行政区域的整体经济损失情况；机器学习方法是目前最常用的方法，主要是在数据充足的情况下运用，主要分为监督学习和非监督学习两类，其中监督学习包含决策树、朴素贝叶斯以及最小二乘的方法，非监督学习主要包含聚类分析、主成分分析以及奇异值分解等算法。本书以易损性方法举例。

1）地震烈度模型选取标准

基于近年来地震案例数据对现有7种烈度模型的精度检验发现，西南、中部、东北等5种模型的评估结果与实际灾情吻合度较差。结合众多学者对地震烈度模型的最新研究成果，通过与地震专家多次讨论并经过大量实际数据检验，确定采用以东经106°为界划分的东部和西部两种烈度衰减关系作为地震评估的烈度模型。

中国东部的烈度衰减关系如下：

$$\begin{cases} I_a = 5.019 + 1.446M - 4.133\lg\left(R_{ed} + 24\right) \\ I_b = 2.240 + 1.446M - 3.070\lg\left(R_{ed} + 9\right) \end{cases} \quad \sigma' = 0.517 \quad （3-11）$$

中国西部的烈度衰减关系如下：

$$\begin{cases} I_a = 5.253 + 1.398M - 4.164\lg\left(R_{ed} + 26\right) \\ I_b = 2.019 + 1.398M - 2.943\lg\left(R_{ed} + 8\right) \end{cases} \quad \sigma' = 0.632 \quad （3-12）$$

式中：I_a 和 I_b 分别为沿长、短轴方向的地震烈度，M 为地震震级，R_{ed} 为震中距，σ' 为标准差。

2）地震烈度长短偏角判断

根据中国断层分布和区域地形地貌特征，通过专家咨询、文献查询等方法确定震中所处区域内断层走向与长轴走向的关系，区分震中小范围内无断层走向分布、多条断层走向分布两种情况下如何判定烈度长轴走向。

震中小范围内无断层走向分布情景下的长轴偏角判断标准。目前所使用的"中国断层分布"为1∶400万数据，对于某一特定区域发生地震后，出现震中小范围内无断层走向分布的可能性较大，考虑将震中较大范围内断层整体走向作为长轴偏角的标准。

震中小范围内有多条断层走向分布情景下的长轴偏角判断标准。首先，判断多条断层走向中大多数断层的整体走向，去掉部分与此走向差异较大的断层走向；其次，按照多条断层走向的走向集合，判断多个断层走向作为长轴偏角；最后，将此情景下长轴偏角作为走向结合的区间。

3）地震影响区域人口、房屋与县驻地分布数据研究

收集整理更新的人口、房屋与县驻地点位数据，标准化处理后作为地震快速评估的基础数据。

4）地震房屋易损性矩阵

中国地震动峰值加速度区划图的危险水平为50年超越概率10%的地震动峰值加速度值，中国地震动峰值加速度区划图按地震危险性将中国划分为7个设计基本地震动参数分区：7区（≥0.40g）、6区（0.30g）、5区（0.20g）、4区（0.15g）、3区（0.10g）、2区（0.05g）和1区（<0.05g）。

不同的设计基本地震动分区有相应的抗震设防要求，而建筑的抗震设防水平对建筑易损性有较显著的影响。因此，按中国地震动峰值加速度分区图对建筑进行地域分区。基于该分区，对建筑物易损性矩阵进行更新。根据震中识别峰值加速度分区，并选择相应的易损性矩阵，在与人口叠加计算的基础上，计算房屋倒损情况。

5）因灾转移安置人口、伤亡人口的快速分析模型研究

地震灾害导致的转移安置人口、伤亡人口的估算是基于房屋倒损情况得出的，采用事件树模型，确定不同结构类型建筑在不同破坏状态下的伤亡率，即可根据建筑结构类型及比例、人口数量等给出不同地震动强度下人员的伤亡数量。建筑结构类型对人员伤亡数量及程度的影响主要通过其易损性或震害矩阵表示出来。建筑结构的破坏程度与人员伤亡数量有直接关系，例如在轻微破坏状态下，不同建筑类型的伤亡率是相同的，这是因为在轻微破坏状态下，主要是非结构构件破坏引起的人员伤亡；而在中等破坏、严重破坏状态下，不同房屋结构下的人员伤亡率存在较大差异，这是由于结构构件的损坏容易导致巨大的人员伤亡。

转移安置人口、伤亡人口与因灾房屋倒损间的关系：转移安置人口＝（6度区及以上区域土木、土坯结构房屋数量＋估算的倒塌、严重损坏房屋数量（非土木、土坯结构）＋估算的中等损坏房屋数量（非土木、土坯结构）/2）×人均间数。

3.2.3 台风灾害

台风是指热带或副热带海洋上发生的强烈气旋性漩涡，因具有发生频率高、突发性强、影响范围广、成灾强度大等特点，是当今全球人类面临的重大自然灾害之一。我国是世界上登陆台风最多、灾害最重的国家之一，从华南到东北沿海地区都深受其害。影响我国的台风主要生成于西北太平洋和南海，1949—2019年间，共有513个台风登陆我国，年均7个，登陆地点主要集中在我国东南沿海，登陆时段主要集中在夏秋季。台风引起的直接灾害通常由狂风、暴雨、风暴潮三方面造成，可能会引发滑坡、泥石流、洪涝等次生和衍生灾害，给人民群众的生命财产造成巨大损失（图3-15）。

台风灾害的监测预警主要是利用关键点相似度模型提取历史相似台风路径、等级和历史灾情信息，即梳理诸多历史台风路径，综合考虑路径的形状、方向和空间关系确定提取的台风路径相似点，对利用相似点提取出来的台风路径相似度进行大小排序，并对台风等级、登陆地点和登陆强度等相关信息进行筛选。选取与当前台风路径最相似的若干条历史台风，并列出受灾区域、死亡失踪人口、紧急转移安置人口、倒塌房屋数等历史灾情信息。

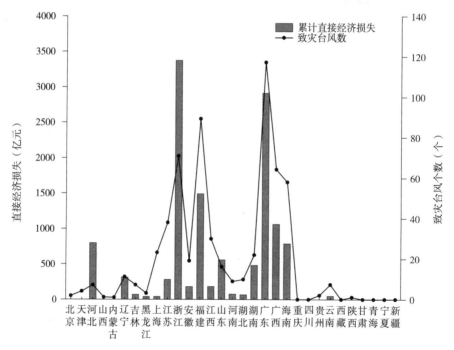

图3-15 各省（区、市）累计台风直接经济损失和致灾台风数

1. 历史相似台风提取算法研究

1）关键点相似法基本原理

从历史数据库中选取与实时路径相似的路径，采用GIS的缓冲区分析与叠置分析方法可缩短从历史数据库中搜索相似台风的时间，并考虑路径的形状、方向和空间关系。被选中的历史路径应在当前台风实测点生成的所有缓冲区中都有记录点，这样的路径同时满足地理和移向相似，然后根据已知路径记录点与每条相似历史路径上相应关键点之间的距离与缓冲区半径的比值确立相似度，如式（3-13）所示：

$$SSI = 1 - \left(d / r \right)^2 \qquad (3-13)$$

式中：d为关键点之间的距离，r为缓冲区半径。

由于落入同一个缓冲区中的历史路径的记录点可能不唯一，一般选取离实时路径记录点最近的一个历史路径记录点作为关键点计算。每个对应的关键点进行相似度计算以后，将其求平均值得出该历史路径与当前实时路径的相似度SSI。SSI越接近于1，表明检索出的相似路径与实时路径越相似。在搜索出的路径相似的台风中，通过对时间属性的进一步搜索，选择与当前台风所在月份及其前后各一个月内的历史台风作为相似台风，以满足季节相似。

2）关键点相似法计算流程（图3-16）

步骤1：台风路径资料准备。收集台风路径信息，将其转化为空间矢量数据（shapefile格式），记录每个台风间隔6小时的经纬度坐标及编号、记录时间点、中心气压和近中心

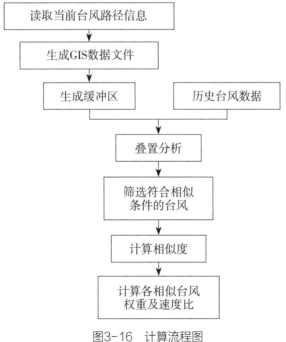

图3-16　计算流程图

最大风速等属性数据，生成点位信息（图3-17）。

步骤2：利用GIS缓冲区分析和叠置分析功能搜索相似台风（图3-18、图3-19）。一般选用除预测台风所在年份之外的所有年份的数据，基于误差容许范围的考虑，将缓冲距离设定为200km。从缓冲区搜索出的相似路径中将相似性较低、路径怪异和存在时间过短的台风剔除，以提高预测精度（图3-20）。

步骤3：对步骤2中确定的相似台风求其与实时路径的相似度，并根据相似度大小进行降序排序，从而求得相似台风路径，即求算已知路径记录点与每条相似历史路径上相应关键点之间的距离，计算其与缓冲区半径的比值以确定相似度。

3）相似离度法基本原理

把台风路径视为二维平面上的一段曲线，根据两条台风路径曲线的相似离度判断其数值相似和形态相似的程度，并基于相似离度原理，根据台风路径特点设计判断两条台风路径曲线相似度程度的计算方法。按照设计的算法处理台风基本资料，可以确定两条台风

图3-17　历史台风路径点位图

图3-18　缓冲区和历史台风路径叠加显示

图3-19　初步筛选结果

图3-20　最后确定的相似台风路径点位图算法演示

路径曲线上对应控制点，得到两条曲线对应控制点之间的距离和距离的偏差方向，最终只需在一个方向计算相似离度，就可以直接分析两条曲线的相似性。

$$C_{ij} = D_{ij} + S_{ij} \qquad (3-14)$$

$$D_{ij} = \frac{1}{M'} \sum_1^{M'} |y_{ik} - y_{jk}| \qquad (3-15)$$

$$S_{ij} = \frac{1}{M'} \sum_1^{M'} |(y_{ik} - y_{jk}) - A_{ij}| \qquad (3-16)$$

$$A_{ij} = \frac{1}{M'} \sum_1^{M'} |(y_{ik} - y_{jk})| \qquad (3-17)$$

式中：C_{ij} 为相似离度，其值越小，两曲线相似程度越高；D_{ij} 为纵向数值差异，S_{ij} 为纵向形态差异，M' 为两条曲线相交次数，y_{ik} 和 y_{jk} 分别为两条曲线和第 K 条纵线交点的高度值。

4）相似离度法基本流程

步骤1：确定台风路径曲线上控制点。对当前台风 i 可通过插值方法将台风路径分为若干等间隔线段，再将线段所在位置作为路径曲线上控制点（图3-21、图3-22）；被检索台风 j，可在路径上求出与当前台风每个控制点最近点作为控制点。从数值相似角度，据对应控制点距离和公式，就可得到数值相似计算结果。

步骤2：确定对应控制点间距离偏差方向。i 上控制点 p_0，相邻控制点 p_1；j 上与 p_0 对应点 p_2。据 p_0 和 p_2 两点坐标，求出两曲线最短距离。规定 p_0 指向 p_1 为正方向，如 p_2 落在 p_0 和 p_1 两点构成矢量右侧或正前方，则规定距离偏差符号为负，反之为正。从形态相似角度看，据对应控制点间距离和距离偏差方向和公式，就可计算形态相似度（图3-23）。

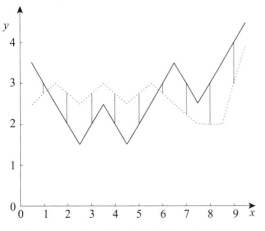

图3-21 台风路径曲线位置、形态示意

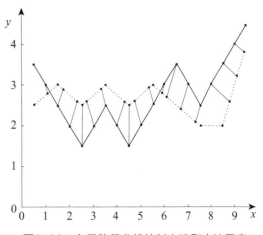

图3-22 台风路径曲线控制点选取方法示意

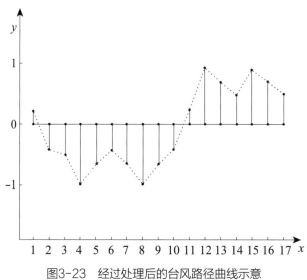

图3-23 经过处理后的台风路径曲线示意

步骤3：计算两条曲线间相似离度。在确定了两条曲线各对应控制点之间的距离和距离偏差的符号后，只需在一个方向应用相似离度的计算公式，就能直接利用计算结果判断两条曲线的相似离度了。

2. 基于历史路径的台风登陆点和致灾范围研究

基于历史数据计算不同路径台风的致灾范围分布情况。步骤如下：

步骤1：确定研究范围和单元。分析台风路径的区域分布，发现影响我国的台风路径主要分布在100°E~180°E、0°N~50°N的范围内，所以把此区域内作为研究范围，以经纬度1°×1°为间隔，把此区域分成若干网格，以每个网格为最小单元，统计台风从生成到初次登陆我国大陆地区区域范围内的台风频数。

步骤2：处理数据。统计60年来每个网格单元内4~10月的台风条数，这里主要统计的为从生成到初次登陆大陆地区的台风以及未登陆大陆地区的台风；统计4~10月各主要登陆省份从生成到初次登陆区域内路径的每个网格单元的台风条数；计算登陆各省的台风条数与所有经过此网格的台风条数的比值，得到网格台风登陆各省份的概率值；针对登陆各省的台风频数和登陆各省的概率值，利用Arcigis中的IDW方法进行空间插值，分别得到登陆各省的台风频数图和台风登陆相应省份的概率分布图。

3. 台风灾害损失率与致灾强度函数关系研究

基于历史台风致灾强度和灾情数据等，分析历史台风灾害损失的时空分布特征，然后运用相关和回归分析方法等，拟合台风损失率与致灾强度的函数关系。相关研究表明，有关台风灾害指标损失率主要集中分布在0.5%以下，其中除了转移率在0.1%~0.5%

区间分布最多外，万人死亡率、农作物绝收率和损失率均是0～0.1%区间分布最多，其次是0.1%～0.5%，0.5%～1%和大于1%区间均分布较少。研究结果可用于台风的快速风险损失评估，我国不同区域的台风灾害造成的损失率与致灾强度间不同程度地存在良好的指数函数关系，尤以表征台风灾害暴露量的人口受灾率和农作物受灾率与致灾强度的函数关系最好（图3-24、图3-25）。

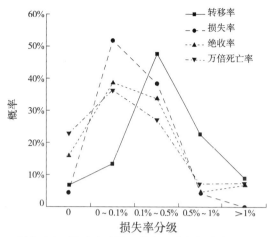

图3-24 登陆大陆地区的台风分级损失率对应的台风概率统计

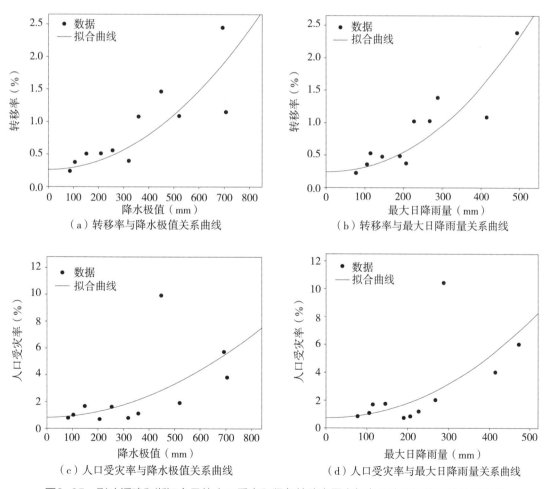

（a）转移率与降水极值关系曲线

（b）转移率与最大日降雨量关系曲线

（c）人口受灾率与降水极值关系曲线

（d）人口受灾率与最大日降雨量关系曲线

图3-25 影响福建和浙江台风的人口受灾和紧急转移安置率与台风降雨间的函数关系示意

3.2.4 干旱灾害

干旱是造成农业损失最大的自然灾害类型之一。受极端天气影响，近年来，东北地区西南部、陕甘豫鄂及川贵一带、云南西部等地年干旱日数增加10天以上，局部地区增加20天以上。根据灾情数据显示，2021年，干旱灾害造成山西、陕西、甘肃、云南、内蒙古、宁夏等24省（区、市）2068.9万人次受灾，农作物受灾面积3426.2千hm²，直接经济损失200.9亿元（图3-26）。旱灾严重威胁着农业生产和粮食安全，开展干旱灾害监测预警业务是提升防灾减灾能力的迫切需求。当前，干旱监测预警研究呈现由单指标向多指标、单向量向多向量发展的高精度干旱综合风险监测，由被动的危机管理模式向主动的风险管理模式转变的趋势。

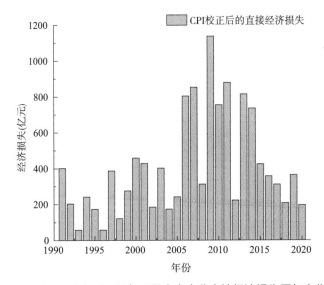

图3-26　1991—2020年干旱灾害农业直接经济损失历年变化

1. 基于气象干旱综合指数（Meteorological drought Composite Index，MCI）的干旱监测预警

气象干旱的表征方式很多，干旱指数是监测预警评估干旱的关键参数。2012年国家气候中心推行了改进的气象干旱综合指数（MCI），是综合考虑前期不同时间段降水和蒸散对当前干旱的影响而构建的一种干旱指数，为全国干旱监测与评估业务的规范化和标准化作出了重要贡献。

定义日雨量≤2mm为无有效降雨日，无有效降雨日的长时间持续且累积雨量未达到解除指标的持续少雨过程就是干旱过程，其开始日为首个无有效降雨日，结束日为达到解除雨量指标日的前一天。由于连旱日数侧重于农业耕作制度，季节划分略不同于气候季节。

在国家标准《气象干旱等级》GB/T 20481—2017中改进的气象干旱综合指数如下：

$$MCI = Ka \times \left(a' \times SPIW_{60} + b' \times MI_{30} + c' \times SPI_{90} + d' \times SPI_{150}\right) \qquad （3-18）$$

式中：$SPIW_{60}$为60天标准化权重降水指数；MI_{30}为30天湿润度指数；SPI_{90}为90天标准化降水指数；SPI_{150}为150天标准化降水指数。a'、b'、c'、d'为经验系数，随地区和季节变化调整，秦岭和淮河以南的南方地区，冬春季取0.3、0.4、0.3、0.2；夏季取0.5、0.6、0.2、0.1；Ka为季节调节系数，由不同季节主要农作物生长发育阶段对土壤水分的敏感程度确定。MCI各分量的算法详见《气象干旱等级》GB/T 20481（表3-6）。

气象干旱综合指数（MCI）等级划分表　　　　　　　　　　　表3-6

等级	类型	MCI
1	无旱	$-0.5<MCI$
2	轻旱	$-1.0<MCI\leqslant-0.5$
3	中旱	$-1.5<MCI\leqslant-1.0$
4	重旱	$-2.0<MCI\leqslant-1.5$
5	特旱	$MCI\leqslant-2.0$

2. 基于降水量距平百分率的干旱监测预警

基于历年站点气象数据，选取降水量距平百分率（P_a）为评价指标，建立致灾强度概率密度曲线和致灾强度超越概率曲线，实现不同致灾强度（P_a分别为20%、40%、60%、80%、100%）的发生概率和不同风险水平（2年、5年、10年、20年一遇）的致灾强度评估。降水量距平百分率是表征某时段降水量较常年值偏多或偏少的指标之一，能直观反映降水异常引起的干旱，多用于评估月、季、年发生的干旱事件。降水量距平百分率等级适合于半湿润、半干旱地区平均气温高于10℃的时段。依据所需不同时段，可以通过气象部门获取相应时段的降水数据，通过距平算法获取所需降水量距平百分率数据，从而为不同时段的旱灾评估提供基础数据与干旱等级确定的依据（表3-7）。

降水量距平百分率（P_a）气象干旱等级划分表　　　　　　　表3-7

等级	类型	降水量距平百分率（%）		
		月尺度	季尺度	年尺度
1	无旱	$-40<P_a$	$-25<P_a$	$-15<P_a$
2	轻旱	$-60<P_a\leqslant-40$	$-50<P_a\leqslant-25$	$-30<P_a\leqslant-15$
3	中旱	$-80<P_a\leqslant-60$	$-70<P_a\leqslant-50$	$-40<P_a\leqslant-30$
4	重旱	$-95<P_a\leqslant-80$	$-80<P_a\leqslant-70$	$-45<P_a\leqslant-40$
5	特旱	$P_a\leqslant-95$	$P_a\leqslant-80$	$P_a\leqslant-45$

降水量距平百分率计算方法主要由某时段降水量距平百分率 P_{ra} 计算：

$$P_{ra} = \frac{P_r - \overline{P_r}}{\overline{P_r}} \times 100\% \qquad (3-19)$$

式中：P_r 为某时段降水量（单位：mm），$\overline{P_r}$ 为计算时段同期气候平均降水量（单位：mm）。

$$\overline{P_r} = \frac{1}{n} \sum_{i=1}^{n} P_{ri} \qquad (3-20)$$

式中：n 代表 $1 \sim 30$ 年，$i = 1, 2, \cdots, n$。

数据需参考相关研究资料及气象行业标准，取年份为大于30年的年降水量的平均值。超越概率的计算方面，根据经典概率论的定义，假定 X 为连续型随机变量，对于任意的实数 x 来说，小于 X 的累积概率用 $F(X)$ 表示，EP 表示超越概率，则

$$EP = 1 - F(X) = 1 - P(X < x) = 1 - \int_{-\infty}^{x} f(x) \mathrm{d}x \qquad (3-21)$$

式中：$f(x)$ 为连续型随机变量 X 的分布密度。

用 RP 表示重现期，对连续型随机变量，超过定值 X 则表示极端事件发生，由上式可得：

$$RP = \frac{1}{EP} = \frac{1}{1 - F(X)} \qquad (3-22)$$

每一个重现期则对应一个极值分位数，表示极端事件的极值变量的数值大小。同时，对于给定重现期的情形，极值分位数越大，说明超越概率越小，极端事件发生的可能性也就越小。

3.3　应急避难疏散

3.3.1　应急避难内容

1. 总体要求

1）规划目的

基于灾害事故风险、应急避难需求和可用应急避难资源等评估结果，科学确定本行政区应急避难场所分级分类建设布局和功能要求，构建城乡布局合理、资源共建共用、功能设施完备、平急（疫/战）综合利用的应急避难场所体系。

2）规划原则

落实新发展要求。贯彻落实以人民为中心的发展思想，坚持"人民至上、生命至上"，坚持底线思维、极限思维，适应建立大安全大应急框架，统筹发展和安全，最大限度保障人民群众生命安全和维护社会稳定。

强化规划指导作用。将编制应急避难场所专项规划作为高标准建设应急避难场所的

必要前提，坚持需求导向、问题导向、目标导向，突出分级分类，科学规划、设计适宜级别类型的应急避难场所，增强规划的针对性、科学性和指导性。

突出区域风险特征。突出不同区域特点和灾害事故特征，充分考虑当地地理地质环境、气候条件和人口分布、土地资源、公共设施与场地空间等因素，务实做好安全风险评估，合理确定应急避难需求。

统筹资源共建共用。结合城市发展与乡村振兴需要，积极推进应急避难场所平急、平疫、平战结合，加强防灾防疫防空应急避难资源、文化教育体育旅游及城乡基础设施等融合共建共用。

2. 规划建设方向

1）科学布局各级各类应急避难场所

按照分级负责、属地为主、分级响应调度资源的原则，合理规划省级、市级、县级、乡镇（街道）级和村（社区）级应急避难场所布局。按照建筑及场地类别、总体功能定位及避难时长、避难面积、避难人数等，科学设置室内型和室外型、综合性和单一性，以及紧急、短期、长期应急避难场所，可根据特殊需求及功能需要设置特定应急避难场所。

2）加强综合性、室内型应急避难场所建设

新建、改造和指定应急避难场所，应优先规划建设综合性、室内型避难场所，并提高安全性和舒适水平，适应多灾种、本地区或跨区域、长时间应急避难服务保障的需要。2025年底前，综合性应急避难场所至少可满足本级行政区所需应急避难总人口的60%，室内可容纳避难人数不低于室内外可容纳避难人数的20%；2035年底前，综合性、室内型应急避难场所覆盖范围进一步扩大，更好地满足城乡人口应急避难需求。

3）统筹各类应急避难资源合理建设

新建应急避难场所应与城乡公共设施、场地空间和住宅小区等同步规划、建设、验收和交付；改造应急避难场所应充分利用学校、文体场馆、酒店、公园绿地、广场，以及乡镇（街道）和村（社区）的办公用房、文化站（中心）等公共设施和场地空间；指定应急避难场所应充分利用宾馆和酒店、度假村、文旅设施、福利院、村民活动室、农家乐等资源。新建、改造和指定应急避难场所，要统筹防灾防疫防空等多功能兼用进行设计，或为其预留必要功能接口。

4）加强城镇应急避难场所标准化改造

通过综合评估，对城镇地区已建应急避难场所存在功能不足、配置简陋等情况，加强标准化改造，完善综合应急避难功能，提升服务保障能力。在城市更新、老旧小区和老旧厂房改造中，将更新改造中的公共设施或场地空间同步改造为应急避难场所。选择配建地下人防掩蔽场所的公共建筑、住宅小区和地上人防疏散基地，以及公共文化教育体育旅游设施等，进行应急（疫/战）改造，完善应急避难功能。

5）加强乡村应急避难场所建设

充分利用乡镇、村（社区）办公用房、学校、村民活动室、文体场馆（设施）、公园、广场等公共设施和场地空间，规划建设应急避难场所。一般情况下，1个乡镇至少设置1个乡镇（街道）级应急避难场所，1个行政村至少设置1个村（社区）级应急避难场所，满足区域居民的避险避难需求。在特殊情况下，发挥其点多、面广的特点，为城市居民疏散提供备用场所。

6）合理设置应急避难场所功能与设施

根据不同级别类型应急避难场所布局，选择适宜承担的功能，合理设置应急宿住、医疗救治和物资储备等功能区，科学配置供电、供水和排污等设施设备物资，具备条件的应急避难场所还可配置文化活动和心理抚慰等设施。应急避难场所内、外及周边要规范设置指示标志等指引。要结合公共设施和场地空间实际情况，残疾人、老年人、幼儿孕妇等特殊群体需要进行无障碍设计。

充分考虑特殊条件下的应急避难需要。针对高原、高寒和高山峡谷等特殊地形地貌和气候条件，以及重大危险源、核设施等高风险区域对应急避难的特殊需求，因地制宜进行应急避难场所功能设计，并配置相应的设施设备和防护保障物资。

3.3.2 场所选址布局

应急避难场所的合理选址布局对人员有效的避难疏散至关重要，应结合规划区应急避难策略和规划目标，对应急避难场所分级分类体系、城镇和乡村地区应急避难场所布局、应急通道和城乡基础设施进行规划。

1. 选址布局原则

分级分类体系规划。依据分级分类标准规范，明确规划区不同级别和不同类型的应急避难场所建设数量规模。

应急避难场所布局。城镇地区重点考虑避难场所均衡分布、多种灾害事故避难、防空防疫防灾多功能用途兼用等需要，合理布局省、市、县和乡镇（街道）级紧急、短期和长期避难场所；乡村地区充分考虑易发多发灾害事故情形、人口分布、地理地质环境、基础设施抗灾能力等，合理布局村（社区）级紧急、短期避难场所。

应急通道和城乡基础设施规划。根据应急避难场所布局和规划区综合交通现状与规划，选取安全性、连通性和可恢复性较好的交通通道作为疏散道路。根据疏散道路功能，明确疏散主干道和疏散次干道。根据应急避难场所功能需求，结合城乡基础设施现状与规划，明确支撑应急避难场所服务功能的给水、供电、排水、排污等基础设施空间分布和建设要求；明确相关基础设施服务供应中断时的应急保障途径和措施。

2. 场所选址布局方法

目前，常见的场所选址方法包括：①采用多准则决策手段和方法，对选址方案进行定性定量分析，确定避难场所的位置；②采用运筹学理论方法，建立网络型优化选址的整数规划模型，如覆盖选址模型、中值模型、中心模型等，进而求解确定避震疏散场所的位置，同时确定所建立的避难场所与需求点之间的服务关系。本书重点介绍一种时间满意覆盖模型的应急避难场所选址方法，并以避震避难场所为例进行方法阐述。

考虑到城市避震疏散场所选址问题中，实际疏散约束条件时间或距离很难规定一个确定的疏散限制时间，对于给定的避震疏散场所，若规定的疏散时间或距离太短，会导致被覆盖的需求点太少；若规定的时间或距离太长，对疏散要求比较紧急的避震疏散场所来说可能会导致损失更大。因此，应从避震疏散场所的具体情况出发，综合考虑避震疏散场所周围的环境、经济状况、人口密度等因素的要求，及其对时间的不同满意程度。在规定避震疏散场所数目的情况下，使决策目标令避震疏散场所总的满意程度最大。

1）城市避震疏散场所选址的时间满意覆盖模型

设 $E_i (i=1,2,3\cdots,m)$ 为需求点集合，$S_j (j=1,2,3\cdots,n)$ 为候选避震疏散场所集合，p 为设置避震疏散场所的总数量（$p \leq n$），h_i 为需求点 E_i 的时间满意度水平，ω_i 为需求点 E_i 的权重（预测疏散人数）。若备选疏散场所 S_j 被设置，$x_j=1$；否则，$x_j=0$。若 $F(t_{ij}) \geq h_i$，$y_{ij}=1$；否则，$y_{ij}=0$。$F(t_{ij})$ 为需求点 E_i 对候选疏散场所 S_j 的疏散时间满意度函数，见式（3-23）：

$$F(t_{ij}) = \begin{cases} 1, t_{ij} \leq L_i \\ \dfrac{U_i - t_{ij}}{U_i - L_i}, L_i \leq t_{ij} \leq U_i \\ 0, t_{ij} \geq U_i \end{cases} \quad (3-23)$$

式中：t_{ij} 为候选避震疏散场所 S_j 到需求点 E_i 的时间，L_i 为需求点 E_i 时间满意度为1的最大时间值，U_i 为需求点 E_i 时间满意度为0的最小时间值。

基于最大覆盖选址模型和"部分覆盖"思想，建立有限设置避震疏散场所的综合多准则—时间满意覆盖模型如下：

$$\max z = \sum_{i=1}^{m} \omega_i \max_{1 \leq j \leq n} \left\{ C_j y_{ij} F(t_{ij}) \right\} \quad (3-24)$$

$$\text{s.t.} \, F(t_{ij}) x_j \geq h_i y_{ij} \quad (3-25)$$

$$\sum_{j \in J} x_j = p \quad (3-26)$$

$$x_j, y_{ij} \in (0,1) \quad \forall i \in I, \forall j \in J \quad (3-27)$$

式中：目标函数式（3-24）使被覆盖的需求点对时间的满意度最大，C_j 为城市避震疏散管理部门对候选疏散场所 S_j 的偏好程度；约束式（3-25）是对覆盖时间半径的约束，只有达到满意度水平 h_i 时才能保证被避震疏散场所覆盖；约束式（3-26）指定被选择的避震疏散场所数为 p；约束式（3-27）限制决策变量 x_j 和 y_{ij} 为（0，1）整数变量。

若 $F(t_{ij})=1$，$h_i=1(1 \leq i \leq m, 1 \leq j \leq n)$，不考虑城市避震疏散管理部门对候选疏散场所的偏好程度 C_j，则需求点就可以被完全覆盖，该问题实质上就是一个最大覆盖问题，即最大覆盖问题是时间满意覆盖问题的特例。由于最大覆盖问题是非确定性多项式问题（Nondeterministic Polynomial，NP），所以本模型也存在NP问题。

2）利用GA-PSO优化求解时间满意覆盖模型

经典粒子群算法（PSO）是一种基于群体的演化算法，PSO中的粒子只依据个体极值点 $P_i=(P_{i1}, P_{i2}, \cdots, P_{iD})$ $(i=1,2,\cdots,m)$ 和 $P_g=(P_{g1}, P_{gi2}, \cdots, P_{gD})$ 不断调整自身的位置 $X_i=(x_{i1}, x_{i2}, \cdots, x_{iD})$，当 P_i 和 P_g 是局部最优时，容易使整个算法过早收敛，从而产生早熟问题。为解决PSO的这一缺点，在PSO中引入遗传算法的变异算子和克隆选择算子，来调整粒子下一步迭代的位置，即将粒子更新方程 $v_{id}(t+1)=\omega \cdot v_{id}(t)+c_1 \cdot rand\left[p_{id}-x_{id}(t)\right]+c_2 \cdot rand\left[p_{gd}-x_{id}(t)\right]$ 中的 $c_1 \cdot rand\left[p_{id}-x_{id}(t)\right]+c_2 \cdot rand\left[p_{gd}-x_{id}(t)\right]$ 当作遗传算法的交叉操作，对个体解的位置与个体极值的位置和全局极值的位置分别进行交叉操作；将 $\omega \cdot v_{id}(t)$ 看作是遗传算法的变异操作，依次经过交叉操作和变异操作的位置为粒子的新位置，即解的新位置。处理后，通过变异率和克隆选择率两个参数自适应地调整变异操作和克隆选择操作。当粒子群最优粒子的适应度在优化迭代过程中陷入停滞时，利用变异算子对粒子群中部分粒子进行随机变异操作，扩大粒子群搜索范围，防止粒子群陷入局部最优；而当粒子群最优粒子适应度随优化迭代过程不断提高时，则利用克隆选择算子淘汰适应度较低的粒子，提高粒子群整体的平均适应度，增强粒子群对局部的搜索能力，提高算法的计算效率。同时，避免了参数惯性因子 ω 和学习因子 c_1、c_2 的设置。

利用GA-PSO对城市避震疏散场所选址的时间满意覆盖模型进行求解，计算步骤如下：

步骤1：利用候选避震场所优选偏好程度、时间矩阵和满意度函数求解 $C_j F(t_{ij})$，将其与时间满意水平 h_i 作比较，得到初始覆盖矩阵 $B_{m \times n}$，即若 $C_j F(t_{ij}) \geq h_i$，则 $b_{ij}=1$，否则为0。

步骤2：设置粒子数 n，迭代次数 $N_{\max}$，随机产生 n 个初始解 X_0。

步骤3：根据当前位置计算适应值 R_0，设置当前适应值为 pl_i，设置相应的当前位置为 P_i，从 pl_i 中选择最优的作为 Pl_g，并设置相应的 P_g。

步骤4：对每个粒子位置 X_0 与 P_g 交叉得到 X_1'，将 X_1' 与 P_i 交叉得到 X_1，并对 X_1 进行变异操作。

步骤5：根据当前位置计算适应值 R_1。

步骤6：若粒子的 R_1 大于该粒子的 Pl_i，则更新 Pl_i，并设置相应的 P_i；若所有粒子中的 Pl_i，又大于当前的 Pl_g，则更新 Pl_g，并设置相应的 P_g。

步骤7：若满足迭代次数则输出 Pl_g 和 P_g，否则转步骤3。

运用贪婪相加的算法Greedy-Add，计算步骤如下：

步骤1：利用候选避震场所优选偏好程度、时间矩阵和满意度函数求解 $C_j F(t_{ij})$，将其与时间满意水平 h_i 作比较，得到初始覆盖矩阵 $B_{m \times n}$，即若 $C_j F(t_{ij}) \geq h_i$，则 $b_{ij} = 1$，否则为0。

步骤2：初始化，令循环变量 $k=1$（k 表示覆盖应急点的服务设施的个数，若增加一个应急服务设施，能满足总时间满意值最大，则 $k = k+1$）。

步骤3：重复步骤2，直到 $k>p$，算法结束，输出 k 的最大值和相应的应急服务设施位置。

通过该方法，能够科学合理地对城市应急避难场所进行选址布局，保障灾害发生时，避难资源的及时供给和人员的高效避难疏散。

3. 案例分析

以某城区作为案例分析。经研究该区共有5个可供避难疏散的场所，将区域划分为16个社区，各个社区预测需要避难疏散的人数以及到各个避难疏散场所的距离见表3-8。

各社区避难疏散人数及到避难疏散场所的距离　　　　　　　　表3-8

需求点E_i	距离候选避难疏散场所S_j（m）					ω_i（避难疏散人数）
	1	2	3	4	5	
A	2266	816	1899	2836	4561	4536
B	1360	999	2199	2386	3608	6765
C	442	1840	3067	2752	2667	5756
D	738	3028	4438	3728	1747	6372
E	469	3080	3918	3140	967	17992
F	385	1370	2468	2024	2793	52958
G	1260	487	1680	1874	3438	13036
H	1926	160	912	2147	3994	8122
I	1412	827	1108	1115	2804	8922

需求点E_i	距离候选避难疏散场所S_j（m）					ω_i（避难疏散人数）
	1	2	3	4	5	
J	533	1579	1767	1318	2224	19451
K	367	2315	2564	1187	1426	14332
L	796	3141	3106	2210	716	7847
M	1270	2667	1816	500	2124	13443
N	1225	1737	1454	384	2356	16430
O	2142	1538	1063	349	2965	22777
P	2489	2176	1545	421	3196	10853

为对比分析，在设置不同参数时，若$C_j=1$，分别利用时间满意覆盖模型（TSBMCLM）和最大覆盖选址模型（MCLM）对该实例进行分析，计算结果见表3-9。

两种模型计算结果比较　　　　　　　　　　　　表3-9

方法	p	L_i（m）	U_i（m）	h_i	最大覆盖人数z	被选避震疏散场所S_i	覆盖的需求点E_i
TSBMCLM	1	800	1200	[0.1, 1.0]	124708	1	C、D、E、F、J、K、L
MCLM		1000		—			
TSBMCLM	2	800	1200	[0.1, 0.2]	197153	1, 4	C、D、E、F、I、J、K、L、M、N、O、P
				[0.3, 1.0]	188231		C、D、E、F、J、K、L、M、N、O、P
TSBMCLM		1000		—			
TSBMCLM	3	800	1200	1.0	209389	1, 2, 4	C、D、E、F、G、H、J、K、L、M、N、O、P
				[0.6, 0.9]	222847		A、C、D、E、F、G、H、I、J、K、L、M、N、O、P
				[0.1, 0.5]	229612		全部
MCLM		1000		—			

方法	p	L_i（m）	U_i（m）	h_i	最大覆盖人数z	被选避震疏散场所S_i	覆盖的需求点E_i
TSBMCLM	1	1500	2500	[0.1，0.2]	218759	1	A、B、C、D、E、F、G、H、I、J、K、L、M、N、O
				0.3	214223		B、C、D、E、F、G、H、I、J、K、L、M、N、O
				[0.4，0.5]	191446		B、C、D、E、F、G、H、I、J、K、L、M、N
				[0.6，1.0]	183324		B、C、D、E、F、G、I、J、K、L、M、N
MCLM		2000		—	191446		B、C、D、E、F、G、H、I、J、K、L、M、N
TSBMCLM	2	1500	2500	1.0	216954	1，4	B、C、D、E、F、G、I、J、K、L、M、N、O、P
				[0.7，0.9]	225076		B、C、D、E、F、G、H、I、J、K、L、M、N、O、P
				[0.1，0.6]	229612	1，3	全部覆盖
MCLM		2000		—			

由表3-10可知：①避震疏散场所个数p增加，TSBMCLM和MCLM两种模型计算出的最大覆盖人数随之增加，能覆盖的需求点也随之增加；②避震疏散场所MCLM的最大覆盖距离和TSBMCLM上下限增加，TSBMCLM和MCLM两种模型计算出的最大覆盖人数随之增加，能覆盖的需求点也随之增加；③TSBMCLM时间满意度水平h_i增加，最大覆盖人数则随之降低，能覆盖的需求点也随之减少；④MCLM是TSBMCLM的一种特例，在某个时间满意度水平点或区间，TSBMCLP和MCLP两种模型的计算结果是一致的。而通过计算可知，TSBMCLM表达的意义更加丰富，可供选择的依据更加明确。

3.3.3 场所规划建设

1. 避难需求预测

1）群体建筑物的易损性分析

群体建筑物的易损性分析采用典型剖析和群体预测相结合的方法。典型剖析是指对城市各个时期的典型建筑结构类型进行详细分析，掌握城市的不同结构类型在不同发展时期抗震性能的变化规律，作为群体预测的基础和依据。群体预测是针对城市的所有建筑采用的基于概率统计理论的抽样和整体预测方法。群体预测方法的要点是对城市的所有建筑物和构筑物进行分类，按类别进行抽样和整体预测，然后将研究区域按面积和房屋数量划分成若干预测单元；再采用抽样群体预测方法进行所有单元在不同地震作用下的各类建筑物不同破坏程度及其相应数量的分析和估计，推断出群体的预测结果。计算不同烈度下每个单元网格各类结构的震害情况，一般分五个等级：基本完好、轻微破坏、中等破坏、严重破坏、毁坏。最后统计预测单元网格的震害指数。

2）预测避难人员人数

以地震灾害为例，预测一次地震后造成无家可归人员数目的计算与建筑物破坏多少有关，根据相关文献可采用下式分析计算：

$$M'' = \frac{1}{a''}\left(\frac{2}{3}A_1' + A_2' + \frac{7}{10}A_3'\right)$$ （3-28）

式中：M'' 为无家可归人数（人），A_1' 为地震时毁坏的住宅建筑面积（m²），A_2' 为严重破坏的住宅建筑面积（m²），A_3' 为中等破坏的住宅建筑面积（m²），a'' 为每人平均居住面积（m²）。

2. 场所责任规划

应急避难场所责任区域划分的任务是根据灾害预测方法计算出的建筑物易损性矩阵，构造避难场所评价复合指标，计算避难场所覆盖半径，确定其最大影响范围。这个问题属于复杂的空间数据分析的问题，其中包括空间量算、空间统计分析、缓冲区分析、空间剖分、空间插值等，需要合理运用空间分析方法。

在确定应急避难场所责任区域时，采用影响场所责任区相关复合指标的权重分析，确定每个场所责任区覆盖半径，再计算各场所的加权距离，使用加权伏龙诺图（Weighted Voronoi Diagram，WVD）方法确定责任区域。

1）场所责任区范围的影响因子及权重计算

应急避难场所涉及自然要素、人工要素两大方面，需要进行广泛、深入及全面的调查研究，涉及几十个空间数据库，运用GIS技术、层次分析方法获取各种信息、数据和资料，再对其进行定性和定量的评述，找出规划存在的问题，确定合理规划。

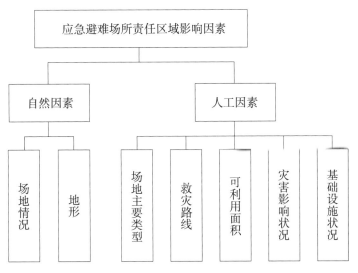

图3-27　应急避难场所责任区影响因素

应急避难场所责任区影响要素可分为自然因素和人工因素两大类，共7种影响因子，如图3-27所示。

确定避难场所责任区范围影响因子的权重是关键问题。这里根据层次分析法（AHP）引入合理的标度，比较各因子之间的相互关系，构造判断矩阵，求解判断矩阵的最大特征值 λ_{max} 和它所对应的特征向量。为此开发出地震应急避难场所责任区影响因子分析程序，如图3-28所示，默认影响因子为上面提到的7个因子，输入判断矩阵后可自动计算各因子权重值并校验。

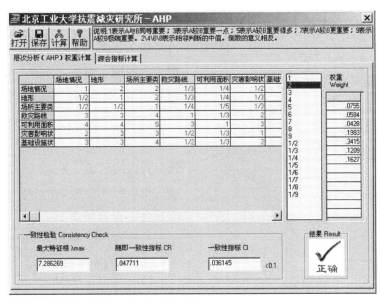

图3-28　地震应急避难场所责任区影响因子分析程序

避难场所初始2000m的责任区覆盖半径指的是以场所外轮廓开始的缓冲距离。根据以上方法计算最终的各避难场所加权覆盖半径，再与场所自身的半径（不参与七因子权重计算）相加，得出参与WV多边形相互比较的加权距离。通常的方法是建立子因素评价标准，并赋予0~1区间的定量评价权值。各子项因素的优劣由评价值表示，见（3-29）：

$$R_{ri} = R'_{ri} + R_{r0} \times \sum_{j=1}^{7} q_{ij} P_{ij} \ (i=1,2,\cdots; j=1,2,\cdots,7) \tag{3-29}$$

式中：R_{ri} 为第 i 个场所加权距离，R'_{ri} 为第 i 个场所自身半径，根据场所面积折算，R_{r0} 为步行或使用简易工具在1小时内可到达的最远直线距离，一般设为2000m，q_{ij} 为各因素的权值，$\sum_{j=1}^{7} q_{ij}=1$，P_{ij} 为各因素的评价值，$0 \leqslant P_{ij} \leqslant 1$。

2）WVD划分场所责任区域

定义：设二维欧几里得平面上离散生长点集合 $cp=\{cp_1,cp_2,\cdots,cp_n\}(2 \leqslant n < \infty)$，$w_i(i=1,2,\cdots,n)$ 是给定的正实数，见式（5-3）：

$$V(cp_i,w_i) = \left\{ cp \ \middle| \ \frac{d(cp,cp_i)}{w_i} \leqslant \frac{d(cp.cp_j)}{w_j}, j \neq i \right\}(i=1,2,\cdots,n) \tag{3-30}$$

式中：cp_i 为平面上的离散生长点，$d(cp,cp_i)$ 是两点间的欧几里得距离，w_i 为 cp_i 的权重。

在WVD中，加权距离定义为欧几里得距离除以权重 w_i。权重大的多边形具有较大面积，表明具有较大的影响范围。权重定义为时间、费用、距离、影响等因素。两相邻WV多边形 cp_i、$cp_i(w_i=w_j)$ 的边界为圆弧。WV多边形可能会不连续，并且权重大的生长点的区域可能包含权重小的生长点的区域。WVD方法多用于各生长点权重有较明显差别的空间剖分，因此比较适合于避难场所的责任区划分，以场所作为生长点，以覆盖半径作为WVD权重。图3-29为基于WVD方法对应急避难场所责任区域的划分。

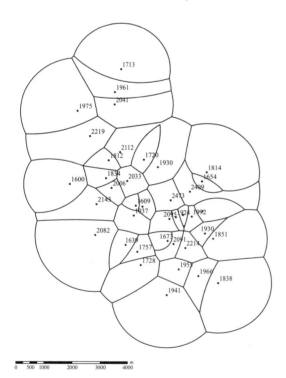

图3-29 基于WVD场所责任区划分

3.3.4 应急疏散管理

1. 应急疏散的概念

应急是指在发生地震、洪涝及火灾等严重破坏性灾害和其他突发性事故之前所做的预防性措施准备以及在灾害发生后所采取的紧急减灾救灾行动。人员应急疏散指的是突发性事件发生时，人员及时转移到安全区域的过程。这些突发性事件既包括自然灾害，如地震、台风和火灾等，也包括人为灾害，如工程事故、交通事故及工厂爆炸等。

应急避难疏散包括三个阶段：第一阶段为Ⅲ类避难疏散，即灾害发生时，人员进行临时的避难疏散；第二阶段是Ⅱ类避难疏散，即灾害发生后的30天内，受灾人员由于住所遭受破坏，短期内无法继续居住而寻求避难生活进行的远程避难疏散；第三阶段是Ⅰ类避难疏散，即灾害发生的30天后，部分受灾人员因其住所遭受严重破坏仍无法修复，需进行长期的避难生活而进行的避难疏散。根据不同应急避难阶段，将应急避难场所分为三类场所，如表3-10所示。

应急避难场所分类　　　　　　　　　　　表3-10

应急避难场所	Ⅲ类避难场所	Ⅱ类避难场所	Ⅰ类避难场所
疏散时长	≤10分钟	≤1小时	—
人均有效避难面积	≥1m²	≥2m²	≥4.5m²
避难设施	具有应急标识配置	具备一般设施配置	具备综合设施配置
服务半径	500m	2～3km	3～5km
用地规模	≥0.1hm²	≥1hm²	≥50hm²

2. 应急疏散指挥

1）当灾害事件需要组织人员疏散安置时，受灾区应急指挥部向办事处及单位下达人员疏散安置的指令，内容主要包括：灾害发生或可能发生的时间、灾害位置与破坏程度，人员疏散安置的范围、对象、编组及时间，转移方向、路线与方式，转移集结的地点和时间，应急避难场所的启用、安置地域运行保障及有关注意事项等。

2）受灾区应急指挥部的人员疏散安置指令下达的同时或稍后，办事处现场指挥部要及时向辖区内基层组织和人员发布实施人员疏散安置的通告。通告内容应简明扼要，主要包括：人员疏散安置的原因与范围、对象、集结地点与时间，应急避难场所位置、安置地域、行动路线及注意事项等。

3）人员疏散安置指令、通告的发布与解除，可通过电话、传真、广播、电视、警报器（车）、宣传车或组织人员逐户通知等方式进行，对老、弱、病、残、孕等特殊人员以及学校等特殊场所和警报盲区，应当采取适当的告知方式。

3. 人员疏散撤离

1）社区在接到应急指挥部人员疏散安置的指令后，要立即通知所属辖区，并组织有关人员向预定地点或指定区域转移。其程序包括：

（1）发布人员疏散撤离通告与行动信号。

（2）组织疏散撤离人员集中和编队。

（3）组织疏散撤离人员向预定地点或指定区域转移。

2）人员疏散撤离行动，通常以居委会或企事业单位等为基本单元，编成疏散撤离梯队，人数较多的居委会和单位可编为2个以上梯队。事发地区要尽可能安排多条路线组织疏散撤离，在一条路线上疏散撤离的，各梯队按时间先后顺序相继疏散撤离。情况紧急时，要立即通知处在危险区域的人员自行向安全区域疏散撤离。

3）人员疏散撤离后，办事处组织居委会及有关单位指派专人逐户检查，以防遗漏而造成不必要的人员伤亡和财产损失。

4）人员疏散撤离通常通过陆地交通方式进行。必要时，也可通过其他交通方式疏散撤离。

5）转移安置

（1）紧急状态下的转移

指应急避难场所面临危险，不宜继续安置民众，需紧急转移的情况。当政府下达转移指令或自行察觉危险临近时，疏散安置指挥部在政府指导下或自主组织本场所民众向安全地带转移，并报告所在位置及情况，请求救援。

（2）长期性安置转移

根据长期安置工作需要，已安置于Ⅱ、Ⅲ类应急避难场所内的民众，在政府的安排下，由疏散安置指挥部负责组织，从所在地震应急避难场所转移至指定Ⅰ类应急避难场所进行安置。

3.4 应急救援

我国自然灾害具有灾种多、频率高、分布广等特点，一旦爆发会对人民群众的生命财产安全造成极大损失。根据《中国统计年鉴》数据，在1989—2022年，中国发生过多种类型的自然灾害，包括台风、洪水、地震、沙尘暴、滑坡、泥石流、高温热浪等，灾害影响区域超过三分之二的国土面积，带来的直接经济损失达到112370亿元，伤亡人数达到19.58万人。在严峻的自然灾害形势下，制定合理有效的自然灾害应急救援策略对应对和防控自然灾害至关重要。自然灾害应急救援与处置工作一直以来备受党中央和各地政府重视。为全面提升各地自然灾害应急救援与处置效率，优化应急管理组织体系，2018年我国扎实推进机构改革，根据灾害事故频发、应急处置严峻的形势组建了以应急管理部和31个省应急管理厅局为基础的应急管理体系，抢险救灾应急处置响应及时率提高，灾害破坏性和经济损失有效减少。

3.4.1 基本框架

1. 框架结构

灾害应急救援是一项涉及领导决策、救灾行动、救援保障、高技术应用、心理抚慰等方面的综合性系统工程。应急救援系统需要完成指挥调度、应急处置等职能，这依赖于决策系统、资源保障、技术支撑和心理救助的配合。因此，作为一个完整的大系统，应急救援系统由五大系统集成，分别为应急决策系统、应急处置系统、救援保障系统、技术支撑系统和心理应对系统。从整体框架结构上看，救援系统的构成如图3-30所示。

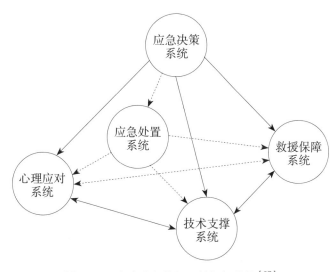

图3-30　灾害应急救援系统框架结构[67]

由图3-30可知，其中应急决策系统是整体系统的"大脑"，是系统中的最高决策机构，应急处置系统是整体系统的"四肢"，是系统的组织实施机构，其他三个为支持系统，为决策系统和处置系统提供不同功能的支持，以保证应急决策系统做出及时有效的决策，应急处置系统能迅速完成救援任务。同时，它们之间也存在着相互协作、相互支撑的关系。

应急救援系统中各系统的主要功能如下。

应急决策系统。应急救援的最高决策者，负责应急救援的统一指挥，给应急处置系统以及各支持系统下达指令，提出要求。这一决策指挥系统内部也由不同单位联合构成，各成员单位在应急救援中承担特定的职责和任务，各司其职、各负其责，同时又须密切配合，在协调运作的基础上形成统一的命令，形成决策迅速、指令及时的应急指挥系统。

应急处置系统。负责执行对应急决策系统形成的指令进行具体实施的系统，完成各种应急救援任务。通常这一系统还须肩负起辅助应急决策系统作应急决策的重任，基于"平灾结合"的原则，平时按应急管理的要求做好防震减灾工作，灾时迅速开展灾情监测，并按指令及时而有效地对不同类型的灾害开展科学救援。

救援保障系统。负责应急处置过程中的资源保障，主要任务是应急资源的存储、日常养护、救援资源评估、应急资源调度等。应急资源包括应急救援中所有可能涉及的应急队伍、救援设备、医疗物资、药品及其他资源。救援保障系统不仅需提供救援所需物资，还将根据救援进度合理分配资源，特别是参与受灾伤员的救治、护理和后期恢复。

技术支撑系统。负责在应急处置过程中提供技术支持，包括各类人员救援技术、伤员救治技术和各类先进的救援工具等。救灾技术的先进性及人性化程度决定了受灾人员的救出时间和应急救援的效果，政府须加大相关技术的研发力度，为防灾减灾事业的发展奠定基础。

心理应对系统。负责应急处置过程中提供心理支撑，包括对受灾群众的心理援助和对救援人员的压力疏导。在灾害救援的紧急状态下，决策者、执行者和受灾者的心理和情绪都影响着救援行动的顺利开展。

应急救援系统的总体目标：统一指挥、分工协作、及时有效、科学救援。为了实现该目标，各子系统应明确分工、密切合作、共同应对，直至最终圆满完成救援任务。

2. 组织框架与运行模式

应急救援组织系统是实现灾害应急救援目标的重要保证。灾害具有突发性、严重性、影响范围广的特点，一旦发生，就需要当地政府、各部门、企事业单位、民间组织、军队以及社会公众的广泛参与，这时必须有统一的、有权威的指挥机构进行总体性、快速而合理的组织和决策。即使在平时，也需要组织健全、职能明确的组织体制来进行应急准备的日常管理工作。应急救援组织体制就是为实现高效、有序的灾害应急救援的共同目标，以分工合作的方式开展活动，完成各种任务的组织机构。分析应急救援组织结构是构建合理的救援组织体系的重要步骤。

政府在灾害应急救援中无疑占主导地位，但由于地震等灾害破坏性强、影响面广，政府在构建组织体系、获取应急信息，以及提供救灾物资和人员等方面通常会受到各种限制，出现不能满足应急救援需求的情况，应急管理部及部分军队作为国家队和国家的安全卫士，在救援行动中将发挥重要作用。同时，由于应急救援的艰巨性、紧迫性，还需要借助其他社会力量，包括企业、公众、媒体和非政府组织（NGO），发挥其在人、财、物等方面的资源优势，共同做好灾害救援工作。灾害应急救援系统组织结构如图3-31所示。

从中可见，政府处于应急救援工作的核心地位，企业与公众是救援的重要主体，而媒体与NGO作为政府与企业、公众的桥梁，起到重要的辅助作用。

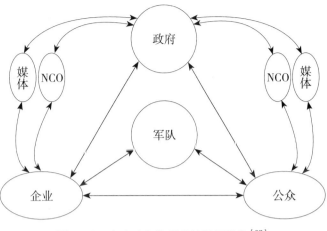

图3-31　灾害应急救援系统组织结构[67]

　　灾害应急救援包括应急决策、应急处置和后处理等一系列应急过程，以政府为核心主导，企业、公众、媒体和NGO等社会力量广泛参与，构成应急救援力量。应急决策、应急处置、救援保障、技术支撑和心理应对五大系统协同运作，集成应急救援系统。应急救援是一项复杂的系统工程，需要统一指挥、协同作战，要顺利完成救援任务，需要一定的运行机制来保障。

　　例　地震灾害下救援系统运行结构（图3-32）

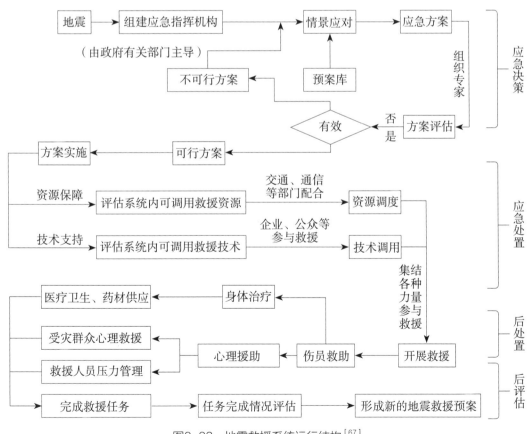

图3-32　地震救援系统运行结构[67]

3.4.2 决策系统

灾害应急工作是一项复杂的社会系统工程，其主要内容是建立灾害应急工作的组织指挥、紧急救灾、医疗救护等。灾害应急工作离不开政府各有关部门协调配合和社会各界的积极参与，需要建立强有力的组织和领导机构，统一指挥协调灾害应急工作。2018年，我国成立了应急管理部，指导国家防灾减灾救灾委员会，灾时统一领导、指挥和协调灾害应急与救灾工作。各省（自治区、直辖市）人民政府都成立了应急管理厅（局），明确了各成员单位在抗灾救灾中承担的职责和任务，各司其职，各负其责，密切配合，共同做好抗灾救灾工作，如将中国地震应急搜救中心作为地震应急与救援的技术中心、信息中心和保障中心。

1. 决策机构

国家防灾减灾救灾委员会统筹指导、协调和监督全国防灾减灾救灾工作，研究审议国家防灾减灾救灾的重大政策、重大规划、重要制度以及防御灾害方案并负责组织实施工作，指导建立自然灾害防治体系；协调推动防灾减灾救灾法律法规体系建设，协调解决防灾救灾重大问题，统筹协调开展防灾减灾救灾科普宣传教育和培训，协调开展防灾减灾救灾国际交流与合作；完成党中央、国务院交办的其他事项。国家防灾减灾救灾委员会负责统筹指导全国的灾害救助工作，协调开展重特大自然灾害救助活动。国家防灾减灾救灾委员会成员单位按照各自职责做好灾害救助相关工作。国家防灾减灾救灾委员会办公室负责与相关部门、地方的沟通联络、政策协调、信息通报等，组织开展灾情会商评估、灾害救助等工作，协调落实相关支持政策和措施。

应急管理部负责全国的自然灾害救助工作，统筹安排国家防灾减灾救灾委员的具体工作。有关部门按照各自职责做好全国的自然灾害救助相关工作。县级以上地方人民政府或者人民政府的自然灾害救助应急综合协调机构，组织、协调本行政区域的自然灾害救助工作。村民委员会、居民委员会以及红十字会、慈善会和公募基金会等社会组织，依法协助人民政府开展自然灾害救助工作。同时国家鼓励和引导单位和个人参与自然灾害救助捐赠、志愿服务等活动。

例 地震应急救援指挥部

地震应急救援指挥部（以下简称"抗震救灾指挥部"）是同级人民政府领导下的临时性决策领导机构，一般由政府的应急、民政、地震等部门及军队共同构成，其任务是震后迅速判断灾情，负责确定救灾方案，调动救援队伍，调集救灾物资，筹措救灾资金，实施救灾指挥。抗震救灾指挥部一般在受灾区政府设立，其结构层次根据地震大小和震害程度决定，一般分为国家级救灾、省级救灾和地、市、县级救灾。

1976年7月28日，河北唐山发生7.8级大地震，造成24.2万人死亡。震后国务院迅速成立了中央救灾指挥部，有关部委、省市、军队相应成立了救灾指挥部或援唐指挥部，灾区所在的河北省、天津市迅速成立了河北省唐山前线指挥部、河北省后勤指挥部、天津救灾指挥部等，开展了声势浩大的救灾活动，如图3-33所示。

2010年4月14日，青海省玉树藏族自治州玉树县发生6次地震，其中最高震级7.1级，发生在7点49分，地震震中位于县城附近。地震发生当天，党中央、国务院和中央军委立即做出部署，国务院成立抗震救灾总指挥部，强化应急协调联动，国务院副总理任总指挥，有关部门负责同志任副总指挥，下设8个工作组（图3-34）。

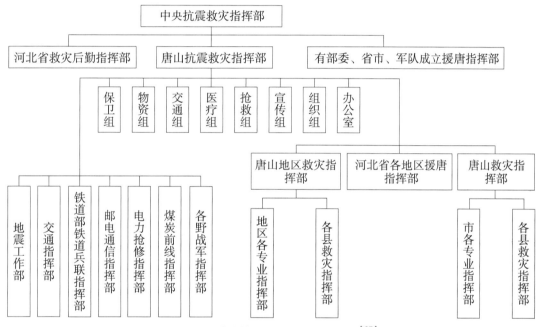

图3-33　唐山地震救灾组织系统简图[67]

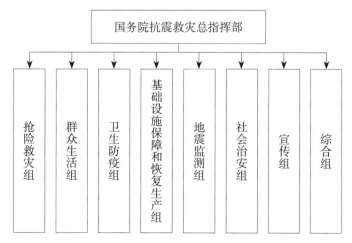

图3-34　青海玉树地震抗震救灾分工图

2. 预警响应

气象、自然资源、水利、农业农村、海洋、林草、地震等部门及时向国家防灾减灾救灾委员会办公室和履行救灾职责的国家防灾减灾救灾委员会成员单位通报灾害预警预报信息，自然资源部门根据需要及时提供地理信息数据。国家防灾减灾救灾委员会办公室根据灾害预警预报信息，结合可能受影响地区的自然条件、人口和经济社会发展状况，对可能出现的灾情进行预评估，当可能威胁人民生命财产安全、影响基本生活，需要提前采取应对措施时，视情况采取以下一项或多项措施：

（1）向可能受影响的省级（自治区、直辖市）防灾减灾救灾委员会或应急管理部门通报预警预报信息，提出灾害救助准备工作要求；

（2）加强应急值守，密切跟踪灾害风险变化和发展趋势，对灾害可能造成的损失进行动态评估，及时调整相关措施；

（3）做好救灾物资准备，紧急情况下提前调拨。启动与交通运输、铁路、民航等部门和单位的应急联动机制，做好救灾物资调运准备；

（4）提前派出工作组，实地了解灾害风险，检查指导各项灾害救助准备工作；

（5）根据工作需要，向国家防灾减灾救灾委员会成员单位通报灾害救助准备工作情况，重要情况及时向党中央、国务院报告；

（6）向社会发布预警及相关工作开展情况。

3. 应急信息报告发布

县级以上应急管理部门按照党中央、国务院关于突发灾害事件信息报送的要求，以及《自然灾害情况统计调查制度》和《特别重大自然灾害损失统计调查制度》等有关规定，做好灾情信息统计报送、核查评估、会商核定和部门间信息共享等工作。地方各级应急管理部门在接到灾害事件报告后，应在规定时限内向本级党委和政府以及上级应急管理部门报告。县级人民政府有关涉灾部门应及时将本行业灾情通报同级应急管理部门。接到重特大自然灾害事件报告后，地方各级应急管理部门应第一时间向本级党委和政府以及上级应急管理部门报告，同时通过电话或国家应急指挥综合业务系统及时向应急管理部报告。地震、山洪、地质灾害等突发性灾害发生后，遇有死亡和失踪人员相关信息认定困难的情况，受灾地区应急管理部门应按照因灾死亡和失踪人员信息"先报后核"的原则，第一时间先上报信息，后续根据认定结果进行核报。重特大自然灾害灾情稳定前，相关地方各级应急管理部门执行灾情24小时零报告制度，逐级上报上级应急管理部门。灾情稳定后，受灾地区应急管理部门要及时组织相关部门和专家开展灾情核查，客观准确核定各类灾害损失，并及时组织上报。

对于干旱灾害，地方各级应急管理部门应在旱情初显、群众生产生活受到一定影响时，初报灾情；在旱情发展过程中，每10日至少续报一次灾情，直至灾情解除；灾情解除后及时核报。县级以上人民政府要建立健全灾情会商制度，由县级以上人民政府防灾减灾救灾委员会或应急管理部门针对重特大自然灾害过程、年度灾情等，及时组织相关涉灾部门开展灾情会商，通报灾情信息，全面客观评估、核定灾情，确保各部门灾情数据口径一致。灾害损失等灾情信息要及时通报本级防灾减灾救灾委员会有关成员单位。

灾情信息发布坚持实事求是、及时准确、公开透明的原则。发布形式包括授权发布、组织报道、接受记者采访、举行新闻发布会等。受灾地区人民政府要主动通过应急广播、突发事件预警信息发布系统、重点新闻网站或政府网站、微博、微信、客户端等发布信息。各级广播电视行政管理部门和相关单位应配合应急管理等部门做好预警预报、灾情等信息发布工作。灾情稳定前，受灾地区县级以上人民政府防灾减灾救灾委员会或应急管理部门应及时向社会滚动发布灾害造成的人员伤亡、财产损失以及救助工作动态、成效、下一步安排等情况；灾情稳定后，应及时评估、核定并按有关规定发布灾害损失情况。关于灾情核定和发布工作，法律法规另有规定的，从其规定。

3.4.3　处置系统

当一次较大灾害发生后，各级政府应针对灾情迅速做出准确的应急响应。各级政府应以人为本，真正把人民的利益放在首位，关心灾区人民的生命财产安全，快速响应，高效决策，协调各方，全力救灾。从应急管理和危机管理的角度来看，决策者对灾害发生后的风险应有相对确定的把握，并据此及时启动应急救援，最大限度地减轻灾区人民生命财产的损失。

根据自然灾害的危害程度等因素，国家自然灾害救助应急响应分为Ⅰ、Ⅱ、Ⅲ、Ⅳ四级：应对特别重大灾害，启动Ⅰ级响应；应对重大灾害，启动Ⅱ级响应；应对较大灾害，启动Ⅲ级响应；应对一般灾害，启动Ⅳ级响应。如果灾害使灾区丧失自我恢复能力、需要上级政府支援，或者灾害发生在边疆地区、少数民族聚居地区和其他特殊地区，应根据需要相应提高响应级别。

3.5　预警评估典型案例

3.5.1　四川长宁地震

1. 地震情况

据中国地震台网测定，2019年6月17日22时55分在四川宜宾市长宁县（北纬28.34°，东经104.90°）发生6.0级地震，震源深度16km。据四川省地震局统计，长宁县发生6.0级地震后，截至2019年6月25日8时，共记录M2.0级及以上余震173次，其中5.0～5.9级地震3次，

4.0～4.9级地震5次，3.0～3.9级地震40次，2.0～2.9级地震125次。

2. 房屋倒损评估

1）地震烈度

依据四川长宁6.0级地震烈度图，此次地震最高烈度为Ⅷ度（8度），Ⅵ度（6度）区及以上总面积为3058km²，主要涉及宜宾市长宁县、高县、珙县、兴文县、江安县、翠屏区6个县区（表3-11）。此外，位于Ⅵ度（6度）区之外的部分地区也受到波及，个别老旧房屋出现破坏受损现象。

四川长宁6.0级地震烈度区统计表   表3-11

烈度区	面积（km²）	涉及乡镇	房屋存量（万间）
Ⅷ	84	长宁县双河镇、富兴乡，兴文县周家镇（3个）	2.2
Ⅶ	436	长宁县双河镇、梅硐镇、硐底镇、花滩镇、竹海镇、龙头镇、铜锣乡、井江镇、富兴乡，珙县巡场镇、珙泉镇、底洞镇，兴文县周家镇，江安县红桥镇（14个）	12.7
Ⅵ	2538	高县、兴文县、珙县、长宁县、江安县、翠屏区等（58个）	68.3

2）房屋总体倒损情况

依据中国地震局现场工作组确定的Ⅵ度以上房屋破坏情况，参照不同烈度区各类结构房屋的倒损率，基于1km网格人口密度数据和高分辨率遥感影像提取的房屋分布数据，评估显示，此次地震可能造成四川省长宁县、珙县、兴文县等16县3.97万间房屋倒塌或严重损坏（表3-12）。

房屋倒损数量评估结果   表3-12

烈度区	倒塌或严重损坏（间）
Ⅷ（8度）	9206
Ⅶ（7度）	15496
Ⅵ（6度）	15019
总计	39721

3）地方上报灾情

截至2019年6月25日15时统计，此次地震已造成宜宾、乐山2市16个县（市、区）35.3万人受灾，13人死亡，8.2万人紧急转移安置；5.06万间房屋倒塌或严重损坏；直接经济损失167亿元。

3. 评估建议

评估显示，此次地震可能造成四川省长宁县、珙县、兴文县等16县3.97万间房屋倒塌或严重损坏。建议密切关注余震及次生灾害可能造成的影响，进一步做好受损危房的鉴定与排查工作，妥善转移安置受灾群众。

3.5.2 台风"山竹"

2018年第22号台风"山竹"9月16日下午至晚上在广东珠海到湛江一带沿海登陆（强台风级或超强台风级，14~16级），登陆后继续向西偏北方向移动。预计2018年9月16日至18日，华南大部及贵州、云南东部和南部将有大到暴雨。

1. 灾害风险范围评估

1）台风致灾危险区

据气象部门预报，2018年第22号台风"山竹"（强台风级）的中心16日5时位于广东省台山市东偏南方大约420km的南海东北部海面上，中心附近最大风力有15级（50m/s），预计"山竹"将以每小时30km左右的速度向西偏北方向移动，将于16日下午到晚上在广东珠海到湛江一带沿海登陆（14~16级，强台风级），登陆后将继续向西偏北方向移动，强度逐渐减弱。受台风"山竹"影响，16日8时至17日8时，广东、香港、澳门、福建东南部、广西大部、海南岛及台湾岛东南部等地有大到暴雨，其中，广东中南部、香港、澳门、广西东南部及海南岛东北部等地的部分地区有大暴雨，局地有特大暴雨（250~300mm）。9月17日8时至18日8时，广西、贵州、云南东部及广东沿海、香港、澳门等地有大到暴雨，其中，广西西部、贵州中南部等地的部分地区有大暴雨（100~160mm）。

预计，"山竹"将可能成为2018年登陆我国最强的台风，风速大、破坏力强，风雨影响致灾风险高，将对广东、香港、澳门、海南、广西、贵州、云南等地产生较严重影响，致灾危险区主要集中在广东中北部及南部沿海、广西西南部、贵州南部地区。

2）台风灾害高风险区

综合考虑致灾危险区、区域承灾条件和社会经济发展水平，未来48小时（9月16日8时至18日8时）"山竹"台风将会对广东、广西、海南、云南、贵州等省（自治区）和香港、澳门特区造成影响，其中尤以广东、广西、贵州、云南4省（自治区）灾害风险较大，高风险县（市、区）主要分布在广东肇庆市、佛山市、云浮市，广西百色市以及云南的文山州等地。

2. 灾害风险损失评估

1）相似台风情况

台风"山竹"将可能成为2018年登陆我国最强的台风。根据与历史台风路径对比，

"山竹"与2014年9号台风"威马逊"、2015年22号台风"彩虹"较为相似（表3-13），台风"威马逊"对广东、广西、海南、云南造成严重影响，台风"彩虹"对广东、广西造成严重影响，针对2次台风，国家均启动Ⅳ救灾应急响应。

台风"山竹"历史相似台风情况统计　　　　　　　　　　　　表3-13

台风	受灾区域	死亡失踪人口（人）	紧急转移安置人口（万人）	倒塌房屋（万间）	登陆强度	启动国家救灾应急响应情况
威马逊（201409）	广东、广西、海南、云南	88	71.5	4.3	超强台风	Ⅳ级
彩虹（201522）	广东、广西、海南	24	44.2	0.9	强台风	Ⅳ级

2）房屋倒损评估

此次台风灾害过程可能导致广东、海南、广西、云南、贵州等5省（自治区）的13000~27000余间房屋倒塌或严重损坏（表3-14）。

台风"山竹"暴雨洪涝灾害房屋倒损评估（单位：间）　　　　　　表3-14

省份	上限	下限	均值
广东	10477	6906	8691.5
广西	9204	3326	6265
海南	964	485	724.5
云南	2181	502	1341.5
贵州	4853	2253	3553
合计	27679	13472	20575.5

第 4 章

灾害损失
综合评估

4.1 引言

近年来，中国特大自然灾害接连发生，给灾区经济社会发展造成较大损失。2008年初南方低温雨雪冰冻灾害、四川汶川8.0级特大地震灾害，2010年青海玉树7.1级地震和甘肃舟曲特大山洪泥石流灾害，2013年四川芦山7.0级强烈地震灾害，2014年云南鲁甸6.5级地震灾害，2015年尼泊尔8.1级强烈地震灾害（西藏灾区），2016年四川九寨沟7.0级地震灾害，2019年超强台风"利奇马"，2021年7月中下旬河南特大暴雨灾害等，给灾区群众生命财产和生产生活造成了重大损失和严重影响。为准确全面认识我国自然灾害，特别是重特大自然灾害过程，需要对灾害损失进行科学评估以掌握灾情，这也为灾后群众生活救助和恢复重建提供依据。目前，我国自历经2008年汶川特大地震以来的6次重特大自然灾害损失综合评估的实践，基本形成了以客观性、科学性、综合性、参与性为主体的重特大自然灾害损失综合评估原则，形成了以灾害范围评估、毁损实物量评估、直接经济损失评估为主体的评估内容体系，形成了以统计上报、现场调查、遥感监测、模型模拟、综合校核为主体的评估方法体系，形成了以数据准备、单项评估、综合评估、综合会商、报告编制为主体的评估步骤。本章对我国重特大自然灾害损失的统计上报、现场调查、遥感监测、模型模拟的评估方法进行相关探讨。

4.2 损失系统上报评估

为建立并规范特别重大自然灾害损失统计内容与指标，全面、及时掌握特别重大自然灾害损失，为国家和地方编制灾区恢复重建规划提供决策依据，经国家统计局批准，民政部、国家减灾委员会办公室发布《特别重大自然灾害损失统计调查制度》（以下简称《统计调查制度》），成为中国特别重大自然灾害损失统计工作的首部规章制度，标志着特别重大自然灾害损失统计正式迈入制度化阶段。2020年应急管理部进行了修订，本部分将以此《统计调查制度》为主线，详细阐述中国重特大自然灾害损失统计调查上报的相关内容。

4.2.1 主要内容

《统计调查制度》共分为4个部分，即总说明、报表目录、调查表式和附录。其中，总说明部分明确了特别重大自然灾害损失统计调查的目的和意义、统计范围、调查内容、调查方法等内容；报表目录部分给出了11大类28张报表的名称、报送期别、统计范围、报送单位等内容（表4-1）；调查表式部分给出了各报表的指标名称、计量单位、填报说明、主要指标说明和表中的逻辑校验公式；附录部分列出了灾害种类术语解释和三次产业的范围和对应表等。

表号	表名	报告期别	统计范围	报送单位	报送日期及方式
Z01表	经济损失统计汇总表		反映因灾害造成的直接经济损失情况		
A01表	人员受灾情况统计表		反映因灾害造成的人员受灾情况		针对特别重大自然灾害损失的调查统计启动后，7个工作日内完成初报；初报结束后的5个工作日内完成核报。地方各级政府应使用国家自然灾害灾情管理系统填报数据
B01表	农村居民住宅用房受损情况统计表		反映因灾害造成的农村居民住宅用房受损情况	县级政府为基本上报单位，地级、省级政府为审核与上报单位	
……	……	即时报（初报、核报）	……		
H10表	公共服务（文化遗产）损失统计表		反映因灾害造成的文化遗产损失情况		
101表	资源与环境损失统计表		反映因灾害造成的资源与环境损失情况		
J01表	基础指标统计表		反映受灾县（市、区）的基本情况		

《统计调查制度》中的特别重大自然灾害主要包括洪涝灾害、台风灾害、低温冷冻与雪灾、地震灾害、地质灾害、海啸灾害等。与《自然灾害分类与代码》GB/T 28921—2012相比，目前《统计调查制度》主要适用于以突发性为主的特别重大自然灾害，对于干旱灾害、高温灾害、沙尘暴灾害、大雾灾害、海浪灾害、海冰灾害、赤潮灾害和生物灾害、生态环境灾害等因其造成的损失类型、程度等与前述几种突发性灾害有较大差异，暂不适用。

4.2.2　报表统计与报送

发生特别重大自然灾害，启动国家Ⅰ级救灾应急响应或党中央、国务院作出特殊要求的，启动《统计调查制度》，国家自然灾害救助Ⅰ级应急响应条件详见其中第四章相关内容。由国务院决定开展灾害损失综合评估的案例包括2010年甘肃舟曲特大山洪泥石流灾害、2013年四川芦山强烈地震灾害；2013年6月甘肃岷县漳县6.5级地震的损失综合评估是在国家减灾委员会办公室指导下，由甘肃省人民政府组织、甘肃省减灾委员会具体开展的灾害损失综合评估。

《统计调查制度》启动后，需要完成填报、汇总、审核、报送等工作，灾区各级政府负责的主要工作内容不同，相应分工也各有侧重（表4-2）。

各行政级别的主要工作内容 表4-2

行政级别	工作内容
乡镇级	相应报表或指标的损失数据统计填报，协助县级政府完成统计填报工作
县级	负责统计《统计调查制度》中的各项损失数据，审核后报送地市级政府
地市级	审核县级上报的报表，报送省级政府
省级	填写《统计调查制度》的报表，审核相关报表，报送国家减灾委员会

特别重大自然灾害损失统计报送分为初报、核报两个阶段。初报阶段需要在《统计调查制度》启动后的7个工作日内完成，此阶段的核心工作是损失统计、汇总、审核、上报；核报阶段在初报阶段结束的次日开展，并在5个工作日内完成，此阶段的核心工作是损失核定、汇总、上报。灾区各级政府在两个阶段需完成的工作内容和要求见表4-3。

统计报送分阶段工作情况 表4-3

报送阶段项目		初报阶段	核报阶段
阶段完成时间		7个工作日	5个工作日内
县级	时间	3个工作日内	3个工作日内
	工作内容	本级损失的调查统计并报送至地级政府	本级损失的核定并报送至地级政府
地级	时间	接到县级损失统计资料后2个工作日内	接到县级损失核定资料后1个工作日内
	工作内容	审核、汇总数据，并将本行政区域汇总数据（含分县数据）向省级政府报告	审核、汇总数据，并将本行政区域核定汇总数据（含分县数据）向省级政府报告
省级	时间	接到地级损失统计资料后2个工作日内	接到地级损失核定资料后1个工作日内
	工作内容	审核、汇总数据，并将本行政区域汇总数据（含分县数据）向民政部、国家减灾委办公室报告	审核、汇总数据，并将本行政区域核定汇总数据（含分县数据）向民政部、国家减灾委办公室报告

灾区各级政府在开展损失统计填报工作时，可以采用的统计方法有全面调查、重点调查、抽样调查。这三种方法各有优缺点，可根据实践情况综合运用（表4-4）。

名称	内容	优点	缺点	适用情况
全面调查	对需要调查的对象进行逐个调查	获得资料较为全面、可靠	调查时间长，花费人力、物力、财力较多	关键、核心指标，调查内容不多但属于必须掌握、影响较大的方面，如因灾死亡人口等指标
重点调查	在全体调查对象中选择一部分重点单位进行调查	投入的人力、物力少，可以较快搜集统计信息资料。获得数据可以反映总体的基本发展趋势	不能用以推断总体，是补充性的调查方法	适用于只要求掌握基本情况，而部分单位又能比较集中反映研究项目和指标的调查，如工业、服务业等损失
抽样调查	从全部调查研究对象中，抽选一部分单位进行调查，并据此对全部调查研究对象作出估计和推断	经济性好、时效性强、适应面广、准确性高	存在调查误差和偏误。调查样本的选取质量直接影响抽样结果的代表性	适用于调查时间短，不能开展全面调查，或理论上可以但实践中不可能开展全面调查的事项，如居民家庭财产损失、森林受灾面积等

4.2.3　特殊报表与指标说明

1. 行业（系统）损失统计表涵盖内容

行业（系统）损失报表统计内容为本行业（系统）设备设施、产品及原材料等，并非本行业全部损失统计表，不包括房屋、管理部门、协会、土地等损失。具体规定如下。

房屋损失：除厂房、仓库损失在《工业损失统计表》中统计外，各行业（系统）损失统计表中均不含职工住房损失、非住宅用房损失，相关损失分别在《农村居民住宅用房受损情况统计表》与《城镇居民住宅用房受损情况统计表》《非住宅用房受损情况统计表》中统计。灾区政府除按要求填报《非住宅用房受损情况统计表》外，根据需要，可组织部分行业（系统）按该表要求单独填报本行业（系统）非住宅用房损失。

行政部门等损失：各行业（系统）损失统计表中均不含本行业（系统）行政部门、各类行业协会、联合会等损失，此类损失计入《公共服务（社会管理系统）损失统计表》。

土地损失：各行业（系统）损失统计表中不含土地损失，此类损失计入《资源与环境损失统计表》。

2. 城镇与农村的划分

居民住宅用房受损情况、居民家庭财产损失情况按城镇、农村分别统计。

城镇包括城区和镇区，城区是指在市辖区和不设区的市，市、区政府驻地的实际建设连接到的居民委员会和其他区域；镇区是指在城区以外的县人民政府驻地和其他镇，政府驻地的实际建设连接到的居民委员会和其他区域；与政府驻地的实际建设不连接，且常住人口在3000人以上的独立的工矿区、开发区、科研单位、大专院校等特殊区域及农场、林场的场部驻地视为镇区。

农村是指上述划定的城镇以外的区域。

3. 关于统计原则

特别重大自然灾害损失，包括中央（省、市）直属农场、林场、工业、服务业等损失，均按照在地统计原则填报，不同于常规理解的属地统计；其中，在地统计是指按照被调查单位坐落的行政区域范围进行统计，即在该行政区域范围内的各类企事业单位、党政机关、社会团体，不论其行政隶属关系、所有制性质、经营方式，均由所在地的政府统计部门依法实施统计管理和开展统计调查；而属地统计按被调查单位的隶属关系进行统计，即由被调查单位所隶属的上级机构所在地的政府统计部门或业务部门进行归口统计。

4. 关于重置价格

《统计调查制度》中经济损失均为直接经济损失，且均按照统计对象的重置价格核算。其中，重置价格为采用与受损统计对象相同的材料、建筑或制造标准、设计、规格及技术等，以现时价格水平重新购建与受损统计对象相同的全新实物所需花费的材料和人工等成本价格，不考虑地价因素；有别于"恢复重建价格"。与重置价格相比，恢复重建价格是采用新型材料、现代建筑或制造标准、新型设计、规格及技术等，以现时价格水平购建与受损统计对象具有同等功能或更好功能的全新受损统计对象所需花费的材料和人工等成本价格，不考虑地价因素。

5. 军队等特殊情况的处理

《统计调查制度》中特别重大自然灾害损失不包括军队、武警、军区所属单位等损失。

《汶川地震灾后恢复重建总体规划》（国发〔2008〕31号）、《玉树地震灾后恢复重建总体规划》（国发〔2010〕17号）、《舟曲灾后恢复重建总体规划》（国发〔2010〕38号）、《芦山地震灾后恢复重建总体规划》（国发〔2013〕26号）、《鲁甸地质灾后恢复重建总体规划》（国发〔2014〕56号）等5次重、特大灾害灾后恢复重建规划中均未涉及军队、武警、军区所属单位。

4.3 损失现场调查评估

通过特别重大自然灾害损失统计上报评估的内容可以了解到，特别重大自然灾害损失统计涉及行业领域较为全面、指标多，鉴于多数评估指标可通过遥感监测、经验模型推算等途径加以验证。然而，部分指标在衡量损失的同时，也可作为综合评估的重要参数，需要通过现场调查评估的手段，多方法验证与核实相关内容与指标，确保其更接近于实际情况。

4.3.1 调查内容

确定特别重大自然灾害损失现场调查评估的基本内容，通过面上考察和入户调查等方式重点针对房屋倒损、基础设施毁损情况进行现场调查，同时通过座谈、访谈等方式调查工业、服务业、公共服务系统的损失情况，获取综合评估的某些重要参数（表4-5）。

损失调查主要内容 表4-5

主要类型	主要内容
房屋倒损	房屋类型、数量、损坏程度等
家庭财产损失	家庭耐用消费品和折算资金等破坏情况
基础设施损失	交通、电力、广播通信、市政公用等基础设施的破坏情况
工业、服务业损失	工业、服务业固定资产单位造价，厂房、仓库单位面积损失等
公共服务系统损失	各类学校和教育机构受损数量和程度；各类型受损医疗卫生机构数量、不同类型机构平均资产状况等

4.3.2 方法与技术标准

1. 现场调查方法

地面现场调查是检验各类评估方法得到的评估结果精度的重要手段，但鉴于特别重大自然灾害影响范围广、承灾体类型多样、评估时间有限等诸多限制条件，开展大面积的地面现场调查不现实。通过制定相对科学的抽样调查方案，科学规划抽样地点，通过分析不同样本点的空间相关性与异质性，采用空间抽样调查分析模型，判定灾区总体损失，进而校正各评估结果，是一个可行的方法。

综合灾区自然状况、社会经济、历史或现时灾情和损失调查数据，分析重大自然灾害灾区内不同县域间灾害损失的相关性和异质性，选择与灾害损失最密切的相关因子，制

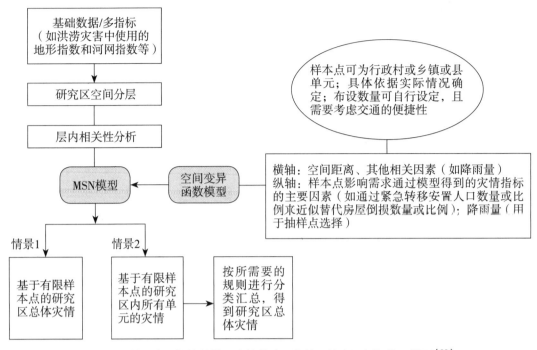

图4-1　基于灾区实地抽样调查的快速评估结果精度评判与修正模型[88]

定空间分层；根据历史或现时较完整重大自然灾害损失调查资料，分别建立层内及总体的空间变异函数模型；对现时抽样调查得到的样本点灾害损失，根据空间变异函数模型估计总体的灾害损失及其置信区间。其中，MSN模型——非均质表面均值模型是在空间分层的基础上，综合考虑灾害评估样本点间的层内相关性、层间异质性，在空间变异函数模型（考虑空间距离、样本点灾情指标等因素）支持下实现对区域均值或各样本点评估值的估计。

在上述建立的空间分层和变异模型基础上，考虑可达性、聚集性等约束，根据历史或现时已调查重大自然灾害数据的空间分布，在预期的估计精度下，计算得到应布设的重大自然灾害样本点的数量，并给出样本位置；使用MSN模型进行重大自然灾害调查点的优化；根据优化布点的估计结果对灾区的重大自然灾害总体损失进行计算（图4-1）。

可以看出，通过构建基于MSN的现场调查评估方法，可以实现现场调查点的布设与优化、基于现场调查结果的灾区总体损失推算等功能，可有力地为特别重大自然灾害损失综合评估提供技术方法支持，尤其是通过现场调查与MSN总体损失推算相结合的方法。

2．现场调查技术标准

以现场调查技术标准中的房屋受灾损坏程度现场识别标准举例，具体内容如下。

1）已有标准或者制度对房屋因灾损失的要求

国家标准《地震现场工作 第3部分：调查规范》GB/T 18208.3—2010中将建筑物破

坏等级作为调查的主要内容，并分为5个破坏等级：毁坏、严重破坏、中等破坏、轻微破坏、基本完好。国家标准《地震现场工作 第4部分：灾害直接损失评估》GB/T 18208.4—2010除规定了上述标准提及的5个破坏等级外，对于简易房屋，如木结构房屋（包括砖、土围护墙）、砖柱土坯房、土坯房、土窑洞、石墙承重房等，分为毁坏、破坏、基本完好3个破坏等级。《自然灾害情况统计制度》（2016年版）中将房屋因灾损失划分为倒塌、严重损坏、一般损坏3个等级。

基于前述已有标准、制度对房屋因灾损失的规定，房屋受灾损失现场调查内容确定如下：钢结构、钢筋混凝土结构、砖混结构、砖木结构、其他结构5类房屋，倒塌、严重损坏和一般损坏3类损失类型的调查。

2）已有标准对房屋因灾损失调查指标的要求

国家标准《地震现场工作 第2部分：建筑物安全鉴定》GB/T 18208.2—2001中对不同结构的房屋调查指标进行了明确，并指出了不同结构房屋调查指标的差异性，例如，对于多层砌体房屋，墙体、墙体交接处的连接、楼屋盖构件等易引起倒塌伤人部件的震损检查时应着重区分；对于多层和高层钢筋混凝土房屋，梁、柱、剪力墙等主要结构构件以及隔墙、装饰物等非结构构件的震损检查时应着重区分。

《危险房屋鉴定标准》JGJ 125—2016中将危险房屋鉴定的指标分为基础（包括地基）、承重结构构件两大类。例如，对于钢筋混凝土结构构件，柱容易产生裂缝，墙中间部位易产生明显的交叉裂缝，需重点关注；对于地基，需考虑因滑移，或因承载力严重不足，或因其他特殊地质原因，导致不均匀沉降引起结构明显倾斜。

保险企业为了开展相关房屋的损失程度鉴定与赔付，也制定了相关标准，但在指标选取的完备性与可操作性方面更倾向于可操作性。例如，主体结构毁损程度在2/3以上时定为全倒破坏类型，主体结构毁损程度在1/3以上，2/3以下时定为半倒破坏类型。

综合以上各标准中对房屋损失调查指标的规定可以看出，房屋损失调查指标可设计为：房屋倒损调查以地基基础、结构构件的破坏程度调查为基础，结合历史状态和发展趋势，全面分析，综合判断，具体指标如下：

①地基（建筑物下支承基础的土体或岩体）：滑移、坍塌、不均匀沉降或扭曲等。

②基础（建筑底部与地基接触的承重构件，作用是把建筑上部的荷载传给地基；通常在室外地面以下，承受上部结构传来的荷载那部分结构）：滑移、酥碎、折断、扭曲等。

③竖向承重构件：承重墙（钢、钢筋混凝土、砖、石、土坯等材质）、柱（钢、钢筋混凝土、砖、石、木等材质）裂缝、倒塌、倾斜、风化/剥落/酥裂/受潮/受淹等。

④横向承重构件：梁、板、拱等裂缝或断裂、弯曲变形、位移等。

⑤屋盖/楼盖：坍塌。

3）对自然灾害类型的考虑

国家标准《自然灾害分类与代码》GB/T 28921—2012将自然灾害类型分为五大类39小

类，根据各类自然灾害类型可能造成的损失情况，表4-6列出16个灾种可能会对房屋造成的损失，并简要区分了可能会造成的房屋损失形态。

灾害种类与房屋破坏类型的对应关系 表4-6

灾害种类	房屋破坏类型
台风灾害、大风灾害、暴雨灾害、洪涝灾害、风暴潮灾害、海啸灾害、地震灾害、崩塌灾害、滑坡灾害、泥石流灾害、地面塌陷灾害、地面沉降灾害、地裂缝灾害	各类结构房屋的地基、基础、竖向承重构件、横向承重构件、屋盖/楼盖
冰雹灾害、雷电灾害、冰雪灾害	屋盖/楼盖，土木结构房屋的承重构件

4）农村居民住房受灾损坏程度判别

基于以上研究与分析，有关单位编制了《房屋受灾损坏程度现场识别》MZ/T 043—2013，适用于各级民政部门开展现场调查和统计时对农村居民住房受灾损坏程度的判定；城镇居民住房受灾损坏程度的判定可参考此标准。

4.4 损失实时遥感评估

近年来有效应对一系列重特大自然灾害的实践表明，遥感技术在中国防灾减灾救灾工作中的应用领域广阔、应用潜力巨大，已成为中国防灾减灾现代化建设的基础性支撑技术，能够为灾害监测评估、应急响应和指挥决策提供强有力的技术支持。中国政府历来重视遥感技术减灾应用研究和实践，将灾害遥感作为提升政府灾害管理和信息服务水平的重要技术手段，《"十四五"国家综合防灾减灾规划》将自然灾害综合监测预警能力提升工程作为四大重点工程之一。

4.4.1 遥感监测要素与指标

总结多年来灾害损失评估经验，依据《统计调查制度》中规定的人员受灾、房屋受损、居民家庭财产损失、农业损失、工业损失、服务业损失、基础设施损失、公共服务系统损失、资源与环境损失等灾情统计指标，结合遥感影像解译特点，确定特别重大自然灾害损失评估中卫星、航空和无人机遥感监测的要素与指标（表4-7）。此外，特别重大自然灾害发生后的次生灾害，尤其次生地质灾害（山体崩塌、滑坡、泥石流）的数量、规模也是灾害遥感监测评估的重要内容之一。

领域	大类	亚类	细类	指标	程度
房屋	居民住房、非住宅	农村、城镇	钢混、砖混、砖木、其他结构	占地面积、建筑面积	倒塌、严重损坏、一般损坏
产业	农业	种植业	农作物、设施农业	面积	受灾、绝收
		林业	森林、苗圃	面积	
	工业	厂房、仓库	—	面积	倒塌、损坏
基础设施	交通	公路	各级公路、桥梁	长度	受损
		铁路	各类铁路、桥梁	长度	
		水运	船闸、码头	数量	
		航空	机场	数量	
	通信	通信网	基站	数量	
	水利	防洪排灌	水库、护岸、水闸	长度	
		人饮工程	水渠	长度	
	市政	道路、桥梁	—	数量	
		绿地	—	面积	
	农村地区生活设施	道路	—	长度	
资源与环境	—	土地资源与矿山	耕地、林地、草地	面积	

自2008年以来，利用遥感监测手段开展的实物量毁损评估取得明显进展，从汶川地震重灾区局部地区遥感影像（1～5m）进行区域房屋倒损率评估，抽样反推到全部灾区，再到鲁甸地震0.2～0.5m灾前影像重灾区全覆盖，9度区灾后0.2m影像覆盖率达到80%以上，实现了对灾区建筑物、道路、农业等实物量毁损的精细评估。

4.4.2 房屋倒损遥感监测评估

房屋损失是特别重大自然灾害损失的重要组成部分。利用高分辨率卫星遥感数据，结合航空（无人机）数据开展房屋倒损情况精细评估，为开展灾害损失全面评估和灾后恢复重建工作提供支撑。

综合考虑特别重大自然灾害类型及造成房屋破坏的形式等因素，建立房屋损失遥感

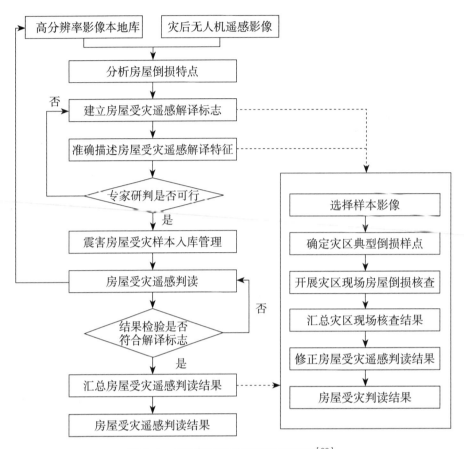

图4-2　房屋倒损遥感监测解译流程[88]

监测评估技术路线（图4-2）。在高分辨率影像本底库支撑下，分析灾后遥感影像（本部分以地震灾害为例，影像以无人机影像为例）中不同建筑结构的房屋特点，包括空间分布、空间关系、时相、纹理、形状、大小、色调等方面。按照房屋受灾遥感监测指标要求，构建房屋受灾遥感解译标志，并准确描述其特征。采用专家研判的方式，判断解译标志和特征的准确性，并利用数据库系统管理满足解译要求的典型受灾样本。在此基础上，协同开展遥感解译工作，并判断解译结果与解译标志的吻合程度，迭代修改，直到满足要求为止。最后是汇总解译结果并开展分析。

根据《统计调查制度》中房屋类受灾情况统计表的要求，结合遥感解译的特点，从房屋结构上划分为钢混、砖混、砖木和其他四类；从房屋用途上划分为农村居民住宅用房、城镇居民住宅用房、非住宅用房三类；从房屋倒损程度上划分为倒塌房屋、严重损坏房屋、一般损坏房屋等三类。房屋受灾程度遥感解译标志和特征比较复杂，主要是基于屋顶呈现的几何和辐射形态特征，以及屋顶轮廓外瓦砾或废墟呈现的几何形态特征，综合判断房屋受灾程度。不同房屋受灾程度遥感解译特征如表4-8所示。

建筑结构	损坏程度	解译特征			房屋损失情况
		房屋轮廓	废墟或瓦砾	房屋屋顶	
砖木结构	完全倒塌	不可见	可见	不可见	房屋完全坍塌
		部分可见	可见	不可见	房屋外墙可能损坏，屋顶完全坍塌
		部分可见	可见	部分可见：非均匀形态区域面积之和大于屋顶总面积的50%	房屋外墙可能损坏：屋顶50%以上坍塌
	严重损坏	部分可见	可见	部分可见：非均匀形态区域面积之和大于屋顶总面积的10%且小于50%	房屋外墙可能损坏：屋顶10%以上坍塌，50%以下坍塌
		部分可见	不可见	部分可见：非均匀形态区域面积之和大于屋顶总面积的10%且小于50%	屋顶10%以上，50%以下坍塌
	一般损坏	部分可见	不可见	部分可见：非均匀形态区域面积之和小于屋顶总面积的10%	屋顶10%以下坍塌
砖混结构	完全倒塌	不可见	可见	不可见	房屋完全坍塌
	严重损坏	可见	可见	部分可见	房屋外墙可能损坏；屋顶部分损坏
	一般损坏	可见	不可见	部分可见	屋顶部分损坏

　　实践表明，灾害发生后，紧密围绕灾害损失综合评估工作内容，充分发挥遥感技术在获取范围、时效性、条件限制等方面的诸多特点，针对房屋受灾评估指标要求，制定解译特征和标志，高效开展遥感解译。其中，解译特征和标志具有典型性，不同地区存在很大的区别。因此，灾害发生后，须了解熟悉当地建筑结构特点，在此基础上建立解译特征和标志。同时，建设房屋受灾样本库，一方面作为多名解译人员解译的标准和依据；另一方面积累典型灾害房屋受灾样本，指导后续灾害应对工作。此外，解译标志和特征建立后，开展基于专家先验知识的综合研判，充分考虑当前灾害发生地域和灾害损失综合评估的具体要求，及时修正解译标志和特征与实际情况不吻合的地方，有效指导房屋受灾遥感解译过程。遥感解译结果需要与现场核查结果相结合，降低灾害综合评估结果的不确定性。按上述技术方法与流程开展的青海玉树地震灾后结古镇房屋倒损评估、甘肃舟曲特大山洪泥石流灾害房屋倒损评估结果被国家采纳，为恢复重建规划制定提供了重要依据。

遥感从高空获取灾区的影像，并从影像上解译灾害的要素信息。例如，本书解译参考信息一般包括房屋顶部信息、阴影、房屋内外瓦砾等，并未涉及遥感无法获取的房屋内部结构损坏情况；严重损坏的房屋中一般包含部分坍塌和多数承重构件严重破坏两种情况，而后者是很难被解译出来的。同样，一般损坏的房屋中多数构件轻微裂缝同样很难解译。因此，遥感解译结果中严重损坏房屋比例可能会有所增加；一般损坏房屋比例有所变化，基本完好房屋比例的实际情况可能会有所下降。这需要与现场调查评估、模型模拟评估、地方统计上报等多方法综合应用才能使评估结果与实际情况最大限度地接近。

4.5 损失模型模拟评估

实际上，除了上述列出的特别重大自然灾害损失统计上报和现场调查评估，模型模拟评估也是开展灾害损失评估的主要方法，本部分以地震灾害生命年损失多模型评估方法研究举例阐述。

4.5.1 评估方法

1. 主要方法

1）总生命年损失计算方法

Ilan Noy在联合国国际减灾策略组织（UNISDR）的报告《衡量自然灾害直接影响的非货币全球指标》（*A non-monetary global measure of the direct impact of natural disasters*）中提出了一种非货币形式的定量衡量自然灾害直接影响的全面评估方法。这里的方法旨在全面评价自然灾害对人类福利事业的全面影响，将自然灾害造成的死亡、受伤、经济损失等指标全部转化成统一的"生命年"指标，以此来全面评估灾害损失：

$$生命年损失 = L\left(M, A^{\text{death}}, A^{\text{exp}}\right) + I\left(N\right) + DAM\left(Y, INC\right) \tag{4-1}$$

式中：$L\left(M, A^{\text{death}}, A^{\text{exp}}\right)$ 为评价灾害所致人员死亡造成的生命年损失；$I\left(N\right)$ 是与人相关的成本函数，用于评估灾害所致与人相关的除了死亡以外的影响；$DAM\left(Y, INC\right)$ 为评价灾害所致资本损伤和基础设施毁坏造成的生命年损失。

评价灾害所致人员死亡造成的生命年损失以群体为目标，通过死亡人数、预期寿命与死亡人群年龄中位数差值的乘积获得。对于预期寿命，Noy采用世界卫生组织计算伤残调整寿命年的统一预期寿命92岁。综上可知，此项的计算公式：

$$L\left(M, A^{\text{death}}, A^{\text{exp}}\right) = M \times \left(A^{\text{exp}} - A^{\text{med}}\right) \tag{4-2}$$

式中：M 为死亡人数，A^{exp} 为预期寿命，A^{med} 为死亡人群年龄中位数。

评估灾害所致与人相关的除了死亡以外的影响原理上应该包括灾害所造成的与人相关的全部影响，但灾害损失信息通常无法完全获取，所以原理上的设定无法实现。灾害中通常可以获取受伤以及受到影响等人数信息，参考世界卫生组织计算伤残调整寿命年的方法，将影响函数被定义为：

$$I(N) - eTN \qquad (4-3)$$

式中：参数 e 是与灾害中暴露程度有关的社会福利折减因子，衡量受灾程度。目前没有决定这个权重大小的先例，Noy 采用世界卫生组织的一般简单疾病：焦虑诊断的伤残权重 $e = 0.054$，T 是受到灾害影响的人恢复到正常状态或灾害影响消失的时间，N 代表受到影响的总人数。

$DAM(Y, INC)$ 是评价灾害所致资本损伤和基础设施毁坏造成的生命年损失，原理上是计算重建这些毁坏的资本所花费的资源（尤其是人的努力）的机会成本。Y 是灾害导致的财政损失的数量，它是对资本和基础设施损失的计量，只包括毁坏或者损坏的资本。INC 是个人通过一年努力所获得的收入，使用人均国内生产总值作为衡量指标，并进行折减来考虑现实中并非所有时间都花费在创造这些财富上。此项计算公式：

$$DAM(Y, INC) = (1 - d)Y / PCGDP \qquad (4-4)$$

式中：d 为折减系数，Y 表示灾害造成的财政损失，$PCGDP$ 为人均国内生产总值，考虑到地震灾害中会导致受伤情况，所以在计算公式中增加轻伤、重伤两项。综上可知，基于生命年损失的地震灾害损失评估方法的计算公式：

$$生命年损失 = M(A^{death} - A^{exp}) + eTN + e_1T_1N_1 + e_2T_2N_2 + (1-d)Y / PCGDP \qquad (4-5)$$

式中：e_1 表示轻伤权重；e_2 表示重伤权重；T_1 表示轻伤恢复时间；T_2 表示重伤恢复时间；N_1 表示轻伤人数；N_2 表示重伤人数，其他同上式。

2）人均生命年损失计算方法

人均生命年损失（Loss of Lifeyears Per Capita，LLPC）是相对总生命年损失的概念，是总生命年除以总人数以量化每个个体生命年损失的指标，可用于不同地区间、不同灾害间地震灾害造成生命年损失的比较。本书中人均生命年损失基于受灾人数，除数是参与计算的受灾人口。由总生命年损失计算公式可得人均生命年的计算公式：

$$LLPC = \frac{\left[M \times (A^{exp} - A^{med}) + eTN + e_1T_1N_1 + e_2T_2N_2 \right]}{N} + \frac{(1 - C'')Y}{(PCGDP \times N)} \qquad (4-6)$$

人均生命年损失计算公式中包括两项：人均间接社会损失（Per Capita Indirect Social

Loss, PCISL）和以生命年为尺度的人均经济损失（Per Capita Economic Loss, PCEL）。间接社会损失是指地震造成的人员死亡、轻重伤、受灾所带来的潜在价值的损失，这种潜在价值以生命年为单位，将死亡、轻重伤、受灾合计进行来度量。间接社会损失对于死亡人数或受伤人数非异常大的地震，受灾的生命年损失占比均在90%以上，大多达到97%以上，因此可采用受灾生命年损失估算间接社会损失：

$$PCISL \approx eT \tag{4-7}$$

以生命年为尺度的人均经济损失为：

$$PCEL = \left(1 - C''\right) Y / \left(PCGDP \times N\right) \tag{4-8}$$

式中：$PCGDP$ 与受灾人口 N 的乘积为灾区范围内的 $GDP_{灾区}$，代表灾区范围内年新增财富。

经济损失 Y 与灾区范围内 GDP 比值为 GDP 损失率（GDP Loss Rate, GDPLR）。引入 $GDPLR_{灾区}$ 得到的人均生命年损失计算公式见公式（4-11）所示。

$$GDP_{灾区} = PCGDP \times N \tag{4-9}$$

$$GDPLR_{灾区} = Y / CDP \tag{4-10}$$

$$PCLY \approx eT + \left(1 - C''\right) GDPLR_{灾区} \tag{4-11}$$

对某一特定地震，恢复时间可以根据震级按表4-12取值，将伤残权重 e 与折减系数 C'' 带入可得公式（4-11）。由式（4-11）可知：对于某一特定地震，人均生命年损失与灾区的财富损失率呈线性关系。

$$PCLY \approx 0.054T + 0.25GDPLR_{灾区} \tag{4-12}$$

2. 主要参数

1）预期寿命

为了能够反映不同年代生命预期随年代与经济发展而发生变化，这里采用联合国发布的《世界人口展望》中的生命预期，表4-9中每五年给出了一个预期寿命取值，采用插值法计算各年份的年龄中位数，其中临界年份预期寿命取相邻区间预期寿命均值。

中国各年份预期寿命取值　　　　　　　　　　　　表4-9

年份区间	预期寿命	临界年份	临界年份取值
1990—1995年	69.386	1995	69.987

年份区间	预期寿命	临界年份	临界年份取值
1995—2000年	70.587	2000	71.72
2000—2005年	72.852	2005	73.645
2005—2010年	74.438	2010	74.935
2010—2015年	75.432	2015	75.432

2）年龄中位数

在各年份《中国统计年鉴》和各次人口普查中有各省年龄组构成数据。在地震灾害损失评估中，使用该数据通过年龄中位数公式计算地震发生省份该年的年龄中位数：年龄中位数＝年龄中位数组的年龄下限值＋［（人口总数/2－中位数组前各组人口累计）÷中位数所在组的人口数］×中位数所在组的组距。

3）伤残权重

伤残权重e是社会福利折减因子，与受灾体在灾害中的暴露程度有关。目前没有决定这个权重的大小的先例，Noy直接采用世界卫生组织的一般简单疾病的伤残权重：焦虑诊断的伤残权重$e=0.054$。世界卫生组织（WHO）根据残疾或失能严重程度，给出标准A（表4-10）和标准B（表4-11）两种失能评定标准。标准A根据个体在生育、职业、教育和娱乐4个方面所受限制程度，将残疾及失能程度分为6个等级并赋予相应的权重，可以根据此权重值计算各种疾病的DALY，从而评价该疾病对人类健康的影响。标准B的制定是聘请不同国家的临床预防方面专家，采用人数权衡法（Person-Trade-Off protocol，PTO）和专家评判法（Delphi）相结合的方法，将22种症状和指标赋予权重值，然后分成7个等级。

在《基于生命年损失计算安全生产事故的间接损失研究一文》中，作者直接取标准B的失能第三级的等级权数的中位数0.18进行计算。借鉴这种思路，同时考虑地震中的受伤严重程度，这里轻伤权重e_1取标准A的等级1的伤残权重0.096；重伤伤残权重e_2取标准A中等级3的伤残权重0.400。

残疾分级及其权重值（标准A） 表4-10

等级	权重	残疾水平
1	0.096	至少其中一项活动受限：娱乐、学习、性功能、就业
2	0.220	有一项大部分活动受限：娱乐、学习、性功能、就业
3	0.400	两项或两项以上活动受限：娱乐、学习、性功能、就业
4	0.600	大部分活动受限：娱乐、学习、性功能、就业

等级	权重	残疾水平
5	0.810	日常生活（做饭、购物、做家务等）均需借助工具
6	0.920	日常生活（吃饭、个人卫生及大小便等）均需他人帮助

22个伤残指示症状及其权重（标准B）　　　　表4-11

残疾等级	等级权数	指示症状
第一级	0.00 ~ 0.02	脸部瘢症、体重—身高比小于2个SD
第二级	0.02 ~ 0.12	腹泻、严重贫血、严重咽喉疼痛
第三级	0.12 ~ 0.24	胫骨骨折、风湿性关节炎、轻度心绞痛、不育、阴茎勃起障碍
第四级	0.24 ~ 0.36	耳聋、膝下截肢
第五级	0.36 ~ 0.50	轻度智力迟钝、直肠阴道瘘、先天愚型
第六级	0.50 ~ 0.70	失明、精神忧郁症、半身不遂
第七级	0.70 ~ 1.00	精神分裂、严重心绞痛、四肢瘫痪、痴呆

4）恢复时间

恢复时间T是指受到灾害影响的人恢复到正常状态或者是这种灾害影响消失所经历的时间。地震对于人的影响是多方面的，包括生理上的伤害和心理上的创伤。在地震灾害损失评估中，以灾后重建周期来代表恢复时间。但绝大多数地震灾后重建周期无法获得，尤其是震级较小地震。地震恢复时间和震级相关，通常震级越大，破坏越大，恢复时间越长。这里的恢复时间取表4-12假定。在计算轻重伤所导致的生命年损失时，其恢复时间在原理上应该是受轻重伤的恢复时间，这一数据无法获得。本书计算轻、重伤所导致的生命年损失时，轻伤恢复时间基于$T_1=0.2$，重伤恢复时间基于$T_2=1$进行计算。

地震震级与恢复时间假定　　　　表4-12

震级区间	恢复时间（年）	震级区间	恢复时间（年）	备注
4.0 ~ 4.5	0.5	6.1 ~ 6.5	2.5	多个震级按最高震级取值
4.6 ~ 5.0	1	6.6 ~ 7.0	3	
5.1 ~ 5.5	1.5	7.1 ~ 7.5	3.5	
5.6 ~ 6.0	2	7.6 ~ 8.0	4	

5）折减系数

折减系数 C 是为了考虑现实中并非所有时间都花费在创造财富上而进行的折减，本书仍沿用Noy给出的数值0.75。

4.5.2 生命年损失评估模型

生命年损失评估方法所需参数较多，数据依赖性较大，在数据不全情况下评估地震灾害生命年损失较困难。本书采用1990—2015年250条震例对地震灾害生命年损失进行规律性分析，研究生命年损失随震级、震中烈度、受灾人口、恢复时间的变化规律，并在规律性分析的基础上采用1996—2014年188条震例数据通过Origin软件、R软件、DTREG软件分别建立线性回归模型、神经网络分位数回归模型与基因表达式编程非线性模型。通过评估模型可以比较准确地对地震灾害生命年损失进行评估，同时也简化了评估流程，减少了数据依赖性。

1. 影响因素分析

采用我国1990—2015年250条地震灾害损失数据，分别对总生命年损失（ly）与震级（EM）、恢复时间（RT）、震中烈度（EI）、受灾人口（DAN）进行拟合，如图4-3所示，拟合方程如表4-13所示。由于总生命年损失、受灾人口存在量级差，所以对总生命年损失以及受灾人口取自然对数。

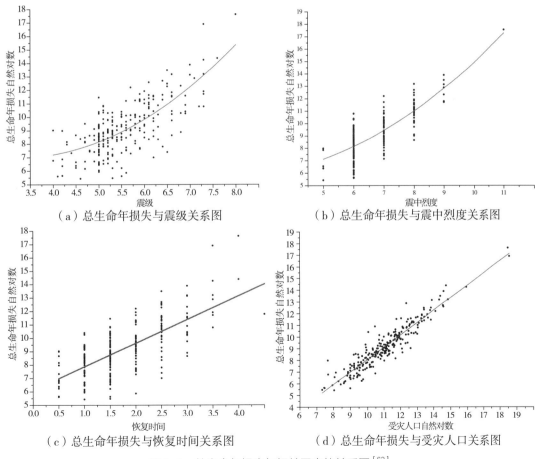

（a）总生命年损失与震级关系图　　　（b）总生命年损失与震中烈度关系图

（c）总生命年损失与恢复时间关系图　　　（d）总生命年损失与受灾人口关系图

图4-3　总生命年损失与相关因素的关系图[62]

拟合方程 表4-13

编号	自变量	拟合方程	拟合优度
1	EM	$\ln(ly) = 0.36047EM^2 - 2.28419EM + 10.5667$	0.5179
2	RT	$\ln(ly) = 1.7606RT + 6.10416$	0.48506
3	EI	$\ln(ly) = 0.13267EI^2 - 0.42805EI + 5.93976$	0.60798
4	DAN	$\ln(ly) = 1.06043\ln DAN - 2.53968$	0.87874

从图4-3可以看出总生命年损失与各影响因素：震级、恢复时间、震中烈度、受灾人口均呈现正相关关系，且随震级与震中烈度增大趋势明显，符合认知。由于恢复时间按震级区间取值，所以恢复时间与总生命年损失的关系是其与震级关系的体现。在拟合优度上，受灾人口与总生命年损失的拟合程度最好，这主要是因为在总生命年损失中受灾人口导致的生命年损失占比最大。在单因素模型中可以考虑通过受灾人口对总生命年损失进行估算，但效果欠佳，因此考虑采取多个影响因素，建立多参数评估模型。

2. 线性回归模型

综合考虑受灾人口、震级、震中烈度、恢复时间对总生命年损失的影响，采用origin软件对1996—2014年188条震例进行回归分析，建立四参数线性回归模型如式（4-13）所示，其拟合优度为0.95275。

$$\ln(ly) = 0.86993\ln DAN + 0.16481RT + 0.28726EI + 0.35944EM - 4.65484 \qquad (4-13)$$

3. 神经网络分位数回归模型

研究中发现恢复时间与总生命年损失关联性不大，震级、震中烈度、受灾人口这三者与总生命年损失对数值呈强相关关系，且受灾人口关联性最大，因此采用神经网络分位数回归模型建立三参数预测模型，计算流程如图4-4所示。

采用逐步回归分析，将得到的强关联因素作为解释变量，将188条数据输入神经网络分位数回归模型，确定最优隐含层节点个数为15。选取5%、10%……95%共19个分位点，将2015年的9条震例输入模型得到19个不

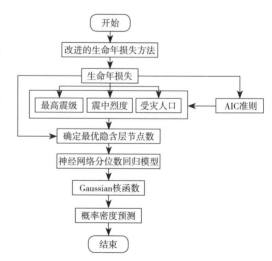

图4-4 基于神经网络分位数回归的概率
密度预测流程图[62]

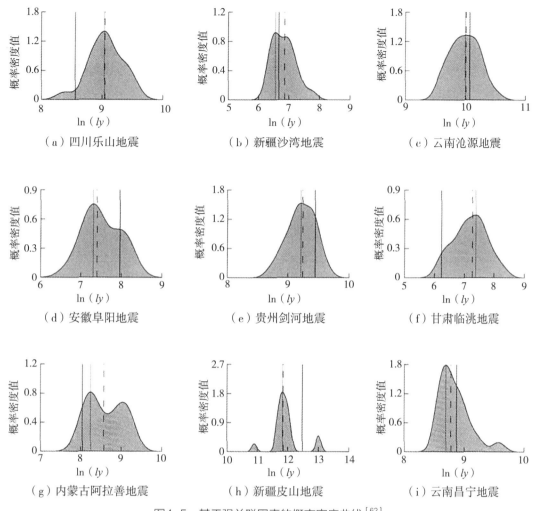

（a）四川乐山地震　　　　　　（b）新疆沙湾地震　　　　　　（c）云南沧源地震

（d）安徽阜阳地震　　　　　　（e）贵州剑河地震　　　　　　（f）甘肃临洮地震

（g）内蒙古阿拉善地震　　　　（h）新疆皮山地震　　　　　　（i）云南昌宁地震

图4-5　基于强关联因素的概率密度曲线[62]

同分位点下的总生命年损失对数估计值，最后运用gaussian核函数进行概率密度预测，得到概率密度图曲线、预测区间、概率预测中位数及最高概率预测值（众数），见图4-5所示。图中实线代表实际值，点划线代表概率预测中位数，虚线代表最高概率预测值。

4. 基因表达式编程非线性模型

采用DTREG软件，选择188条地震案例数据作为训练样本数据，建立预测模型，算法流程见图4-6所示，运行参数及遗传算子参数设置见表4-14所示。用GEP算法自动寻找预测模型，得到GEP算法下的预测模型如式（4-14）所示，其拟合优度为0.95446。

$$\ln(ly) = \log_{10}(RT - 0.301) + 0.852\ln DAN + \tan\left[\sin(-0.440EI)\right] - 0.154 \quad （4-14）$$

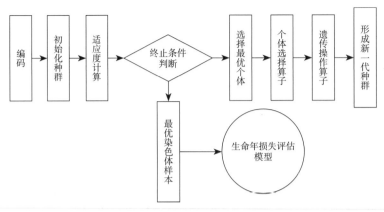

图4-6　GEP算法的基本流程图

运行参数及遗传算子参数　　　　　　　　表4-14

参数	取值	参数	取值
种群大小	100	变异概率	0.044
基因头部长度	10	单点重组概率	0.3
基因数目	6	两点重组概率	0.3
基因连接函数	+	基因重组概率	0.1
IS插串概率	0.1	随机常数变异概率	0.1
RIS插串概率	0.1	各基因随机常数个数	10
基因插串概率	0.1	随机常数变化范围	[-10, 10]

5. 对比分析

应用上述三种评估模型对表4-15中的9条震例进行生命年损失的评估预测，各种方法对比情况见表4-16、图4-7所示，误差见图4-8所示。从表4-16中可以看出三种方法预测误差均不超过15%，GEP算法与神经网络算法平均误差小，预测精度更高。神经网络算法给出了预测区间，但无法给出估算公式，而GEP算法给出估算公式，应用更加方便。

2015年地震案例数据　　　　　　　　表4-15

编号	地震名称	编号	地震名称
1	1月14日四川乐山金口河区5.0级地震	6	4月15日甘肃省临洮县4.5级地震
2	2月22日新疆维吾尔自治区沙湾县5.0级地震	7	4月15日内蒙古阿拉善左旗5.8级地震
3	3月1日云南省沧源县5.5级地震	8	7月3日新疆维吾尔自治区皮山县6.5级地震
4	3月14日安徽省阜阳市4.3级地震	9	10月30日云南省昌宁县5.1级地震
5	3月30日贵州省剑河县5.5级地震	—	—

序号	GEP算法		最小二乘法		神经网络算法					实际值
					中位数		众数		预测区间	
	预测值	误差（%）	预测值	误差(%)	预测值	误差（%）	预测值	误差（%）		
1	8.830	3.155	8 885	3.802	9.068	5.930	9.084	6.117	[8.600, 9.606]	8.560
2	7.022	5.322	7.040	5.598	6.732	0.971	6.643	−0.352	[5.943, 8.034]	6.667
3	10.033	−0.388	9.953	−1.178	10.073	0.009	10.072	0.002	[9.504, 10.393]	10.072
4	8.020	0.626	8.282	3.919	7.697	−3.428	7.583	−4.850	[7.347, 8.556]	7.970
5	9.446	0.035	9.355	−0.935	9.403	−0.424	9.451	0.080	[8.829, 9.755]	9.443
6	6.856	9.894	7.167	14.872	7.086	13.576	6.877	10.228	[6.367, 8.015]	6.239
7	8.579	6.666	8.505	5.751	8.389	4.313	8.386	4.274	[7.904, 9.500]	8.042
8	11.996	−3.861	12.040	−3.508	11.978	−4.008	11.956	−4.184	[11.667, 12.422]	12.478
9	8.739	−1.517	8.672	−2.276	8.769	−1.182	8.765	−1.224	[8.415, 9.377]	8.874

注：误差＝100×（预测值−真实值）/预测值

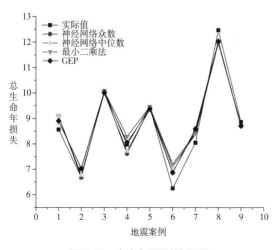

图4-7　生命年预测结果图

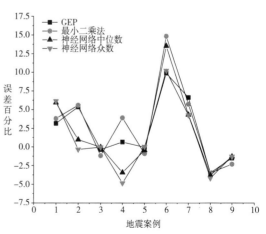

图4-8　生命年预测误差图

4.6 灾害损失评估实践案例——以黑龙江洪涝为例

2013年入汛以来，黑龙江省遭遇了超过百年一遇的特大洪水袭击，洪水叠加效应之强、险情出现之多、持续时间之长、影响范围之广、受灾面积之大历史罕见。为进一步核查农户房屋倒损情况，为灾后恢复重建工作提供科学依据，相关部门组成工作组于9月24～27日赴黑龙江开展以房屋倒损核查为重点的现场调查工作。在此基础上，结合地方上报、遥感监测、模型模拟等多种方法，对黑龙江省洪涝灾害造成的房屋倒损情况进行综合评估，对灾害损失与影响进行分析，提出了下一步工作建议。

1. 致灾情况

降雨较历年同期偏多近3成，总量超过1998年。入汛以来，黑龙江省先后经历13次高强度降雨过程，截至9月下旬，全省平均降雨量为441.4mm，比历年同期偏多28%，居1952年以来第二位，比1998年多43mm。100mm以上降雨覆盖全省总面积的91%，其中200～400mm达34.3%，400mm以上达49.7%。降雨主要集中在嫩江流域、松花江干流区、黑龙江干流区和乌苏里江流域，大多在400mm以上。

洪水与内涝并存，险情多发、内涝严重。初步统计，截至9月下旬，黑龙江省共91段堤防出现险情8751处。8月16日，位于抚远县境内的农垦290农场黑龙江大口门堤防出现了宽3m、深2m的溃口，绥东镇39个村屯进水或被淹；8月22日，萝北县肇兴镇柴宝段黑龙江堤防发生宽20m的垮坝，全镇13个村屯进水或被淹；8月23日，同江市八岔乡境内黑龙江堤防出现长200m的决口，同江市八岔乡、银川乡、街津口乡和抚远县浓江乡49个村屯进水或被淹。连续降水和江河的持续高水位造成江河水及饱和地下水外渗，河流堤防防洪标准较低（基本按20年一遇标准设计）导致部分地区出现洪水漫堤，加之总体地势平坦、局部低洼的微地貌特征致使部分地区内涝严重，截至9月底，同江市八岔乡八岔村、新颜村，抚远县乌苏镇抓吉村等仍然浸泡于洪水中。

2. 现场调查

1）基本情况

9月24～27日，工作组对大庆市肇州县、绥化市肇东县和海伦市、齐齐哈尔市克东县、佳木斯市同江市、鹤岗市绥滨县、省直管抚远县等5市7县（市）16个乡（镇）的28个行政村开展了倒损房屋的现场调查核查工作。工作组对照地方提供的《因灾倒房户台账》，对上报的340户倒塌和严重损坏住房进行了现场核查，其中，同江市八岔乡八岔村、新颜村，抚远县乌苏镇抓吉村，因核查期间仍浸泡在洪水中，工作组无法进入，只能在外围进行查看，未计入核查台账。

2）现场调查方法

①资料准备

9月22日，工作组出发前拟定了《黑龙江灾后房屋倒损调查核查工作方案》，并按此准备了地方上报灾情、灾区降雨情况、灾区社会经济背景数据和灾区地图等资料，以及现场核查登记表。同时，由黑龙江省民政厅组织现场核查县（市）提供了《因灾民房倒损户台账》。

②抽样方法

为客观、有效地调查房屋倒损情况，本次核查采用分层随机抽样的方法选取样本，分层的依据主要是降雨强度、受灾情况、经济发展水平和地形地势。以样本县的选取为例，综合考虑县级单元的经济发展水平和受灾情况，选择了大庆市肇州县、绥化市肇东市和海伦市、齐齐哈尔市克东县、佳木斯市同江市、鹤岗市绥滨县、省直管抚远县等7个县级行政单元。在选择县级行政单元的基础上，样本乡镇、行政村的选取主要考虑受灾情况、地形等情况，选择了16个乡镇进行核查。

③现场核查及测算方法

工作组现场核查时主要采用目视识别和访谈的方式对房屋倒损情况进行评估。其中，目视识别主要判断房屋结构和承重墙损坏情况、倒塌原因、住户实际经济状况等；访谈内容主要包括核查县（市）、乡镇和村组的基本情况，调查房屋的倒塌时间、建筑年代以及住户收入情况等；访谈对象主要包括房屋倒损户户主、村干部和乡镇民政干部。

计算核查的各行政村、县（市）民房倒损偏差率，计算方法如式（4-15）所示。

$$偏差率(\%) = \frac{(核查倒损民房数量 - 认定倒损民房数量)}{核查倒损民房数量} \times 100\% \qquad (4-15)$$

其中，偏差率大于0，表示认定民房倒损户数或间数小于核查倒损户数或间数，即存在上报数据偏大的现象；偏差率小于0，表示认定民房倒损户数或间数大于核查倒损户数或间数，即存在上报数据偏小的现象。

3）调查结果与分析

①调查结果

分别计算各核查乡镇和各核查县（市）的房屋倒塌、严重损坏户数和间数的偏差率以及认定户数或间数，剔除倒塌房屋认定标准因素外，现场调查核查结果与上报数据基本一致。房屋倒塌和严重损坏户数总体偏差率为2.2%，间数总体偏差率为7.9%；其中，倒塌户数总体偏差率为7.1%，间数总体偏差率为16.8%；严重损坏户数总体偏差率为-3.0%，间数总体偏差率为-5.3%。

②结果分析

在调查过程中，对于个别户、个别村、个别县出现实测数据与上报数据不符合的现象，工作组经实地核查后认为主要有以下原因：倒损房屋界定标准不一致：在现场调查中，对于倒损房屋（特别是倒塌和严重损坏房屋）的界定，各级政府以及基层灾害信息员的认识（或界定标准）并不统一，不同的区域间也存在一定差别，导致上报数据存在一定的偏差；浸泡后的土坯等房屋倒损认定难度大：土坯房、砖木房屋以及部分砖混房屋经过洪水或内涝长时间浸泡（基本为10～30天）后，存在陆续倒塌，以及部分出现地基严重受损等情况。另外，黑龙江属于高寒地区，地基属于冻胀土，虽然有些土坯房屋暂时没倒，但因土坯房地基没有防水，在冻融过程中，房屋上部结构都存在倒塌的可能。虽然灾区各地大多组织住建部门进行专业鉴定，但由于受灾范围广、情况复杂，部分地区房屋仍在洪水浸泡中等原因，使得房屋倒损鉴定工作难度大，仍然要持续一定时间；灾害持续时间长，灾情上报时间把握困难：《自然灾害情况统计制度》要求在灾害结束或灾情稳定后对灾情进行核报，但在现场调查中发现，灾区各地报灾时间不尽相同。例如，同样遭受黑龙江八叉段决口影响的同江市和抚远县报灾方式就大有区别，抚远县在9月中旬上报了灾情，之后并未有变化；而同江市由于忙于抗洪抢险，直到9月下旬才上报灾情，现场调查时仍在变化中。由于灾害持续时间长，灾区各地大多并未在灾情完全稳定后进行核查上报，使得各地不同程度地出现未上报的倒损房屋。

3. 综合评估

1）评估依据

评估依据包括黑龙江省民政厅9月21日提供的《黑龙江省灾情及救灾工作汇报》和"灾区各县市倒损房屋情况统计表"；现场工作组9月24至27日赴大庆市肇州县、绥化市肇东市和海伦市、齐齐哈尔市克东县、佳木斯市同江市、鹤岗市绥滨县和省直管抚远县等5市7个县（市）16个乡镇28个行政村的实地调查、核查数据；民政部国家减灾中心利用遥感影像研判得到的佳木斯市市辖区、同江市、富锦市、桦川县、汤原县、抚远县，鹤岗市萝北县、绥滨县，双鸭山市宝清县、饶河县等3市10个县（市、区）洪涝灾害淹没范围数据；国家统计局提供的灾区2010年第六次人口普查成果中的人口、房屋结构、人均住房面积等数据。

2）评估方法

结合地方上报、现场调查、遥感监测等多种方法，综合考虑受灾地区各县级行政区自然状况、社会经济、降雨与洪涝过程，建立综合评估模型，对全省总体的房屋倒损情况进行评估。地方上报方面，据黑龙江省民政厅9月21日提供的"灾区各县市倒损房屋情况统计表"，洪涝灾害共造成哈尔滨、齐齐哈尔、佳木斯等13市（地区）（占全省地级行政区总数的100%）114个县（区、市）（占全省县级行政区总数的89.1%）相关户数与房屋倒塌间数；遥感监测方面：民政部国家减灾中心累计获取14个时相的环境减灾A、B卫星数据24景。利用民政部国家减灾中心自主开发的应急处理工具包，基于区域生长模型，对佳木斯市市辖区、同江市、富锦市、桦川县、汤原县、抚远县，鹤岗市萝北县、绥滨县，双鸭山市宝清县、饶河县等3市10个县（市、区）洪涝淹没区开展淹没范围自动提取。在此基础上，结合1km网格人口密度数据、人均房屋间数和不同结构房屋数量比例（2010年第六次人口普查数据），在现场调查获取的房屋倒损信息的基础上，评估各县级行政区内淹没区房屋的可能倒损数量。

基于洪涝灾害孕灾环境数据（地形、河网、人口密度、房屋结构、降雨与洪涝过程数据），分析灾区不同县级行政区间灾情的相关性和异质性，比对各类因素并选择与房屋倒损最密切的因素，制定灾情严重程度分区方案；综合降雨数据，地方上报、现场调查和遥感监测得到的房屋倒损数据，建立各分区内总体空间变异函数模型；根据中国科学院地理科学与资源研究所建立的"非均质表面均值模型（MSN模型）"估计95%置信区间下灾区总体房屋倒损间数（图4-9）。在此基础上，根据第六次人口普查数据和黑龙江省上报数据中的户均倒损间数，评估灾区总体房屋倒损户数。与上报数据比较，总体上上报数据基本介于评估结果的上限和下限之间，认为上报结果与评估结果基本一致。从总间数看，评估得到的房屋倒塌和严重损坏总间数均值较地方上报数量偏小3.0%；从总户数看，评估得到的房屋倒塌和严重损坏总户数均值较地方上报数量偏小3.5%。

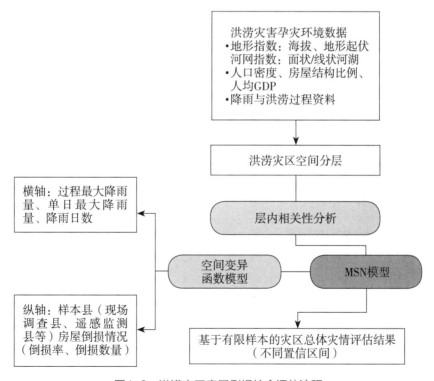

图4-9　洪涝灾区房屋倒损综合评估流程

第 5 章

灾后恢复
与重建

5.1 引言

灾后恢复重建是通过一系列的行动措施，使得受到灾害影响的个人和家庭、社区、区域恢复到正常的秩序与状态，这种状态接近、达到或超过灾前水平。恢复工作和重建工作的开展是递阶优化，不断减少灾害负效应、增加发展正效应的过程。灾后恢复是指为尽快恢复受灾居民的基本生活而采取的各种临时手段，主要包括对人工环境的修复，如抢修灾区的水、电、煤气、交通、通信设施，对社会组织的修复，如抽调人员参与组织灾区恢复重建，以及对社会功能的修复，如恢复工农业生产、学校教学、商业经营等。通过以上手段，维护和恢复灾区社会、生活秩序，恢复阶段是应急救援完成之后，灾区从无序状态转变到有序状态的必经过程，灾区人民恢复正常生活和生产状态的必然步骤，其任务是最大限度地稳定社会局势，为重建夯实基础。灾后重建是在科学规划基础上，以发展为最终目的，将灾区重建与创新发展充分结合，社会经济恢复与生态系统修复有机协调，进行长达数年的灾区各类产业、基础设施、生态环境等的全面建设。重建阶段不仅要求救援和恢复工作成功，而且要求灾害损失评估准确，对监测预报、灾害预防及救援恢复的经验教训进行分析总结，调整防灾规划并在此基础上制订灾区重建的总体规划，统筹社会各方力量予以实施。本章将全面介绍我国灾后恢复重建的体系、框架结构和运行模式等内容，并结合实践案例进行深入分析。

5.2 灾后恢复重建原则

灾后恢复重建不是对灾前景观的简单复原，因此，编制灾后恢复重建规划应当全面落实科学发展观的原则，坚持以人为本，将就地恢复重建与易地新建相结合，优先考虑恢复重建受灾区群众的基本生活和公共服务设施。

（1）坚持以人为本的原则。在突发危机事件的善后处置和恢复重建工作中，要切实地履行政府的社会管理和公共服务的职能，高度重视人民的生命权和健康权，把保障公众健康和生命财产安全作为首要任务，充分依靠群众的力量，采取有效的措施，最大限度地减少突发事件及其造成的人员伤亡和危害，并切实加强对应急救援人员的安全防护工作。

（2）坚持统一领导，属地管理为主的原则。在突发公共事件的善后处置和恢复重建工作中，要在政府部门的统一领导下建立健全分类管理，分级负责，条块结合，属地管理为主的应急管理体制，在各级党委领导下，实行行政领导责任制，充分发挥专业应急指挥机构的作用，将突发公共事件中的善后处置和恢复重建工作层层落实，逐级量化。

（3）坚持依法规范，加强管理的原则。各级人民政府及其有关部门要按照规定的权限和程序依法实施突发公共事件中的善后处置和恢复重建工作。依据有关法律和行政法规，加大应急管理，妥善处理应急措施与常规管理的关系，合理把握非常措施的运用范围和实施力度。维护公众的合法权益，使应对突发公共事件中的善后处置和恢复重建工作规范化、制度化、法治化。

（4）强调责任追究与鼓励承担风险。对责任人追究责任的关注，只是善后处置的一个方面，关键在于能否从突发公共事件中吸取教训，举一反三，未雨绸缪，防患于未然。同时，由于很多突发公共事件无章可循，既定的应急预案难以照搬，需要决策者在紧急情况下做出非常规决策，在这种情况下需要更多地鼓励创新和勇于承担风险。为此，应急管理问责制的设计和实践中，一是要区分领导责任，行政责任等；二是要正确区分法律责任、行政责任、政治责任之间的区别与联系；三是在强化问责制的同时，也要提倡对特定应急管理与决策行为予以宽恕，鼓励官员们在突发公共事件的善后处置和恢复重建中勇于负责而不是推卸责任。

（5）坚持质量与注重效率相结合的原则。突发公共事件的善后处置和恢复重建工作的各环节都要确保质量与注重效率相结合，建立健全快速反应机制，及时获取充分而准确的信息，跟踪研判，果断决策，迅速处置，最大限度减少危害和影响。加强以属地管理为主的应急处置队伍建设，建立联动协调制度，充分动员和发挥乡镇、社区、企事业单位、社会团体和志愿者队伍的作用，依靠公众力量，形成统一指挥、反应灵敏、功能齐全、协调有序、运转高效的应急管理善后处置和恢复重建工作机制。

（6）坚持科技先导，公众参与的原则。加强公共安全科学研究和技术开发，采用先进的监测、预防和应急处置技术及设施，充分发挥专家队伍和人才库的作用，提高应对突发公共事件的科技水平和指挥能力，避免次生、衍生灾害事件。加强宣传和培训教育工作，普及科学常识，形成由政府、企事业单位和志愿者队伍相结合的突发公共事件应对体制，提高公众自救、互救和应对各类突发事件的综合素质。

（7）坚持资源整合的原则。整合现有突发公共事件应急处置资源，建立分工明确、责任落实的保障体系。应急管理要实现组织、资源、信息的有机整合，充分利用现有资源，进一步理顺管理体制、工作机制，努力实现各职能部门之间的协调配合，建立起统一指挥，反应灵敏，功能齐全，运转高效的应急管理机制。通过组织整合、资源整合、行动整合等应急要素的整合，形成一体化的灾后善后处理与恢复重建系统。

（8）科学统筹与合理规划的原则。坚持因地制宜，城乡统筹，突出重点，兼顾一般，局部利益服从全局利益；受灾地区自力更生，生产自救与国家支持、对口支援相结合；就地恢复重建与易地新建相结合；立足当前与兼顾长远相结合；经济社会的发展与生态环境资源保护相结合，实现人与自然和谐相处。

5.3 灾后恢复系统

灾后恢复是一项复杂的系统工程，它是灾后政府组织或灾区民众自发的，为消除灾害后果、减轻灾害损失，运用各种手段和力量，努力恢复社会正常运行秩序，保证灾民生存并获得重新发展的条件的社会性活动。灾后恢复系统工程的近期目标是恢复被灾害破坏了的人们生存发展所必需的物质的与精神的生存条件，最终则以全面重建灾区社会自我发展所需的各方面条件为目的。

5.3.1 基本特性

灾后恢复主要包括灾民临时安置、生活秩序恢复、生产系统恢复、灾民心理恢复、救灾财物管理，以及生命线系统的修复完善、次生灾害的预防等。灾后恢复系统的整体特征包括过渡性、奠基性、统筹性、开放性等，图5-1为地震恢复系统整体特征。

过渡性。恢复阶段是从救援阶段向重建阶段转化的过渡时期，在这个时期，系统的主要工作是为灾区群众创造简易的生产和生活条件，制定重建总体规划，着手清理地震废墟，分配和管理救灾财物，预防次生灾害的威胁，为灾后重建做好充分准备。

奠基性。灾后恢复不是简单地将灾民安置下来，使其基本生活得到保障，而是功能的恢复，结构的优化，并且要为后续的科学重建、持续发展奠定基础。

统筹性。灾后恢复系统包括众多子系统，这许多子系统的实施又是各自秩序井然、任务明确的系统工程。在恢复阶段，要解决灾民吃、穿、住、医等基本生活困难，使其生活基本上得到恢复；排除水、电、路、通信等设施的险情，恢复工农业生产和市场经营；保证社区安全、预防次生灾害、管理救灾财物，使灾区能顺利恢复，为全面重建做好准备。

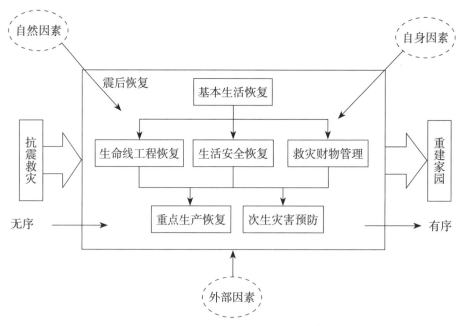

图5-1 地震恢复系统整体特征[67]

开放性。灾后恢复是否能顺利进行，涉及三方面因素：①自然因素，即灾区受灾的严重程度，如地震强度越大、烈度越高，恢复起来的难度也就越大；②自身因素，灾区灾前的经济基础越好，其自愈能力也就越强，就越能及早恢复到基本正常状态；③外部因素，灾区恢复的好坏与社会各界对其资金、物料、人员的援助情况有关，援助越多，其恢复的时间也就越短，情况越好。可见，灾害恢复不仅仅与灾区自身的情况关系密切，还与自然及外部有着很强的关联。

5.3.2 框架结构

灾后恢复系统主要由基本生活恢复、生命线工程恢复、生活安全恢复、救灾财物管理、重点生产恢复和次生灾害预防等几大部分构成，这些子系统分别作用于灾害基本生活的恢复、正常生活的过渡和持续发展的准备，其框架结构如图5-2所示。

基本生活恢复。生活秩序恢复首要的任务是灾民应急生活的安置，包括临时住房、起码的生活用品、食物和卫生水源等，这是灾区灾民的基本生活需求。灾民基本生活的恢复也包括心理的恢复，这就需要专门的心理救助。它是一个长期的过程，将持续至灾后恢复的全过程。

生命线工程恢复。交通、通信、供电、供水、排水、供气、输油等工程系统是居民生活、工农业生产、维持社会机能、开展经济活动必备的重要生命线工程。如地震灾害一般容易造成生命线系统的严重破坏，电力、生活用水、通信、交通等系统失去服务功能，

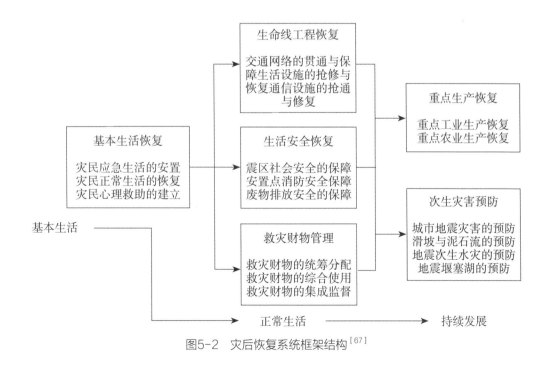

图5-2 灾后恢复系统框架结构[67]

道路遭受不同程度破坏，尽快修复生命线工程，将有力保障重建工作顺利进行。

生活安全恢复。基本生活恢复阶段，受灾群众一般被转移到集中安置的临时社区，由于特殊的时空特点，这种临时社区存在生活安全的隐患，具体包括社会治安安全、消防安全和废弃物排放的安全等，这就需要社区服务机构统筹规划，合理安排灾民生活，加强治安管理，强化安全意识，确保恢复阶段的安全过渡。

救灾财物管理。在抗灾救灾和灾后恢复过程中，中央政府会下拨专项赈灾款，地方政府、外国政府以及社会各界也会向灾区伸出援助之手，其最基本的援助手段就是提供救灾财物。在恢复阶段，这些财物将起到至关重要的辅助作用。救灾财物的管理包括统筹分配、综合使用和集成监督，从这三个环环紧扣的环节入手做好震后恢复的保障工作。

重点生产恢复。生产系统恢复是灾后灾区可持续发展的手段，保证灾区能够自力更生、重建家园。只有生产恢复了，才能发展经济，提供物质保障，使灾区发展走上正轨，并有利于灾区的长远发展。对城市而言，主要是工业生产的恢复，以及相关的基本配套设施的修复；对于农村而言，主要是农业生产的恢复，以及农田水利设施的重建。

次生灾害预防。破坏性灾害的次生灾害，如滑坡、泥石流、水灾、堰塞湖等由于具有难以预料性、较强的破坏性，给灾后的恢复重建工作带来巨大的威胁。试想，在一个地质情况不稳定，随时面临各种自然灾害侵袭的地区，如何开展灾后恢复重建，因此，在恢复阶段，做好各种次生灾害的预防工作是可持续发展的前提。

5.3.3 运行模式

灾后恢复作为全面重建的重要工序，由于其任务的繁重性、工作的复杂性，需要基于优选统筹的思想对整个运作流程作合理安排。分析灾后恢复系统的运行框架和运行流程，有助于从整体上把握灾后恢复工作的一般步骤，具体指导恢复工作的开展。

1. 运行框架

一般来说，灾后恢复要经历调查评估，制定政策条例，确定原则、方针等前期环节，然后进入以恢复基本生活、恢复社会秩序和恢复重点生产为基本次序的分步实施阶段，在实施恢复工程的各个环节，同步开展设施修复、财物管理和灾害预防等保障措施。灾后恢复系统的运行框架如图5-3所示。

调查评估是制定补偿与救助政策条例、编制灾后恢复重建规划的前提条件和重要基础，其科学性、准确性在一定程度上决定着恢复重建的科学性、可行性。恢复阶段的首要工序就是对灾害进行调查评估、对毁损的重要公共设施工程质量进行鉴定。

政策条例是灾区依法恢复重建的基础。以汶川地震为例，国务院科学决策，迅速、连续颁发了《汶川地震灾后恢复重建条例》（国务院令第526号）、《国务院关于支持汶川

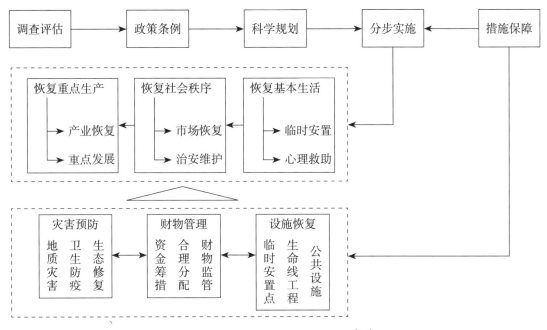

图5-3 灾后恢复系统的运行框架[67]

地震灾后恢复重建政策措施的意见》（国发〔2008〕21号）、《国务院关于做好汶川地震灾后恢复重建工作的指导意见》（国发〔2008〕22号）等法规和文件，加强了政策支持，是指导开展灾后恢复重建的重要依据，对积极稳妥推进灾后恢复重建工作具有重要意义。

科学规划是科学组织实施灾后恢复重建的保障。中央政府需组织专家，在全面调查评估的基础上，编制恢复重建的总体规划，各级政府要科学认识和把握规划，细化完善本行政区实施规划，坚决维护规划的严肃性和权威性，确保严格按规划组织，分步实施。

恢复基本生活主要分为临时安置和心理救助两大环节。临时安置指过渡时期对灾民采取集中安置的方式进行统一管理，便于统一修建过渡性住房。临时安置场地和今后重建规划建设用地之间可能存在冲突，集中安置可能带来各种社会问题，因此必须科学选址、合理布局、妥善管理和统筹规划。对灾民的心理救助必须紧随医疗救助，其覆盖面应该更广、持续时间更长，通过及时的心理疏导来帮助灾民克服心理危机，抚平精神创伤，重建信心，更好地投入灾后重建。

恢复社会秩序主要分为市场恢复和治安维护两大环节。市场恢复就是指对钢材、水泥、砂石等重建急需物资的价格监管和价格干预，规范市场秩序，打击各种借机扰乱市场秩序的行为。为稳定灾民生活，还可采取在灾区建立生活必需品应急市场，设立临时金融机构等措施。治安维护就是针对偷盗、抢劫、拐卖、造谣及聚众作乱等各种违法行为，采取相应的治安措施，予以严厉打击，消除人为原因导致的各种不稳定因素。

恢复重点生产主要分为产业恢复和重点发展两大环节。产业的恢复与发展在灾后恢复重建中至关重要，它是灾区自力更生的基础条件。恢复生产就是要在恢复中提升发展，要尽快修复农田水利基础设施，恢复重建特色农业和农副产品加工业；要注重提升优化产业层次，恢复特色优势产业；重视产业创新，在调整中优化产业和产品结构；注重产业链延伸，不断推进产业升级。

在保障措施中，设施修复主要包括临时安置点建立、生命线工程修复和公共基础设施恢复重建。以上设施修复是临时安置、生活恢复、生产恢复的基础。临时安置点建立要设置较完备的生活配套设施，保证水源的卫生清洁，避免次生灾害的威胁。生命线系统、市政设施及公共设施齐全，错综复杂，因此灾后的恢复重建工作困难多、任务重，恢复重建历时比较长久。生命线工程、公共基础设施恢复遵循的原则是：先简易恢复，再逐步完善；先恢复服务机能，再恢复灾害严重的重要设施及设备。

财物管理是顺利开展灾后恢复重建的重要保障。多渠道筹措恢复重建资金。统筹重建资源，拓展筹资渠道，加大财政投入，搞好资金平衡。要更多地依靠市场筹措资金，政府资金主要用于弥补市场失灵的领域。加强对恢复重建资金、物资和工程质量的监管，确保项目建设质量和资金安全。

灾害预防是灾后恢复阶段必须认真对待的，它是灾区又好又快地恢复重建的前提。如地震会导致山体滑坡、泥石流等次生地质环境灾害，会诱发火灾、水灾等系列灾害。为此，应做好临时安置区的地质监测和灾害预警，加强火灾防范。为防止重大疫情的发生，必须加强疫情控制，完善卫生防疫体系。

2. 运行流程

灾后恢复是以灾民的基本生活恢复为出发点的，依次经历医疗与心理救助、过渡安置、防治次生及诱发灾害、恢复正常生活秩序、恢复重点生产等步骤，整个流程充分体现以人为本、统筹兼顾的思想，灾后恢复系统的运行流程，如图5-4所示。

医疗与心理救助。灾害造成大量伤残灾民，必须在第一时间进行医疗救助，但与身体创伤相比，精神创伤造成的危害更大，波及面更广，更难愈合。一种有效的心理创伤医治方法是心理干预，它通过及时的心理疏导来帮助灾民克服心理障碍，从而降低灾害造成的社会负面影响。灾民是重建的主体，只有抚平他们身体和精神的创伤，才能使他们树立重建信心，更好地投入灾后重建。

过渡安置。在过渡时期，灾民住宿一般采取集中安置的方式，以便于管理，便于统一修建过渡性住房。要安全、科学地对集中安置场地进行选址和布局，并尽快完善配套设施建设，积极改善灾民的居住条件。这种大规模、长时间集中安置的方式也会产生一些弊端，比如，可能会滋生和诱发一些社会问题，过渡安置场地和今后重建规划建设用地之间可能存在冲突等，因此必须妥善管理和统筹规划。

防治次生及诱发灾害。例如地震会导致山体滑坡、泥石流等次生地质环境灾害，如巴基斯坦、萨尔瓦多地震；同时还会诱发火灾，如日本阪神、日本关东及美国加利福尼亚州北岭地震；四川汶川地震还形成了堰塞湖险情。为此，应做好过渡安置区的地质监测和灾害预警，加强火灾防范。为防止灾难的持续扩大，必须加强疫情控制，完善卫生防疫体系。在卫生防疫过程中使用的大量消毒剂、灭菌剂，集中居住产生的大量生活垃圾、生活污水等，都威胁到河流水环境和群众饮用水的安全，须对灾区水源进行消毒，并宣传卫生饮水和科学处理垃圾。

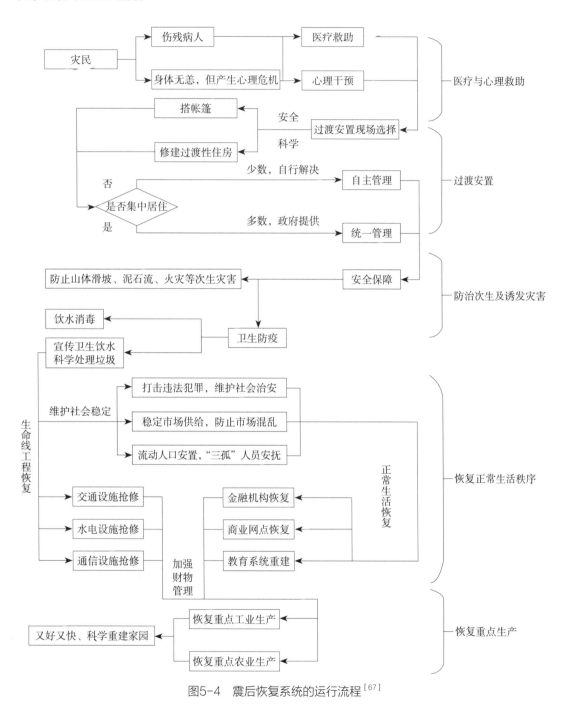

图5-4　震后恢复系统的运行流程[67]

恢复正常生活秩序。地震发生后，灾区社会必然会产生许多不稳定因素，如偷盗、抢劫、拐卖、造谣及聚众作乱、制售假冒伪劣、破坏重要公共设施、危害公共卫生等违法行为，扰乱了社会秩序。对于这些行为，必须严厉打击。稳定市场也非常重要，抑制钢材、水泥、砂石等重建急需物资的价格不合理上涨，打击各种借机扰乱市场秩序的行为。流动人口安置和"三孤"人员安抚能有效保持灾区的安定团结，是维护社会稳定的重要措施。为恢复社会的正常秩序，还须尽快修复交通、水电、通信等生命线工程和金融机构、商业网点、教育系统等社会基本单位。

恢复重点生产。只有生产恢复了，灾区才有了自力更生、自我造血的资本和前提。抓紧恢复重点工业和农业的生产，通过生产自救，逐渐满足灾区人民住房、基础设施重建的建材、能源等的大量需求，以及在短时间内恢复正常生活的米面、蔬菜、肉类等的供给，为又好又快地恢复重建奠定重要基础。

5.4　灾后重建系统

灾后重建是在灾害体发生之后，采取救援措施、灾害管理，以及灾害评估、规划等的一系列过程，是一个典型的系统工程。在人类历史上，地震、洪水、飓风、海啸、战争等灾害给人类文明带来了巨大的灾难和痛苦，但同时在灾后重建过程中，也给人类进步带来了机遇。智慧、勇敢的民族在进行灾后重建的时候，可以把握重建机会、坚强面对灾难，使家园变得更加美丽，使国家变得更加富强。在与灾害搏斗的历史中，人类也在不断地研究灾害、研究灾后重建，目的在于为应对灾害提供经验与技术的支持。从系统的角度，运用综合集成与统筹优选的思想来研究灾后重建，并以前人的研究为基础来分析灾后重建的理论、技术与实践，将使灾后重建研究提升到一个更高的境界。

5.4.1　系统架构

灾后重建工程是由多个子系统构成的一个大系统，这个系统是一个典型的、开放的、发展的复杂巨系统。为了更深入地研究灾后重建系统，了解这一系统的总体特征，以下将对中外学者的研究成果从系统构架、时空特征、运行模式和集成特性四个方面进行阐述。

1. 系统构架

灾后重建系统的框架结构体现了灾后重建过程中的各个方面，按照中外灾后重建的研究成果和经验，我们搭建了灾后重建的综合集成模式，把应急管理、灾后救援、灾害评估、重建规划、心理援助、资金援助等统筹起来，如图5-5所示。

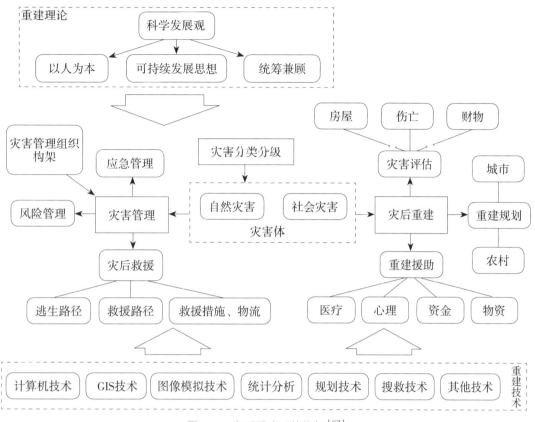

图5-5　灾后重建系统构架[67]

其中灾害体包括自然灾害和社会灾害两个部分，灾害分类分级、灾害管理和灾后重建是应对灾害的三个步骤，重建理论和重建技术是其支撑。从宏观的角度讲，灾后重建包括自灾害发生起的所有与灾后应急、救援、评估、规划等相关的部分，灾后重建系统应包括每一个阶段的工作。

2. 时空特征

灾后重建系统的时间结构是指子系统的时间关联方式，空间结构则是指子系统的空间排列方式。灾后重建系统两者兼而有之，呈现出特有的时空结构特征。灾后重建系统的时空结构表现在以下方面：首先，灾后重建系统运行有一个总的时间进度，在总体时间进度下再划分为前期重建、中期重建及后期重建等过程。其次，在每个重建子系统内部，每项具体工作有前后顺序，应急管理是第一时间进行，随后是以抢救人民生命财产为主要目标的灾后救援以及灾害风险控制。再次是灾害评估、重建规划、重建援助等一系列灾后重建工作的实施。最后，自然灾害、社会灾害内部之间进行着物质、能量和信息的交换，形成相互关联、相互制约的复杂的传导系统，即灾害链。大型灾害发生以后，常常诱发出一连串的次生灾害及灾害相关体。灾害链之间的元素在时间和空间上体现出一定的物质、能

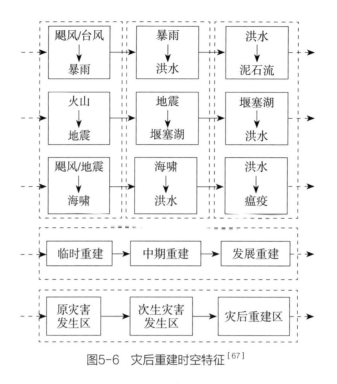

图5-6 灾后重建时空特征[67]

量和信息的流动和传递规律。图5-6体现了几种主要自然灾害灾后重建过程的时空特征，灾害体本身体现了灾害链的特性。

3. 运行模式

灾后重建系统的各个系统之间互相支持，并不断地进行信息经验的交换，子系统内部各个组分之间互相依存、互相制约。重建理论是灾后重建的指导思想，重建规划、计划工作是具体实施重建工作的方针，并在重建技术的基础之上灾后重建的其他环节才能有条不紊地运行。灾后重建系统的运行模式和时空结构是相互融合的，图5-7体现了这两个结构的整体性。

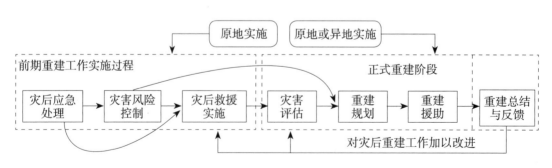

图5-7 灾后重建运行模式[67]

4. 集成特性

灾后重建系统是一个典型的、开放的复杂巨系统，其主要特性集中表现在开放性、复杂性、巨量性几个方面。

开放性。灾后重建系统的开放性体现在系统本身和自然环境、社会环境之间的相互融合、相互联系上，是一个不断与环境发生着物质能量和信息资源交换的系统。其开放性具体表现在三个方面：其一，灾后重建系统内部的各个子系统都是开放的个体，不仅相互之间有交流和学习，同外界之间也是相互贯通的，其系统本身在不断地改善重建行为；其二，灾后重建系统在整个重建过程中将不断地接受外部环境的支援，包括各种物质支援和智力支持；其三，灾后重建的过程是一个改造社会、改造自然的过程，同时还要接受社会的监督和自然的约束。

复杂性。灾后重建系统包含应急管理、风险控制、灾后救援、灾害评估、重建规划、重建援助等子系统，这些系统之间的关系是复杂的、非线性的、动态性的。每一个子系统下又对应着生态环境、社会生活、区域经济、行政管理、法律政策和风土文化等方面。生态环境的重建是恢复重建的基础，社会生活的重建是恢复重建的前提，区域经济的重建又是恢复重建的保障，行政管理、法律政策和风土文化的恢复重建又对其他方面的重建产生影响。总之，这些系统之间存在着错综复杂的联系，这种联系很难用线性的关系描述，体现了灾后重建系统的复杂性。

巨量性。灾后重建系统涵盖了若干子系统，每个子系统又涉及诸多方面，每个子系统都由成千上万的组元构成。仅社会灾害灾后重建就涉及战后重建、核泄漏事件、恐怖主义活动、交通事故、网络攻击等方面，其中战后重建包括受灾地区的重建规划问题，核泄漏事件涉及灾后救援与污染控制问题，交通事故涉及灾后应急处理与救援的实施，恐怖主义活动包括恐怖袭击、爆炸、劫机等行为，网络攻击主要涉及计算机恢复技术的开发。这些灾后重建中涉及的问题包罗万象，其覆盖面广泛、包含的信息量巨大、涉及的人与物众多，可见灾后重建系统的巨量性。

5.4.2 重建规划

灾后重建规划是灾后重建过程中重要的决策部署，是灾后恢复与重建各阶段重要意图的具体落实体现（表5-1）。它涉及灾后城镇重建空间发展布局规划、用地布局规划、综合交通规划、市政公用设施建设规划、历史文化遗产保护规划以及生态修复规划等多个专项规划。灾后恢复与重建规划的核心目标应当是使灾区发展在较短时间达到或甚至超过灾前水平，并为未来城乡发展预留必要的潜力。

要点	内容
基本住所	保障受灾人员的住房
全面恢复公用设施	恢复供水、排水、供电和供气等典型生命线系统
提高地方公共服务水平	重建教育、医疗卫生、新闻出版等基本设施
恢复重建市场服务体系	恢复重建与灾区群众基本生活和工农业生产密切相关的市场服务网点及销售流通设施
生态环境恢复	恢复重建受损的自然保护区，控制水土流失，促使当地的生态环境逐步恢复
制定灾后城镇空间布局发展规划	明确灾后恢复重建用地，合理定位区域使用功能
提高城乡的综合防灾减灾水平	建立健全综合防灾减灾管理运行机制，全面提高城乡的防灾能力和灾害风险管理水平

1. 城乡灾后恢复重建规划的编制组织与方法

恢复重建规划的编制组织一般由国务院抗震救灾总指挥部、灾后重建规划组、国家发展和改革委员会、住房和城乡建设部和灾区省级人民政府组成。国务院抗震救灾总指挥部、灾后重建规划组、国家发展和改革委员会、住房和城乡建设部和受灾地区省级人民政府负责编制灾后重建总体规划，住房和城乡建设部、灾区省级人民政府以及相关的专业部门负责编制城镇体系规划、城乡住房建设和公用基础设施等灾后恢复重建规划。

灾后恢复重建规划总体规划的编制需要分为三个阶段进行，即前期准备、编制总体规划纲要和汇总总体规划技术成果三个阶段。在此基础上，方可编制恢复重建总体规划和附属专项规划。其中规划编制的前期准备工作主要包括：灾害损失状况和灾区基础资料的收集与调研；规划编制的前期研究，主要是对现行城乡总体规划进行评价和展开战略问题的前瞻性研究两项重要的工作内容。灾后恢复重建总体规划纲要的编制，主要是研究总体规划中的重大问题，撰写专题研究报告，提出解决方案并进行论证。汇总总体规划编制的成果要求是指对城乡整体规划的各项目标提出规定性的要求，涉及城乡规模、中心城区整体布局、生态环境保护与建设、资源保护与利用、市政基础设施和城乡综合防灾等内容。

2. 灾后重建规划的内容框架

城乡灾后恢复重建系列规划主要包括恢复重建总体规划和各项专项补充规划。总体规划主要涉及城乡空间布局、城乡住房、公共服务和基础设施等主要内容。一般需要另行补充的专项规划至少包括灾后城镇体系、城乡住房建设和公用基础设施的恢复重建专项规划。

灾后恢复重建总体规划的主要内容包括：根据灾后城乡社会经济发展需求、人口状况和环境承载力，确定城乡的发展定位和规模；综合确定水、土地和能源资源的使用标准和控制指标；根据灾害状况和未来城乡发展需求，划定禁止建设区、限制建设区和适宜建设区；统筹安排各类建设用地；修复完善各类基础设施和公共服务设施；大力发展公共交通设施；结合受灾状况，提升城乡综合防灾减灾能力；积极修复各类生态环境；保护风景名胜，延续城乡历史文化。

火后恢复重建城镇体系专项规划包括市域城镇总体布局、城镇恢复重建类型、城镇人口与用地规模等。城乡住房建设专项规划涉及城乡住房恢复重建分类、规模，新建或加固住房的建设要求和标准，资金来源，政策措施和规划实施落实等。市政公用基础设施重建专项规划涉及供水、排水、污水、能源、电力、燃气、供热、通信、交通和环卫各种生命线工程设施的重建标准、规模和技术要求。风景名胜区灾后恢复重建规划涉及灾损评估、重建总体计划、重建技术导则、开放标准、投资估算和重建工作实施保障措施等。

5.5 典型灾后恢复重建规划案例

1. 规划目标

总体目标是"再造一个新北川"，以加快新县城建设为中心，重新整合区域发展资源，把恢复重建与推进灾区的工业化、城镇化、新农村建设结合起来，与提高经济增长的质量和效益结合起来，推动结构调整和发展方式转变，努力提高北川自我发展能力。新县城的重建要体现"城建工程标志、抗震精神标志和文化遗产标志"的意义。新县城城市建设要达到"安全、宜居、繁荣、特色、文明、和谐"的发展目标。

2. 规划期限及范围

规划期限分为近期即恢复重建期（2008—2010年）和远期即发展提升期（2011—2020年）两个阶段。规划的范围包括县域、河谷地区、县城、新县城四部分。

3. 发展规划

山前河谷地区包括曲山镇（任家坪）擂鼓镇—永安镇—安昌镇—新县城，沿苏宝河及105成青公路的狭长形山前谷地。该地区南北长约26km，东西最宽处不足7km，面积约80km²，是北川县境内对外联系通道途经的最主要区域。

在北川县完成行政区划调整后，山前河谷地区将成为县域最为重要的经济与城镇发展廊道，也是县域发展的核心地区、灾后重建的重点地区、转变发展模式的先导地区。主要体现在：①新县城的选址改变了北川区域发展条件和县域发展格局，从而必将推动县域城镇体系的完善，并为转变北川传统的山区发展模式提供了必要条件；②北川新县城是"5·12"特大地震灾后重建中，唯一整体搬迁重建的县城，其恢复重建具有标志性的历史意义和重大的示范意义；③灾后北川经行政区划调整，将构筑"一心、多点、多廊道"的城镇空间发展格局，以及山区与平原互动的、多元化的发展模式。

4. 村镇体系

2010年县域总人口25.6万人，2015年总人口为26.4万人，2020年县域总人口为27.2万人。2010年城镇化率约22.6%，2015年城镇化率达32.3%。2020年城镇化率达到42%。县域划分为四大经济分区，分别是山前河谷浅丘经济区、东部低山经济区、中部中山经济区和西部高山经济区。

在2020年构建起"一心、多点、多廊道"的县域城镇空间结构。其中，"一心"指北川新县城，是全县域的人口产业集聚区；"多点"指村镇体系调整后的山区乡镇；"多廊道"指结合主要道路，沿道路两侧布局产业与居民点、旅游区和农业产业区。强调通过式道路交通的建设，为山区的生命线廊道提供高标准保障。

城镇根据等级可划分为四个等级，根据职能结构可分为综合型、工贸型、农贸型、旅游型，根据人口规模分为四个等级，分别如表5-2～表5-4所示。

按等级划分 表5-2

等级	城镇
一级	北川县城（含安昌镇）
二级	永安、擂鼓、禹里
三级	坝底、香泉、小坝、通口
四级	桂溪、陈家坝、片口、青片、白堤、开坪、白什、桃龙、墩上、马槽、都坝、贯岭、漩坪、曲山（任家坪）

按职能结构划分 表5-3

类型	城镇
综合型	北川新县城（含安昌镇）
工贸型	永安、擂鼓、禹里
农贸型	陈家坝、贯岭、白堤、开坪、小坝、片口、桃龙、坝底、白什、墩上、都坝、漩坪、马槽
旅游型	桂溪、青片、禹里、曲山

等级	人口规模	城镇
一级	2万人以上	北川县城（含安昌镇）
二级	0.5万～2万人	永安、擂鼓、禹里
三级	0.2万～0.5万人	坝底、香泉、小坝、通口
四级	0.2万人以下	桂溪、陈家坝、片口、青片、白堤、开坪、白什、桃龙、墩上、马槽、都坝、贯岭、漩坪、曲山（任家坪）

5. 县城规模及职能划分

2010年人口为5.8万人，其中，新县城3万人，安昌镇2.8万人。规划城市建设用地规模5km²。其中，新县城3km²，安昌镇2km²。2015年人口为8.2万人。其中，新县城5万人，安昌镇3.2万人。规划城市建设用地规模8.42km²。其中，新县城为6km²，安昌镇2.42km²。2020年人口为11.1万人。其中，新县城7万人，安昌镇4.1万人。规划城市建设用地规模10.32km²。其中，新县城7km²，安昌镇3.32km²。

安昌镇和新县城共同组成北川县城，城市性质为北川县域政治、经济、文化中心，川西旅游服务基地和绵阳西部产业基地，现代化的羌族文化区。在城市职能定位上，安昌镇重点发展居住和商业，成为地区性的商贸服务中心。新县城突出社会公共服务功能，成为区域性的旅游接待中心和绵阳市的休闲度假基地，成为具有北川特色的产业基地（表5-5）。

县城规模及职能划分 表5-5

县城	性质
北川县城	政治、经济、文化中心
安昌镇	居住和商业
新县城	社会公共服务

6. 县城空间结构

北川新县城的用地结构为"一廊、一环、一带、一轴"。其中，一廊：安昌河自北向南从新县城穿过，是提高县城环境，保证小气候质量的重要走廊。一环：城市主要公共职能主要沿环状干道骨架布局，形成城市公共服务设施环。一带：结合原有水系（永昌河）设置贯穿南北的带形城市公园，将行政服务中心和重要公共设施联系起来，使公共设施、公共空间和公共活动成为有机整体。一轴：城市用地空间走向依托自然地形，主要呈南北向布局，为了加强河道两岸和其他城市功能的内部联系，需要通过东西向的联系轴线来统领整个城市用地空间（图5-8）。

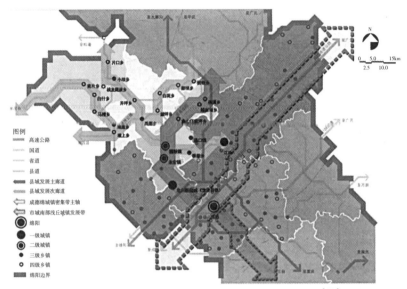

图5-8　北川灾后重建规划：城镇空间结构图[82]

第 6 章

自然灾害保险
——以农业保险为例

6.1 引言

灾害管理是一项社会性很强的工作，除了各级政府在灾害管理中发挥着极其重要的主导作用之外，科学的灾害管理体制需要吸纳包括社会、市场，特别是受到灾害影响的社区和个人在内的各方力量参与，只有形成灾害管理的合力才能取得良好的效果。以灾害损失补偿为例，发挥商业保险在灾害管理中的作用是国际通行的做法。灾害保险是做好减灾防灾工作的重要手段，一是有效提高自然灾害风险管理水平，建立完善自然灾害保险制度，可以引导保险企业积极辅助政府进行自然灾害领域的社会风险管理，强化事前风险预防和事中风险控制，降低政府的社会管理成本，提高应对突发事件的处置效率；二是提供灾后损失补偿，政府救济和社会捐赠往往仅能保障灾区居民最基本的生存条件，不能有效地恢复灾区企业与居民的生产生活，金融保险能够及时为受灾群众赔付保险金，有利于受灾群众迅速恢复生产生活和有计划地安排灾后重建，维护社会和谐稳定；三是提高财政资金的使用效率，运用金融保险工具，可以促进以政府财政为主的灾害损失补偿模式，向以保险赔偿为主的市场机制补偿模式转变，将事后的受灾损失财政补偿转变为事前的保险安排，利用保险的杠杆效应，调动更多的资源来参与自然灾害风险管理。

6.2 自然灾害保险发展

数据显示，全球过去20年的保险赔付占自然灾害总经济损失的44%。在我国，社会、市场力量虽然也在灾前预防准备、灾中救援救助和灾后补偿重建等方面，以不同的形式发挥了一定作用，但相比政府的作用而言，总体来说作用较小，与世界上很多国家特别是发达国家相比差距明显。2018年日本在台风"潭美"灾害中，保险赔付占灾害损失的比例高达81.08%；2019年澳大利亚的丛林大火中，保险赔付占灾害损失的74.89%。在我国，2019年的台风"利奇玛"事故保险赔偿仅占灾害损失的6.19%；2020年的长江洪水灾害，保险赔偿占灾害损失的7.82%；在2021年河南的特大暴雨中，保险发挥的作用虽有所提升，但保险赔偿占灾害损失的比例也仅仅只有11%，由此可见，灾害事故中我国财产保险的保障水平严重不足，应对巨灾风险的韧性不足。灾害管理需要财力作支撑，政府的灾害救助不可或缺但不能仅靠政府救助，影响灾害管理的科学性。随着中国经济发展进入新常态，财政保障能力受到一定的制约，发挥商业保险等社会市场的作用越发重要。

6.2.1 国外灾害保险发展

发达国家如日本、新西兰、美国、法国等国家的重大灾害保险不断地发展和完善，其灾害保险经营模式的经验可为建立我国灾害保险模式提供有益参考。

1. 日本地震保险模式

日本地震保险体制规定商业保险公司和政府共同建立地震保险体系。操作模式为，保险公司先直接承保家庭财产的地震保险业务，然后全部分给各保险公司参股成立的地震再保险公司（JER）。地震再保险公司自留一部分后，按一定比例进行分配，对于超出地震再保险公司和直接承保限额的部分则由国家承担。各保险公司的再保险费和运用收益均被寄存在地震再保险公司。

日本的家庭财产地震保险不考虑盈利，其费率厘定不含利润部分。费率由费率算定会统一规定。民间保险公司的利润的26.5%作为附加费率用于支付民间保险公司的承保和理赔费用，保费节余自动转为准备金。地震风险准备金由保险公司在保费收入中扣除所支付的保险金和经营费用后全部提存。地震风险准备金只能以政府债券的形式运用。

保险公司是企业财产地震保险的承保主体。由于不同地区、不同结构、不同建筑时期和不同地基、建筑物的地震风险程度不同，企业财产地震保险的保险费率也有差别。地震发生后，企业财产的赔偿责任完全由商业性的保险公司承担，政府并不承担。保险公司将地震保险作为火险的附加险限额承保，即使地震发生时企业财产全损，保险公司也只赔偿全部损失的一部分（图6-1）。

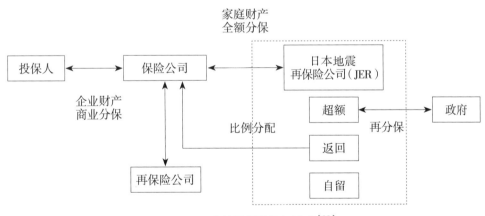

图6-1　日本地震保险运行模式[86]

2. 新西兰地震保险模式

新西兰政府于1945年成立了地震及战争损坏委员会。目前，地震重大灾害险提供的保险范围包括地震、山体塌方、火山爆发、海啸和地热活动。一旦灾害发生，新西兰地震委员会负责法定保险的损失赔偿；保险公司依据保险合同负责超出法定保险责任部分的损失赔偿；而保险协会则负责启动应急计划。

新西兰地震委员会由新西兰财政部全资组建。地震委员会的重大灾害风险基金主要来源是强制征收的保险费以及基金在市场投资中获得的收益。居民向保险公司购买房屋或房内财产保险时，会被强制征收地震重大灾害保险和火灾险保费（图6-2）。

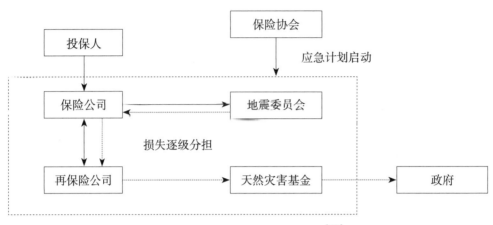

图6-2　新西兰地震保险运行模式[86]

在经营方式上，保险公司一般将全国各地按地震风险的程度不同划分成若干区域，分析风险程度，厘定不同的费率。保险公司对免赔额的规定与地震委员会不同。当重大灾害损失金额超过地震委员会支付能力时，由政府负担剩余理赔支付。除建立重大灾害风险基金外，地震委员会还利用国际再保险市场进行分保。

3. 美国洪水保险模式

美国政府面对重大灾害风险主要建立了政府主导推出重大灾害保险计划、重大灾害风险与资本市场相结合两种方式。1992年芝加哥期权交易所首次发行了重大灾害期权。该机制通过资本市场的运作，解决重大灾害发生时保险市场上资金不足的难题。

以美国的洪水保险计划为例，1956年，美国国会通过了《联邦洪水保险法》，并据此法令创设了联邦洪水保险制度。为降低灾害保险价格，实现洪水保险的可获得性，又于1968年创立了全国洪水保险计划（National Flood Insurance Program，NFIP）。美国政府专门成立了联邦保险管理局推动国家洪水保险计划。

自1983年至今，政府通过"以你自己的名义承保"（Write-Your-Own，WYO）项目。商业保险公司独立出售和管理联邦承保的洪水保险单，扣留管理和承保费用后全部转交给NFIP。参与WYO的商业保险公司与联邦政府每年签署WYO协议，明确保险公司和联邦政府的权利和义务。保险公司只是在NFIP中参与承保过程，帮助NFIP代收保费，代理理赔，但实际并不承担风险，也不负责摊派。美国洪水保险是典型的政府保险项目，保险公司实际上只是充当NFIP和投保人中的中介人角色（图6-3）。

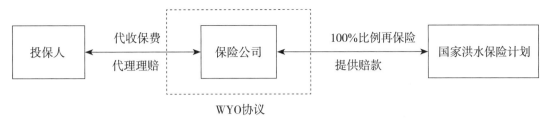

图6-3　美国洪水保险经营模式架构[86]

4. 法国自然灾害保险模式

1982年7月13日，法国国会投票正式通过"自然灾害保险补偿制度"，即著名的Cat. Nat System No.82—600法案。这是法国国家重大灾害保险体系的开端。

法国的自然灾害保险由商业性的保险公司承保，由政府授权的中央信托再保险公司（CCR）提供再保险。中央信托再保险公司由国家预算资助，按照法定赔付的重大灾害赔付超过再保险收入时，超过部分由国家预算支出。如果出现盈余则以基金的形式积累起来（图6-4）。

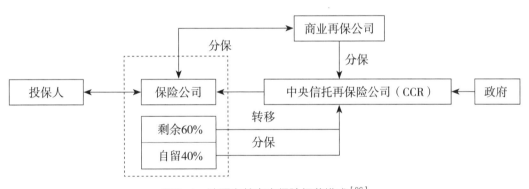

图6-4　法国自然灾害保险经营模式[86]

除了向中央信托再保险公司分保外，法国的保险公司还可以自主决定把自己的全部重大灾害业务分保给其他公司或分向国际市场。中央信托再保险公司也可以在国际再保险市场上分出重大灾害业务。

在法国中央信托再保险公司主要负责设计自然灾害再保险方案，研究改善不确定的财物风险，对自然灾害事故的发生频率、造成损害等进行统计分析，在出现重大灾害风险时，负责与政府沟通。中央信托再保险公司成立了专门部门负责自然灾害再保险事宜。法国所有再保险合约均不设佣金。法国中央再保险公司的平衡准备金制度是为应对重大灾害，在核保准备金之外另外计提的一项特别准备金。当保险人或再保险人经营自然灾害保险业务时，按年度盈余75%计提；累计上限不得超过年度总保费收入的300%。

6.2.2 国内灾害保险发展

我国的灾害保险制度发展较晚，制度构建相对薄弱，其发展历程如图6-5所示。

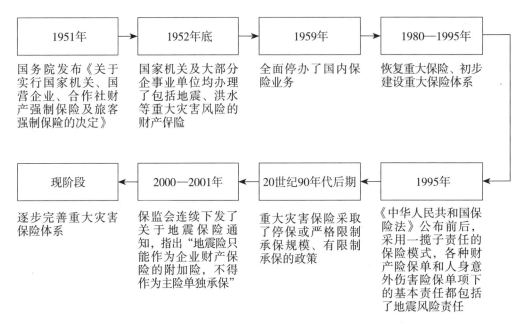

图6-5 我国重大灾害保险发展历程

由图6-5可知我国灾害保险制度的经历了初建—停办—恢复三个阶段。

1. 普通商业性财产保险产品

纵观我国目前的商业财产保险市场，虽无专门的灾害保险，但常见的财产保险产品的责任都包含灾害风险，下面以目前我国财险市场上的主流保险产品进行说明。

机动车辆损失险（简称"车损险"）是目前我国财险业保费占比最高的业务，其责任范围一直是各界关注的焦点。在2020年我国商业车险综合改革之后，车损险的承保责任扩展为"因自然灾害、意外事故造成被保险机动车直接损失，包括雷击、火灾、暴风、暴雨、暴雪、地震及次生灾害等"。但是，机动车辆的车轮因自然灾害所导致的损失，一直属于除外责任。

在企业财产保险（简称"企财险"）领域，基本险产品只承保火灾、雷击、爆炸以及飞行物坠落等风险，但投保人可通过投保附加险、综合险及一切险的方式获得保障。值得一提的是，营业中断保险与企财险的保险责任相重合，投保人还可以通过投保营业中断保险，来保障因自然灾害所导致的毛利润、营业费用等间接损失风险。

家庭财产保险（简称"家财险"）与企财险领域类似，虽然基本险产品的保险责任不涵盖灾害风险，但是投保人同样可通过投保综合险和附加险来扩展保障风险。

在工程保险中，物质损失部分的保险责任通常包括列举式和概括式两种方式，其中后者更为常见。对于洪涝等自然灾害所导致的保险标的损失，一般均属于工程保险的责任范围。

在货物运输保险领域，无论是海洋货物运输保险还是国内货物运输保险，暴雨、洪水等自然灾害所导致的货物损失也都属于基本险的责任范围。

在航空保险领域，飞机机身保险的保险责任为"飞机在飞行或滑行中以及在地面上，不论任何原因（不包括除外责任）造成的飞机及其附件的意外损失或损坏"，涵盖洪涝等各种自然灾害。

综上所述，目前我国常见的商业财产保险的保险责任均涵盖暴雨、洪水、地震等灾害。这也意味着，普通家庭或者企业能够通过正常途径获得自然灾害的保险保障，灾害保险具有"可及性"。

2. 政策性农业保险及农房保险

由于"三农"问题的基础性和高风险性，近年来中央和地方政府加大了对"三农"保险的支持力度，并以政策性保险的方式进行推广。在运作方式上，"三农"保险一般采取"政府引导、市场运作、自主自愿和协同推进"的原则，即政府出台相关政策文件，鼓励和引导农民积极投保，包括提供保费补贴、税收优惠等政策，保险公司则按照商业化原则开展经营，农户自行向保险公司购买，同时承担一定比例的保费。

1）政策性农业保险

农业是国民经济的基础产业，农业生产具有弱质性特征，容易受到洪涝等灾害的影响。因此，每当发生严重的自然灾害，农业的风险保障问题广受各界关注。在改革开放后很长的一段时间里，我国农业保险曾由保险公司按照商业化原则经营，但是最终以失败而告终。2007年后，我国中央及地方财政开始对农业保险提供70%～80%的保费补贴（剩余保费由农户承担），由此开启了农业保险的政策化经营阶段。从目前来看，无论是种植业保险，还是养殖业保险，其责任范围都包括因洪涝等自然灾害所导致的农业损失。2007年以来，我国农业保险的保障品种和覆盖率逐年增加，保费收入规模目前已经高居全球第一。

2）政策性农房保险

在广大的农村地区，自然灾害是对农民住房的极大威胁，我国每年都有大量的农房被洪涝冲毁或严重损坏。由于农村房屋的建设质量标准较低，受损风险较高，同时由于农村居民的投保意识和能力较低，农房保险的发展并不顺利。为增强农民抗风险能力，一些地方探索实施了政策性农村住房保险。该保险产品由保险公司提供，农民自愿投保，政府提供一定比例的保费补贴，保险责任为因遭受自然灾害（地震灾害除外）和意外事故所造成的农村住房、农户室内财产损失，代表地区包括广东、浙江、河北、贵州、陕西等。

3. 地方政府发起的灾害保险计划

近年来我国各地还探索开展了不同形式的灾害保险计划。这类计划的主要特征表现在：地方政府作为投保人向保险公司或"共保体"承担，保费完全由地方政府动用公共财政资金投保，公众无须支付保费，当发生保险损失后，保险金将被直接或间接赔付给受灾人员。这类计划可以分为如下三类形式：

1）城市普惠性巨灾保险计划

由城市政府部门利用财政资金为灾害发生时城市所有自然人（包括常住人口、游客等）购买的灾害保障，主要责任包括因各类自然灾害（包括洪涝、台风、地震）所导致的人身伤亡、房屋及财产损失、紧急转移安置费用等，代表地区包括宁波、深圳、厦门等城市。

2）巨灾指数保险计划

由地方政府作为投保人和被保险人，购买巨灾指数保险（灾害因子涵盖台风、降雨、地震等）。赔付触发机制参考气象部门公布的灾害等级。当灾害的参数达到阈值时，保险公司直接赔付地方政府，再由政府统一安排救灾，有利于节省救灾时间，提高救灾效率，代表地区包括黑龙江、广东等。

3）民生综合或社会治安保险计划

由地方政府相关部门（如应急管理厅、局）作为投保人，为辖区居民提供包括洪水、台风、低温冷冻等自然灾害以及触电、一氧化碳中毒、溺水、爆炸、火灾等意外事故甚至第三者责任在内的保险保障。这类产品的责任范围很广，保额不高，同时有着很强的地域特色，代表地区包括江苏、山东、广西、河南、福建等。

6.3 农业风险与农业保险精算

6.3.1 农业风险分析与评估

根据对风险的定义，本书将农业风险定义为农业生产经营者在生产和经营过程中，由于自身无法控制的外在不确定因素的影响，导致最终获取的经济收益低于预期收益的可能性。需要说明的是，农业风险不仅影响农业生产者（包括农户家庭、农业合作社、农业企业等）本身，也会直接影响农业产业链上其他主体（如农业生产资料的供应商、农产品加工商、贸易商），以及服务农业的其他金融机构（如保险公司、商业银行、担保公司等）和政府的经济利益。从风险来源的角度将农业风险分为生产风险、市场风险、信贷风险、政策与法律风险4类，本书中主要对农业生产风险管理进行展开阐述。

生产风险是指农业生产经营者在提供确定的物质和人力生产要素的情况下，由于受到未知和不可控因素的影响，导致所获得的农产品数量和质量低于预期水平的可能。由于农业经营的是动植物，而动植物有其自身的自然属性，容易受天气和疫病的影响，因此，农业生产风险主要是由不利气候和疫病等自然因素导致的。而且，由于动植物的生长周期一般都比较长，这些不可预测的自然因素通常在农业生产经营者无法预知的作物和动物生长周期内发生作用，因此，也增加了生产风险的不可控性。

1. 农业生产风险识别

农作物生产风险识别是指对农业生产过程中面临的以及潜在的风险因素加以判断，并对不同风险的性质进行归类整理，以明确不利事件的致损环境和致损过程。如前所述，风险识别是风险管理工作的开始，也是风险管理流程中非常重要的一项工作。可以说，农作物生产风险识别是对农作物生产风险进行有效管理的前提。

农作物生产风险识别主要是根据待研究作物品种的生产特点，寻找造成其产量波动的影响因子，研究判断各风险因子的危害性；依据风险因子危害程度、监测的难易性和风险因子发生时期的分析，结合典型产区实地调查，筛选出对农产品生产危害程度大、发生时期早并且易于监测的主要风险因子；综合考虑主要风险因子对农业生产过程的影响和共同作用机制，建立农作物生产与各主要风险因子间的定量化风险分析模型。由于农作物生产风险受自然条件影响较大（表6-1），具有较强的可变性和不确定性，因而农作物生产风险识别是一项持续性和系统性工作，要求风险管理者在以往经验的基础上，密切注意现有农作物生产风险的状态和变化，并随时发现新的风险。识别方法主要分为经验推断法和资料分析法，具体来说，经验推断法是通过感性认识和历史经验对农作物可能发生的生产风险进行观测和预判；资料分析法则是对各种客观的资料和风险事故的记录进行分析、归纳和整理，以及通过必要的专家访问，找出各种明显和潜在的农作物生产风险及其损失规律。

我国农作物自然灾害的大小及灾种构成　　　　　　　　　表6-1

灾害	年均损失率（%）	占比（%）
总灾	12.9	100
干旱	6.5	50.6
洪涝	3.1	23.7
风雹	1.3	10.1
冷害	0.6	5.0
台风	0.4	3.0
其他	1.0	7.6

同时，由于造成农作物生产损失的因素中有80%是自然灾害因子，因此，农业生产风险识别的另外一种方法与农业气象灾害因子识别具有很高的相似性。基本流程包括：综合考虑农业生产的特点及农作物不同生育期对光照、气温、水分的生理需求，通过对农作物历年产量数据以及当年特定阶段气象数据进行统计分析及相关性分析，识别出农业生产关键气象风险因子，分析风险因子危害性、风险载体易损性和风险载体抗风险能力之间的相互关系，建立关键气象因子与农作物气象产量之间的定量关系。

2. 农作物生产风险评估

参照农业风险评估的概念界定，笔者认为，农作物生产风险评估就是对农作物整个生长过程中遭受的各种影响因素发生可能性及由此引起的实际产量低于预期产量的偏离程度进行评估，这种评估包含了两层含义，一是对农作物生产风险发生的概率进行评估，二是对农作物生产风险损失进行评估。

风险构成的三个要素包括风险因子、风险事故和风险损失，笔者认为农作物生产风险评估方法可以分为三类：①基于风险因子的评估法；②基于风险机制的评估法；③基于风险损失的评估法（图6-6）。

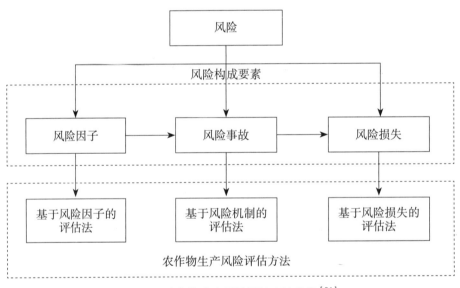

图6-6 农作物生产风险评估方法分类[81]

1）基于风险因子的风险评估法

基于风险因子的风险评估法是从造成农作物生产风险的各种风险因子入手开展风险评估建模。通常，指标是衡量因子的基本单位，因此基于风险因子的农作物生产风险评估法又称为农作物生产风险综合指标评估法。

农作物生产风险综合指标评估法的流程如图6-7所示，具体包括如下几个步骤：①选

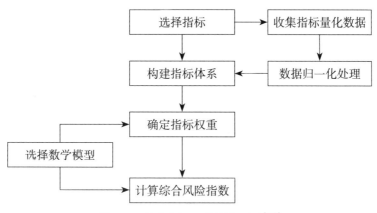

图6-7 综合指标评估法流程图[81]

择反映风险因子指标,构建分层风险评估指标体系;②收集衡量指标的量化数值,对数值进行归一化处理;③选择数学模型,分层确定指标权重;④选择数学模型,进行指标值的分层加权计算,最终获得综合风险指数。在上述4个步骤中,构建评估指标体系与选择数学模型是核心。

2)基于风险机制的风险评估法

基于风险机制的风险评估法是从风险事故机制的视角出发开展风险评估,这里所说的机制包括农作物遭受的灾害过程机制和农作物自身的灾害易损性机制。为了有效兼顾灾害过程机制和农作物灾害易损性机制,以及风险的未来不确定性,就可引入"情景"要素开展基于机制的风险评估方法。情景驱动的农作物灾害风险评估分为4个步骤,如图6-8所示。

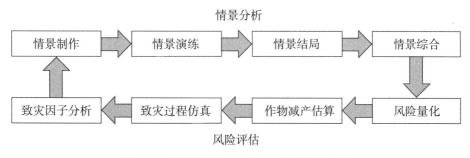

图6-8 基于情景的农作物灾害风险评估步骤

风险情景分析的首要前提是制作研究区未来可能出现的风险情景集。由于自然灾害的特殊性,情景集中各情景的差异主要集中在致灾因子的差异,因此,致灾因子分析是情景制作的关键。情景制作的主要任务是识别灾害的致灾因子,构建不同时间、空间、强度的致灾因子发生的概率函数或重现期函数,利用合理重现期范围生成一组区域未来可能出现的致灾因子，进而构造未来情景集。

获取风险情景集后，要对情景集中每个情景的未来发展轨迹进行勾画，并定性或定量化情景中系统的发展状态。对于自然灾害而言，情景发展演练其实是对致灾因子的致灾过程进行演练，并定量化场地致灾力的大小。"情景演练"的主要任务是构建致灾过程的仿真模型，实现模型的可靠性检验，输入风险情景集中的每种情景的致灾因子参数，分别进行致灾过程的仿真，获得每种情景下场地致灾力。

风险研究的是损失后果，情景结局便是对情景不利后果的度量阶段。承灾体的破坏是自然灾害的主要表现形式之一，没有破坏、没有损失就构不成灾害，更构不成风险，因此灾损的估算就成为风险评估的一个关键。情景结局的主要任务是识别区域内农作物的品种，评估不同品种农作物的种植分布与种植面积，构建农作物的灾害易损性函数，利用"情景演练"获得的致灾力，计算各情景的农作物灾害减产损失，构成情景的结局。

风险是未来情景的综合，因此风险的量化就是要对未来情景集中所有情景不利后果进行综合量化。通过前三个步骤的分析，研究区的每个空间单元可获得一组情景样本，样本中包含情景发生的"超越概率"和情景发生后的"作物减产损失"。利用一组情景样本制作出"风险曲线"，并计算期望损失或条件期望减产损失作为风险的量度。"情景综合"的主要任务是对情景集中的情景样本进行期望或条件期望损失计算，并将获得的结果作为风险量度。

3）基于风险损失的风险评估法

基于风险损失的风险评估法是从农作物生产损失结果的角度入手开展风险评估建模，其具体的实施流程如图6-9所示。

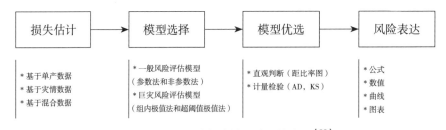

图6-9　基于风险损失的风险评估流程[86]

虽然有很多学者提出了不同的农作物生产损失的概率分布模型，但在模型的选择标准上并没有一个统一的标准。一般的模型优选步骤如下：①计算出损失数据的偏度和峰度值。②将偏度和峰度值与距比率图进行比对，初步选出较好的模型。③再利用Anderson-Darling（AD）、Kolmogorov-Smirnov（KS）等计量经济学方法进行检验，确定最佳的模型。④在获得农作物生产损失的概率分布模型后，便可对农作物生产风险进行表达，具体的表达方式有公式、曲线、数值和图表等。

3. 农业风险管理

农业风险管理工具，是指在农业风险管理中所采取的具体措施和手段。农业风险管理工具的设计，既需要以农业风险管理策略为指导，也需要以技术性和财务性管理手段为基础。农业风险管理工具随人类科学技术的进步和社会的发展而逐渐丰富和完善，并在实践中不断调整和创新。参照第1章农业风险管理工具的分类，我们认为，农业生产风险管理工具也可以分为自组织工具、市场化管理工具和政策性管理工具3种。对于农业生产风险而言，自组织工具主要是农业生产经营者为降低和规避风险而自发采取和实施的一些技术性措施，如多样化生产、选择抗灾性强的种子、农田整治、良好的生产过程管理等；市场化管理工具主要涉及农业保险，传统的农业保险包括成本保险和产量保险等，气象及价格指数保险、收入和收益保险等作为创新型农业生产风险管理工具逐渐发挥出重要的作用；政策性管理工具包括农业技术服务、农业自然灾害预警、灾害救济、农田水利设施建设等。

1）政策性管理工具

农田水利设施建设。政府通过投资或补贴兴修和维护为农田服务的水利设施，改变不利于农业生产发展的自然条件，建设具有抵御干旱和洪涝等自然灾害能力和降低农业生产风险的高质量的农田水利工程，为高产高效提供保障。农田水利设施建设主要包括灌溉、排水、除涝，以及防治盐、渍灾害等，建设旱涝保收、高产稳产的基本农田。据此可以有效降低洪涝和干旱等自然风险对农业生产造成的损失。

农业技术服务。大部分农民对于农业生产抱持"靠天吃饭"的想法，对于生产风险的防御意识和抵御能力较弱。因此，政府应不断加强农业技术服务和抗逆性品种推广，重点培养一批懂农业、爱农村、爱农民的技术人员，为应对农业生产风险提供实际可靠的保障，并对农民进行技术培训，提高农民的防灾和减灾技术水平。农业技术服务主要包括农技农机技术推广服务、畜牧水产技术推广服务、农业新品种推广服务和农产品质量监管服务，有助于增强农民农业技术方面的理论知识和实践运用能力，从而能够运用技术手段应对和抵御农业生产风险。

农业自然灾害预警和灾害救济。对于农业生产风险来说，风险发生之前采用技术手段进行监测预警，风险发生之后采取及时有效的救济并提供良好的善后服务。政府利用遥感技术、无人机和物联网等现代信息手段对气象因子进行监测预警，发现可能引起生产风险的自然灾害警兆并且及时发布，有助于农民在灾害来临前做好防范措施。当生产风险发生之后，政府运用财政手段和国家力量开展灾害救济，使农民的损失降到最低，保障农民再生产的能力。

2）市场化管理工具——农业保险

农业保险是指在农业生产经营过程中，为有生命的动植物因自然灾害、价格波动或意外事故所造成的经济利益损失提供损失补偿的一种保险机制。农业保险是一种特殊类型的保险，其运作原理与普通保险并没有本质的区别。保险的基本原理是提供一种风险汇聚安排，使得风险在被保险人之间进行时间和空间上的分散。农业保险在农业生产风险中的地位和重要性在逐步提升。据相关研究统计，2022年全球农业保险市场规模约3247亿元，预计未来将持续保持平稳增长的态势，到2029年市场规模将接近4681亿元。

6.3.2 农业保险

1. 农业保险的概念与性质

农业保险的定义有广义和狭义之分。在国外，狭义的农业保险只涉及农作物保险；广义的农业保险则涉及农场上的一切物质财产、责任和人身的保险，包括农作物、饲养动物、机械设备、建筑物、相关各类民事责任和人身的保险。2013年3月1日施行的《农业保险条例》中的相关表述为："本条例所称农业保险，是指保险机构根据农业保险合同，对被保险人在种植业、林业、畜牧业和渔业生产中因保险标的遭受约定的自然灾害、意外事故、疫病、疾病等保险事故所造成的财产损失，承担赔偿保险金责任的保险活动"。

农业保险是运用大数法则和互助共济原则，承担农业生产经营者所有的动植物在生长期间因遭受灾害事故所致的损失风险，并按事先约定给予经济补偿的一种保障制度。农业保险的保险对象是农业生产过程中的各种动植物，它们是生产经营者的重要财产，不同于人身保险的保险对象。因此，农业保险属于财产保险的范畴，是财产保险的重要组成部分，但与其他财产保险特别是农村财产保险又有显著的区别，它是一种特殊的财产保险。农业保险与农村财产保险的比较如表6-2所示。通过比较可以看出，农业保险是一种损失补偿性质的特殊财产保险。

农业保险与农村财产保险的比较　　　　　　　　　　　　　表6-2

比较项目	农业保险	农村财产保险
保险标的	有生命活力的动植物	无生命的物质，多处于静止状态
保险责任	一般灾害事故，气象灾害、病虫害	一般自然灾害和意外事故
保险金额确定	确定方法多，多为不足额或变额保险	按原值或重置价值、实际价值确定
标的价值	受供求影响价值变化快，理赔难度大	虽受价值规律影响，但波动较小
保险期限	按生长周期不同灵活确定，多为短期	一般为一年，偶有短期保险
防灾理赔	技术性强，难度大	相对容易

2. 农业保险的分类

农业保险因产品的丰富性、生产条件的差异性、地区财政状况和农户经济状况的差异及农业生产者需求差异等原因，呈现出多样性的特点。按经营目的不同，农业保险可分为政策性农业保险和商业性农业保险；按保险对象的不同，农业保险可划分为种植业保险、养殖业保险、森林保险和涉农保险；按照保障目标的不同，农业保险可以分为生产成本保险、产量（产值）保险、价格保险与收入保险等多种分类方式，这里主要按保险对象分类展开介绍。

1）种植业保险

种植业保险指以农作物（包括粮食作物、经济作物、蔬菜园艺作物等）及微生物（如食用菌）为保险标的的农业保险。种植业保险的标的主要有水稻、小麦、玉米、棉花、大豆、马铃薯、油菜籽、青稞、苹果、柑橘、葡萄、蔬菜等。

2）养殖业保险

养殖业保险是指以饲养家畜、家禽和其他动物及淡水或海水养殖的水生动植物为保险标的的农业保险。养殖业保险按承保对象又分为牲畜保险、家禽保险、水产养殖保险和经济动物保险四类。

（1）牲畜保险。根据饲养牲畜的大小不同，又分为大牲畜保险、中小家畜保险及牧畜保险。大牲畜主要指牛、马、驴、骡、骆驼等大型动物，中小家畜则是指猪、羊、狗、兔等中小型动物，牧畜保险是以牧区放养的各种牲畜作为保险对象的保险。

（2）家禽保险。家禽是指人类长期驯化的鸡、鸭、鹅、鸽子等鸟类，可以为人们提供肉、蛋、毛等产品。

（3）水产养殖保险。可分为淡水养殖保险和海水养殖保险两种，也可以按养殖对象不同分为养鱼保险、养虾保险、育珠保险、养蟹保险等。

（4）经济动物保险。如以鹿、貂、狐、麝、蜂、蚯蚓、蜗牛等为承保对象的相应保险。

3）森林保险

森林保险是以生长和管理正常的公益林和商品林为保险标的（不包括花卉、苗木、橡胶树、四旁树）的一种保险。按是否获得中央或地方财政扶持，森林保险划分为政策性森林保险和商业性森林保险两类。

4）涉农保险

涉农保险主要有农房、大型农业机械、农业设施（如温室大棚）、农业作业人员意外伤害和农产品质量保证保险等。其标的随着农业的新产业、新业态的出现而不断增多。

3. 农业保险产品

现行的农业保险产品多种多样，归大类统计，我国农业保险可以分为农业生产成本保险、农业产量（产值）保险、农业价格保险与农业收入保险。

1）农业生产成本保险

农业生产成本保险指根据保险标的（如作物单位面积、畜禽的头数）的投入成本来确定保险金额的保险。如果发生损失，农民可按生产成本得到赔款。

农业生产成本保险又分为物化成本、生产成本和完全生产成本。物化成本指农业生产过程中投入的化肥、地膜、种子等成本。生产成本指物化成本加上人工成本。完全生产成本指物化成本、劳动力成本和地租成本。

2）农业产量（产值）保险

农业产量保险实际上就是农作物产量保险。产量（产值）保险即以生产产出作为确定保障程度的基础，根据产品产出量确定保险金额的保险。以实物量计，称为产量保险；以价值量计，称为产值保险。农产品产量是生产过程结束时最终形成的，因此产量（产值）保险一般按正常产量的一定成数承保。不足额承保的目的，主要是控制道德风险。

农业产量（产值）保险的保障标的是农作物产量，是以产量损失的程度（损失量）来计算损失程度、确定赔付金额的。当然，无论是确定某种农作物保险的保险金额或赔偿金额，都应确定某种农作物的价格。所以在计算保险金额时，应确定某种农作物的价格，可以是几年的平均价格，也可以是政府确定的价格，由保险双方进行约定。

需要说明的是，这里的价格是一个不变量，产量是一个变量，赔偿金额依据产量的变化而确定。实际产量达不到产量保险所确定的一定标准（如亩产稻谷1000斤，按1亩＝0.067公顷计算，下同），即给予赔偿。赔偿金额＝损失的产量×已确定的价格，这里的赔偿金额只与产量有关，与当期所保农作物的市场价格无关。农作物产量保险是农业保险普遍采用的险种，其主要作用是防范农业生产面临的自然风险。

3）农业价格保险

农业价格保险是以农户生产的农产品的市场价格变动为保险责任，当农户收获或出栏的农畜产品上市时，市场价格低于保险合同事先约定的保障价格，由保险公司赔付市场价格与保障价格差价损失的保险。

农业价格保险的保障标的是价格，是以价格的下降程度来计算损失程度、确定赔偿金额的。价格保险也需要确定一定的数量，即某一单位的产出量，一般按历史数据计算出一个平均数，保险双方予以协商确定，用双方确定的数量×价格得出保险金额。

与产量保险不同的是，价格保险中保险数量是一个不变量，不论投保人参保的某种农畜产品的实际生产数量是上升还是下降，已约定的保险数量都是恒定的，只有价格作为一个变量，在当期市场价格低于合同约定价格时，启动赔偿，赔偿额等于减少的价格差乘以约定的数量。农业价格保险应对的是农产品市场风险，而且具有系统性，近20年来受到很多国家重视。我国大量特色农产品的生产及大力发展的畜牧业，面临极大的市场风险，价格保险的试点也在不断地增加和扩大。但由于价格风险具有系统性，可保性较差，容易造成巨额亏损，保险机构在试点和经营的时候都比较慎重。

4）农业收入保险

农业收入保险是以某种农作物或养殖物生产者的收入为保障标的，为因自然灾害、价格波动或者二者共同导致的一定程度的收入损失提供经济补偿的农业保险。简言之，农业收入保险是对农产品产量和价格风险进行全面保障的保险。

收入保险的保险金额＝保障产量×保障价格，在签订的保险合同中已经将保险金额固定为一个数额，如每亩稻谷保险金额为1000元＝1000斤／亩（保障产量）×1元/斤（保障价格）。与价格保险、产量保险不同的是，产量和价格都是变量，无论是产量还是价格发生变动，只要低于合同约定的产量和价格之积，都可能发生赔付，以保障获得1000元的收入。当然，若出现产量升高或价格升高的情况，则可以相互平衡冲抵，以1000元的保额为限。

收入保险既可以防范自然风险，同时也能防范价格风险即市场风险，可以稳定生产，保障农民收入。这是农业保险的最高形态，也是未来农业保险的主导形态。当然，鉴于收入保险的保额较高，又可能导致农民的道德风险，在实际实施中，往往将收入保险分成几个档次，最高不能超过正常年份收入的90%。美国于1996年时就开始试点收入保险，目前已经成为美国农业保险的支柱。

6.3.3　农业保险精算

保险是一种风险转移机制，大量投保人通过支付少量固定的保险费，转移大量不确定的损失风险，而保险人收集保险费后，一方面保证风险事故发生后进行保险偿付，另一方面合理调配资金，提高保险基金的投资收益。精算在保险运行的基础上，通过统计分析和计算解决保险运行过程中面临的问题，所以精算是保险公司经营不可或缺的核心技术之一。农业生产的复杂性决定了农业保险的复杂性，同样也决定了农业保险精算的复杂程度。农业保险费率厘定是农业保险精算的核心，为了我们对农业保险精算进行充分的理解，本部分着重阐述费率厘定与相关产品应用的内容。

1. 农业保险费率厘定的方法

1）费率的组成

简单来说，费率厘定就是对标的，考虑其危险单位的风险水平，按照其危险量（农险上更多的是保险单位数量），确定出足以弥补其损失并使保险公司得以正常经营保证股东盈利的费率。

为了达到费率弥补损失并且使保险公司得以正常经营并保证股东盈利的作用，根据《财产保险公司产品费率厘定指引》，在费率厘定中保险公司应综合考虑影响费率厘定过程的各种因素。考虑因素包括但不限于风险因素、产品特点、基础数据、数据组织形式、危险单位、风险细分、准备金充足性状况与损失进展、趋势、巨灾、再保险、资本成本、公司经营行为变化和外部因素。以上因素要求过于庞大，是通过在考虑保险设计、公司现状、风险变化、监管要求和市场情况等一系列因素情况下的一种设计和思考。本书认为可以先专注于简单的点，即仅从收支平衡的角度（当然这里把公司运营和股东收益也当作一种合理性支出），去考虑费率厘定需要些什么，从而对简化且最核心的费率组成有所了解。简单来说，费率主要包括以下三个部分：①用于支付赔款的部分，即通常所说的纯保费。②用于支付费用的部分，如代理人佣金、管理费用、理赔费用、保费税等。③利润及风险附加部分。

2）纯保费与损失

（1）纯保费和损失的基础介绍

纯保费和损失虽然是两个不同的词语，但它们实际是同一件事物的两种表现形式。纯保险费是指保险费中用于支付保险赔偿金的部分。根据保单的条款，保险公司的赔付应该对符合保险条款的损失进行赔付，这是来自于保险公司与投保者签订合同后随之而来的义务。对保险赔付金的支出是保险公司费用支出的最大部分，也是最重要的部分。赔付支出和保费收入的比值是衡量一家保险公司对公众提供保障程度最直观的参数之一。纯保费就是对该赔付支出的弥补收入。在另一方面，对于这种发生的赔付费用支出，我们也要对其进行命名。由于保险是个舶来品，我国的保险词汇来自于国外，虽然赔付这个词在中文里更准确，但为了和保险专业用语符合，这个赔付金额我们把它叫作损失。

损失的概念包括有已发生损失，已发生未赔付损失，最终损失，等等。已发生损失指的是在一个特定时期索赔人发生损失后保险公司已经赔付的部分；已发生未赔付损失是指在一个特定时期索赔人虽然已经发生损失，但由于当前并未进行理赔或者该损失还在进行中无法确定索赔人最终损失情况，导致保险公司无法针对该次损失赔付足够的金额，这笔该付未付的赔付就叫作已发生未赔付损失；最终损失指对在承保时间内索赔人一共发生的损失总量进行的所有赔付。从定义上，可以很明显地发现已发生损失并不等于最终损失，但是随着时间的推移，新赔案的不断发生，损失信息的逐步上报，已发生损失将逐渐向最终损失靠拢并最终等于最终损失。在保险精算上，这三个损失数据都是精算从业人员常需要使用的数据。

在赔付过程中，保险公司除了要支付损失外，还要支付损失调整费用。损失调整费用是为了使赔付合理进行而支付的费用，即理赔费用。其中与索赔直接相联系的损失调整费用称为分摊损失调整费用，而不直接相联系的称为非分摊损失调整费用。分摊损失调整费用在厘定费率时通常和损失合在一起作为一个整体考虑。非分摊损失调整费用包括理赔部门的内部成本，它在各个公司之间是不同的。而分摊损失调整费用就是保险公司常备理赔部门之外的费用成本，如雇佣外部人员进行损失评估的费用。

为了保证纯保险费可以弥补保险赔偿的支付金额，需要使纯保险费和它对应的损失相等。在这里，由于已发生损失和已发生未赔付损失都仅是保单总损失的一部分，如果单独使用该数据会导致精算从业人员对实际损失情况的错误估计，而分摊损失调整费用一般也默认为是损失的一部分。因此保险公司在实际处理中，认为纯保费等于最终损失与分摊损失调整费用的和（赔付必须发生在承保时间范围之内），如式（6-1）：

$$纯保费 = 最终损失 + 分摊损失调整费用 \qquad (6-1)$$

值得注意的是，当单独谈论损失时，这是一个实际概念。就如已发生损失和已发生未赔付损失，它们是基于保单的当前状况或者过去状况产生的结果，都是现实存在的。或许已发生未赔付损失中有人为约定的因素，但已发生未赔付损失的存在这件事不会因为保险定价人员的意志而改变。同理也适用于最终损失、分摊损失调整费用、非分摊损失调整费用等。而对于纯保费而言，上式右边的最终损失和分摊损失调整费用却只是一个理论概念（也可以叫作预期），或许他们有其现实数据的支持，是对现实充分考虑后产生的合理假设，但保费和费率都是面向未来的东西，在未来，最终损失和分摊损失调整费用未必会发生或者等同于假设情况。因此，在实际纯保费收取中，应该符合式（6-2）：

$$纯保费 = 预期最终损失 + 预期分摊损失调整费用 \qquad (6-2)$$

（2）最终损失的预测方法

虽然对于每一个保单，都可以通过销售人员、核保人员或者理赔人员去随时跟进保险标的的情况，从而对保单的已发生未赔付的风险有较为准确的估计。但在实际操作中，这种方式需要过多的人力资源和财力资源，也对保险从业人员的素质有着较高的要求，并不利于实施。同时，在农险中，单次出险并不意味着整个保单期间，全部损失的大小（即出险并不意味着保单责任的结束）。因此，保险精算工作者需要通过数理方法，寻找其中规律，建立出合适的最终损失预测方式。

这里有两个问题需要解决。第一个是如何通过保单现状预测已承保单位当前的最终损失；第二个是如果由于风险变化，对于同一个标的在不同时间段的最终损失会随着时间产生变化（如某地小麦保险2011年最终损失30%，每年最终损失减少1%），如何对最终损失进行调整。

针对以上两个问题，本书将最终损失的计算和预测方式包括两个部分，为了对其进行区分，本书把第一部分叫作对最终损失的估计，第二部分叫作最终损失的趋势识别。第一个部分是通过已有已发生损失经验，通过已发生损失和时间的联系，对最终损失进行估计；第二个部分是通过对每个时间段最终损失的趋势进行预测，从而估计当前或者未来最终损失的情况。

①最终损失估计

正如前文所说，已赔付损失并不等于最终损失。对于一般财产保险，由于经验数据中不可避免地存在未决赔款保单的数据，最终损失的预测和对最终损失趋势的分析是费率厘定工作中最重要的组成部分，需要统计的专业技术和精算师的经验判断。在一般财产保险中常用的最终损失预测方法和赔付频率预测方法常见的是损失进展法。即假设赔付发生之后，索赔以某种模式经历"未报告→已报告未赔付→赔付完毕"这一过程，且该过程平稳，和赔付时间没有任何关系。这个假设使得过去的经验可以用来预测将来的发展，得到变化趋势。这样就可以通过趋势预测或者损失进展法对赔付进行预测。

而对于农险而言，由于国家对农险赔付准确快速的要求，该"未报告→已报告未赔付→赔付完毕"模式并不会像一般财产保险一样具有很长的时间跨度，从这个角度来说，农业保险的已发生赔付可以直接作为最终赔付使用。由于新的农业主体下或许会存在新的形势，本书在这里也将会对最终损失的常见分析方式，损失进展法进行介绍。

简单来说，损失进展法就是把每个保单的"未报告—赔付完毕"情况按照同样时间段划分方式分为前后两期（或许会更多期，但是这里为了简便仅假设两期）。举个例子，对于同一组保单，将"未报告—赔付完毕"在三个月以内的归为快速赔付段，把"未报告—赔付完毕"在三个月以外的归为慢速赔付段。为了对最终损失进行预测，我们可以通过对慢速赔付段中赔付额和快速赔付段的关系进行研究，得出最终损失大小。为了简单处理，可以计算慢速段赔付与快速赔付段之间的比例，从而得出最终损失。这就是损失进展法的基本思路。

②最终损失的趋势识别

市场是变化的，社会是变化的，环境也是会变化的。对过去经验的总结虽然可以让我们对事物过去的变化和发展方式有所了解，但是保险从本质上却是对未来的预估，需要的是从事物的过去经验得到对未来的预测与判断。因此，趋势识别在农业保险中具有重要意义。

趋势识别不仅是保险费率厘定中的一个重要部分，同时也是保险准备金评估、保险设计和市场分析的重要部分。在费率厘定上，对趋势的识别有助于精算师对风险的认识，从而更好地利用历史数据；在准备金评估上，对趋势的识别可以让公司合理地提取并释放准备金；在保险设计和市场分析上，对趋势的识别可以让公司及时对保险产品进行设计与修正，从而更好地适应市场。

常见的需要进行趋势识别的保险索赔数据有索赔次数、最终索赔损失和损失强度。除了索赔数据外，保费收入，保单出单数，风险情况也是趋势识别需要考虑的内容。尤其在农险中，面临着全球气候变化、技术进步带变化、农业政策变化等各种风险变化，这都考验着精算师制定公平合理保费的能力。同时，不同于一般的非寿险，农业保险还存在着强烈的周期性，如我国过去在粮食平衡上的"两丰两歉一平"规律，这考验着精算师如何在农险波动周期内制定合理稳定保费的能力。因此，趋势识别对费率厘定具有相当重要的作用。在趋势识别上，我们有多种预测方法可以使用。最简单的方法即是最小二乘法，这里不做详述。

虽然最小二乘法理解简单，易于使用，但它忽略了数据之间的联系。这与农业生产情况并不相符。同时，过于依靠最小二乘法还会导致过度拟合的错误，不利于准确预测。由于农险数据的缺少，最小二乘法的使用或许会具有较大的误差。因此，在实际中，也要参考专业人士经验，从而得出合理的拟合结果。

3）利润和风险附加

利润和风险附加是保险费率的重要组成部分。利润满足了保险公司盈利的要求。一般来说，对于单个保单，保险公司并不会直接对利润总额进行要求，而是通过利润率（即利润占保险费率的比例）进行控制。这样的做法有助于费率的计算简化，使费率厘定更加直观。风险附加，又叫作安全附加费，是用来在重大风险事故发生时或者弥补统计误差时作为给付之用。纯保费加上风险附加也叫作毛保费。

（1）风险附加的作用和特征

在制定费率时，精算师对未来的赔付概率和赔付大小的估计来自于他的预期，而这个预期的基础来自于过去的经验。在这过程中，精算师面临着两个方面的风险。第一，预测的准确性。对未来的预期来自于过去的经验，这并不是反映了未来的实际规律，只是通过过去得到的猜测，尤其农业保险数据较小，很有可能会加大这种误差；第二，未来损失的波动性。制定的纯保费是固定的，仅仅是对未来赔付某种状况的估计（如均值，众数或某种发生率下的赔付值，一般指的纯保费就是过去赔付经验的均值），而无法覆盖每种赔付情况。

费率的计算过程就是对上述描述的保险公司所承受的风险进行评估的过程。简单来说，风险的评价一般包括两个部分：一是风险的期望损失，二是损失的实际值超过风险的预期损失的程度。对于第一个部分，可以通过纯保费的计算进行解决，对于第二部分，则需要引入风险附加的概念。风险附加是反映损失实际值超过风险预期（纯保费）程度的附加费用。纯保费加上风险附加，一般将其叫作毛保费。

（2）风险附加的设计方法

风险附加具有多种方法，最简单的就是无视风险的特点，直接在纯保费的基础上加上一定比例的风险附加费用（例如20%的风险附加等）。除此之外，还可以加上一定比例的方差、标准差或者当前纯保费和某一百分比的损失赔付的差额等。

4）费率厘定的基本方法

知道费率的组成之后，接下来可以进入对费率厘定基本方法的学习。本节将介绍实务中确定费率的两种基本方法：纯保费法和损失率法。

（1）纯保费法

纯保费法是指通过分析历史赔付数据及其变化趋势或者通过观察、分析、专家意见等，直接计算每一单位风险的保险赔偿金，并在此基础上计算附加费率。它是基于危险单位的计算方法。纯保费法的基本公式如式（6-3）所示：

$$R_{费} = \frac{C_p + C_f}{1 - C_v - Q} \quad\quad (6-3)$$

式中：$R_{费}$ 为每个危险单位的费率；C_p 为每个危险单位的纯保费，即保障被保险人风险所需要的净资金；C_f 为每个危险单位的固定费用，通常包括保险设计成本、员工薪资、非分摊损失调整费用等；C_v 为可变费用因子，包括业务宣传费用、防灾费、招待费、佣金等在费率中所占比例；Q 为利润和风险附加因子。

其中纯保费定义为每个危险单位的平均损失，有如下两种表现方式。

第一种为损失和危险单位数的商：

$$C_p = \frac{C_l}{C_e} \quad\quad (6-4)$$

式中：C_l 为保险公司的最终损失加上分摊损失调整费用。由前文所说，最终损失是该危险单位直到保单结束的时间范围内所有赔付的金额。该金额可以是通过实际情况计算，也可以是通过推论得到。分摊损失调整费用是为了该次理赔所支出的费用，如A期小麦赔付为3000元，为了对该期小麦损失情况进行检查，理赔人员调动了无人机对小麦田进行了检查，花费400元，这400元就是该次的损失调整费用；C_e 为危险单位总数。

第二种为每危险单位的索赔频率和索赔强度的乘积：

$$C_p = \frac{C_n}{E} \times \frac{C_l}{C_n} = F_r \times D_e \qu\quad (6-5)$$

式中：C_n 是索赔总次数；F_r 是索赔频率（每危险单位的索赔次数）；D_e 为索赔强度（每次索赔的平均损失）。

例如，某公司在对某省玉米进行保障，纯保费为100万元，固定费用为20万元，可变费用因子为10%，利润以及风险附加因子为10%，共承保玉米1万亩，试计算该险种亩均费率。

例如，根据公式（6-3），费率为：

$$R_{费} = \frac{100 + 20}{1 - 0.1 - 0.1} = 150$$

因为总共承保玉米1万亩，所以该省该险种亩均费率应为150元。

（2）损失率法

损失率法即赔付率调整法，是指以现行费率为基础，通过比较目标损失率和经验损失率，估计未来费率相对现行费率的调整幅度，从而计算得到新费率的方法。损失率法以现行费率和赔付历史记录为基础，不适用于新产品的费率厘定。它首先根据损失率计算费率的调整幅度（即费率调整因子），然后对当前的费率进行调整得到费率。其计算公式如下：

$$R_{费} = R_a R_0 \qquad (6-6)$$

式中：$R_{费}$ 表示费率；R_0 表示当前费率，或者说待调整费率；R_a 表示费率调整因子。

在损失法中，关键即是如何计算费率调整因子，其计算方法如下：

$$R_a = \frac{W}{R_t} \qquad (6-7)$$

式中：W 为经验损失率，R_t 为目标损失率。

经验损失率是指经验期内的实际损失率，即最终损失（或者加上分摊费率调整费用）和均衡已赚保费之比，即：

$$W = \frac{L_f}{ER_0} \qquad (6-8)$$

式中：L_f 为最终损失，ER_0 为均衡已赚保费。

目标损失率可写为：

$$R_t = \frac{1 - C_v - Q}{1 + G} \qquad (6-9)$$

式中：C_v 为可变费率因子；Q 为利润因子；G 为每危险单位固定费用 F 与纯保费 P 之比，即：

$$G = \frac{F}{P} \qquad (6-10)$$

例如，某公司在对某省玉米共进行保障，前三年的年均费率为150万元。其中非分摊损失调整费用共计90万（非分摊损失调整费用为固定费用），总损失270万。若第四年假设可变费用因子10%，利润10%，共承保玉米一万亩，求第四年该省玉米亩均保险费率。

解：由公式（6-10）可知，每危险单位的固定费用和纯保费之比为：

$$G = \frac{90}{150 \times 3} = 0.2$$

根据公式（6-9），目标损失率为：

$$T = \frac{1 - 0.1 - 0.1}{1 + 0.2} = \frac{2}{3}$$

根据公式（6-8），经验损失率为：

$$W = \frac{270}{150 \times 3} = 0.6$$

所以根据公式（6-7），费率调整因子等于0.9，根据公式（6-6），新的费率等于135元/亩。

2. 指数保险设计与定价

1）指数的选择和设计

（1）指数保险简介

指数保险是农业保险的一种创新发展。它通过将农业产出损失和收入损失联系起来，有效地将损失程度反映在指数变化上，并以该指数为基础设计保险合同。当实际计算的指数达到合同规定水平时，投保人就可以获得相应赔付。

根据指数选择的差异，农业指数保险可以分为天气指数保险、价格指数保险和产量指数保险。天气指数保险又称气象指数保险，它把一个或几个气候灾害对农作物损害程度指数化，并将指数和相应农作物生产损益对应起来。保险合同以指数为基础，当指数达到一定水平时触发赔付。相比于传统农业保险，大气指数保险不再仅以受灾数据进行统计学角度的风险评估，还从风险致灾因子出发进行深入分析。

产量指数保险的产生是对于多灾害农作物保险的综合改进，也就是对传统农作物损失农业保险的改进，它将保障从农作物受损情况变为更加易于测量的产量变化情况，可以看作是标的为农作物某一固定产量的特殊期权。当区域产量低于设置的阈值产量时，产量指数保险触发赔付，一般来说，产量阈值一般为该块土地或该区域内土地过去三到五年的平均产量的一定比例，产量指数保险的阈值即是保险公司或政府认可的农作物最低保证产量。在畜牧业上，对应的产量指数保险应该是死亡指数保险。

价格指数保险是为应对市场风险下的农民利益保护问题而产生的。发达国家的实践早已证明，市场需求是现代农业面临的主要风险之一，决定农业效益和农民收入的主导因素是市场需求。对于存在期货市场的种植业畜牧业农产品，其价格指数保险主要基于农产品的期货市场价格与现货市场价格，这样可以最大限度地降低保险市场的基本风险。对于常见蔬菜等不易保存的所谓菜篮子产品，其指数价格指数一般由其市场价格来设计。

（2）指数和标的的选择

指数和标的的选择是指数保险设计中极其重要的一步。指数和标的选择的好坏决定着指数保险的成败。由前文的保险种类可知，指数可以划分为天气指数、产量指数和价格指数三种，这里本书只对天气指数进行说明，如果读者有兴趣，可以自行查阅其他险种知识。

对天气指数保险而言，指数和标的的选择是其关键点。在天气指数保险上，指数保险标的的选择相比一般农业保险具有更多的选择性，既可以指作物本身、产量、价格等因素，还可以考虑农民在该灾害下进行防害所需要付出的资金等。如对于大型畜牧主，虽然冬天较长时间的极端寒冷天气会导致畜牧死亡，但大型畜牧主可以通过室内养殖场等方式来减少自己的损失。这个时候保险设计中需要考虑的就是大型畜牧主这样做产生的金钱损失，而不是畜牧的死亡损失。这将帮助我们更好地选择和设计指数。

在确定标的之后，精算师需要选择合理的指数来进行产品设计（在有的情况下，这两者顺序是相反的）。指数的设定存在着目标选择和技术上的两大难点：

从指数设计的目标选择来看，为了能够最大限度避免逆选择和道德风险问题，使指数保险易于理解和推广，降低农业保险实际工作中的交易、理赔等成本，天气指数保险需要以某种公开、透明、客观的"指数"为保险赔付依据。目前国外推广效果良好的都是单一的天气指数保险，例如仅通过降水量来描述干旱或者洪涝风险。这样限制了指数的选择，从另一方面来讲也需要设计者选择更好的标的来使指数和标的相适应。

从技术上讲，天气指数的设定需要符合该指数与保险标的之间的强相关性，并且要求除了该指数之外的天气指标或其他因素对保险标的的影响较小。这样可以使损失和指数高度关联，降低基础风险，使指数保险针对性更强，也可以防止出现标的已经由于其余因素受损，指数保险却按照原来约定赔付的情况。

需要注意的是，天气指数与保险标的之间的相关性分析并非简单地取平均值进行分析。由于农作物的生长具有周期性、季节性，随着生长周期的变化，同样指数下的天气可能会对同种作物产生不同影响。这就需要指数和标的的相关不仅要在作物上具有相关性，还需要在时间上甚至在地域上具有相关性。

这就要求在对农作物的天气风险分析的时候需要区分农作物的生长期，并分别对不同生长期的主要天气风险进行分析，分别找到不同生长期对应的天气指数。

综合上文可知，好的指数设计需要将农业保险标的损失和相关联的客观指数联系起来，从而有效地减少指数保险的基差风险、合同双方的信息不对称和损失的误差。要做好指数保险的选择，需要对保险标的具有充分的了解，需要农业专家、种植户、畜牧主、专业机构和保险公司等各种相关机构的共同努力。本书认为指数的设定应该考虑表6-3中的几个问题。

指数保险选择面临问题（以产量而言） 表6-3

问题	内容
目标	某种公开、透明、客观的"指数"为保险赔付依据
技术要求	该指数与农作物标的之间的强相关性
基差风险	指数保险赔付与实际损失不匹配的问题。包括变量基差风险，如果单一天气指数保险是否可以排除其他灾害差异；空间基差风险，如区域位置与气象站位置是否合适；时间基差风险，当指数不考虑天气变量对生长周期的影响时，发生时间基差风险
指数覆盖区域	该指数能否覆盖影响整个地区农作物产量的重要因素。如何通过收集数据使区域内指数计算赔付与个体损失高度一致
理解难易	农民对指数保险的认知是否足够，损失赔付是否直观

2）指数与赔付方式

在完成指数的初步选择后，接下来就是对指数与赔付方式进行设计。虽然通过指数和标的的选择，表6-3中的五大问题已经得到了一定的解决，但在指数的设计中，精算师依然面临着设计中的技术问题：即如何保证指数与风险的强相关性，消除指数在变量、空间和时间三个方面的基差风险。对此，本书认为应该从变量、时间和空间上对指数进行逐步的设计。在对变量、时间和空间的处理顺序上，本书认为没有固定的顺序，可以根据实际情况排序，对变量、时间和空间依次进行设计，然后根据设计结果考虑是否需要循环，如果需要，则按照同一循序依次进行修改，直到得到最好的设计方式。

以冬小麦降雨指数的设计为例，这里为了简便，采取变量、时间、空间的顺序进行。首先，从变量考虑，造成冬小麦生产低于预期的降雨因素有两个，一个是不足，另一个是过多。因此，该降雨指数需要可以反映出降雨的两个方面，可以简单地用加减表示，当某日降雨量多于预设降雨量上限，则指数上升，小于预设降雨量下限，则指数下降，假设降雨可以积累也可以抵消。这样，我们就可以对某一阶段内降雨指数低于一定水平或者高于一定水平进行赔付，赔付如式（6-11）所示。

$$C_{p'} = C_{p1'} \times \text{sign}\left[\max\left(R - UI, 0\right)\right] + C_{p2'} \times \text{sign}\left[\max\left(DI - RI, 0\right)\right] \qquad （6-11）$$

式中：$C_{p1'}$ 为降雨指数高于预定指数上限时的赔付；$C_{p2'}$ 为降雨指数低于预定指数下限时的赔付；RI 为实际降雨指数值；UI 为预定指数上限；DI 为预定指数下限。

考虑了变量因素，接下来对时间进行考虑。对冬小麦降雨指数的设计时间因素有两个考虑点。第一，冬小麦不同生长阶段对水量的需求量不同；第二，降雨状态维持的时间长短。对于第一个考虑点，可以根据小麦生长发育关键期将时间划分为苗期、分蘖—拔节期、抽穗开花期和灌浆成熟期四个阶段，每个阶段设置不同的预设降雨量上限和预设降雨量下限，并对每个阶段独立计算各自的降雨指数；对第二个考虑点，可以设定如果连续时间降雨量高于降雨量上限或连续时间降雨量低于降雨量下限，指数的变化将快于不连续的情况，连续时间越长，变化越快。

时间因素考虑之后，需要考虑空间因素，考虑不同的地区是否适用于相同的指数设计方式，如果不是，需要如何根据地区进行划分，并在原有的基础上进行新的一轮设计。

在上面的举例中，冬小麦的指数保险是按照固定比例，变动赔付的。在实际设计中，指数保险可以有多种赔付方式。本书认为指数保险可以分为三种赔付方式。第一种，固定赔付。根据实际需要预设单一或多级触发指数，对实际指数高于或低于不同级别触发指数的情况分别进行不同的赔付。第二种，变动赔付。根据实际需要制定赔付的触发指数，当实际指数高于或低于触发指数时，根据实际指数和触发指数的差值，以一定的函数方式计算出实际赔付，如对于实际价格与预定价格差额进行赔付的价格指数保险。第三种，混合赔付。即指数保险合同内同时存在着固定赔付和变动赔付的方式。

除了赔付具有多种方式，赔付与指数关系也具有多种，本书认为可以分为两种关系。第一种是直接关系，即指数和损失之间的关系是明确的，是不需要通过数学推导或经过其他渠道分析得到的。例如对于畜牧来说，死亡率指数和赔付就是直接关系。除此之外，当面临降雪或寒流时，对畜牧主室内养殖的成本赔付，也可以认为其和相应的降雪和寒流指数是直接关系。第二种是间接关系。间接关系指的是不能通过指数变化直接得到被保险人的损失情况，需要根据对经验或者历史数据或者现场勘察的进一步分析才能得到，因此赔付是基于预测和估计进行的。例如农作物暴雨指数，虽然暴雨会给农作物造成损失，但如果是以该次暴雨可能对农作物最终产量造成的损失进行赔付时，这个赔付和生产过程中的暴雨指数就是间接关系。针对指数和赔付的不同关系，在实际中需要不同的赔付计算方式。这里本书对间接关系与其实际赔付的计算进行一定的介绍。

以冬小麦降雨指数保险赔付率的计算为例，假设该指数根据生长期分为四个阶段，对每个阶段指数低于该阶段十年内均值的80%的情况进行赔付，赔付方式为，对任一阶段降雨指数低于该阶段十年内均值的80%的部分根据所差百分率进行赔付，即赔付等于 $\beta \times (0.8 \times EI - RI) / EI$，$EI$ 为该阶段十年内降雨指数均值，β 为赔付倍数。

在实际操作中，该赔付的有多种求取方法，比如考虑该阶段指数变化率对最终产量损失率的影响，通过数学方法求出之间的联系，从而确定赔付；也可以对农民在遇到这种灾害时为了防灾减损所要投入的额外成本进行计算，通过赔付倍数对该部分额外成本进行赔偿；还可以询问农民和专家，参考他们认为的该阶段指数变化应该赔付价格，选择一个可行的比例，进行赔付。在这里本书主要对第一种求取方式进行说明。

要通过第一种求取方式解决该问题，首先要计算各年产量损失率大小 R_{apl}。由于各年未损失情况的未知和正常产量水平具有多种认定方式，我们并不能直接求出产量损失率。为了简化起见，假设各年并不存在人力、资源和技术的变化，即各年预计产量是相同的，并且以统计数据内产量最大的一年的产量作为各年未受损失产量，通过其与其余各年产量差值，从而求出各年的总损失率。

在知道各年总损失率后，计算各年各阶段指数相比于该阶段指数均值的波动百分比 x，并假设各阶段波动之间影响独立，对总损失率的影响独立。从而建立多元线性模型，第 i 年总损失率与波动百分比关系如下式（6-12）所示：

$$\alpha_0 + \alpha_1 \times x_{1i} + \alpha_2 \times x_{2i} + \alpha_3 \times x_{3i} + \alpha_4 \times x_{4i} = R_{apli} \tag{6-12}$$

式中：α 代表的是波动百分比 x 对第 i 年总损失率的影响因子，0代表初始值，1、2、3、4代表的是之前划分的小麦种植的四个阶段。通过多元线性模型求出总损失率和波动百分比的关系后，就可以建立一个稳定的波动百分比和总损失率关系的模型，而不需要局限于特定年份，如式（6-13）所示：

$$\alpha_0 + \alpha_1 \times x_1 + \alpha_2 \times x_2 + \alpha_3 \times x_3 + \alpha_4 \times x_4 = R_{apl} \qquad (6\text{-}13)$$

假设 α 在1—4这四个阶段的值分别为0.2、0.3、0.2、0.3，考虑到该方程表现了各期指数波动比率对最终损失的影响，可通过这四个参数制定合适的各期赔付比率。假设该指数保险的设计目的是对农民产量损失部分的成本进行补偿，默认每亩地冬小麦种植成本为1000元人民币，即产量损失率每上升1%，就要赔付农民10元人民币。现在通过第一种求取方式，我们得出了小麦种植四个阶段降雨量指数变化率对总损失率的影响。由此得到小麦种植四个阶段各期赔付倍数 β 分别为2、3、2、3。这个指数保险的最终设计如下：

①对冬小麦苗期、分蘖—拔节期、抽穗开花期和灌浆成熟期四期分别设立降雨指数（具体指数为各期内降雨总量）。

②计算过去十年各期平均降雨指数，以其值的80%作为当期触发值（赔付阈值）。

③若各期降雨指数低于当期触发值，每低于当期平均降雨指数的1%，保险公司即对农民赔付当期对应的赔付倍数，各期赔付倍数分别为2、3、2、3。

3）指数保险的费率厘定

和传统保险一样，指数农业保险的精算定价方法同样是利用历史数据去寻找准确合适的赔付率，从而在损失率或纯保费的基础上，根据实际需要附加上各种费用计算出实际保费。因此，纯保费法和损失率法在指数农业保险的精算定价中依然适用，纯保费计算方法也同样适用。对于上一节冬小麦降雨指数保险，亦可以通过预估降雨指数变化情况和赔付方式来计算纯保费，这是一种类似于基于产量的赔付的计算方法。

如果仔细考虑基于产量的赔付方法和指数保险设计中的特色，会发现相比于传统农业保险，指数保险和特定风险（特定天气波动、产量波动、价格波动）是完全相关的，而传统农业保险只是以赔付为主，和这种特定风险的相关性要低很多（如某地发生了八级大风，对于指数保险而言这是一笔固定赔付，而对于传统农业保险而言，赔付的基础是风灾造成的损失，这是间接的。同样大小的风灾造成的损失大小对于传统农业保险也是一个波动项目）。

随着计算机技术的发展，传统保险的根据过去损失预测未来损失不再是唯一的精算方法，尤其在农业上，由于有明显的致灾因子且致灾因子具有一定的独特的变化规律，所以通过致灾因子对赔付率进行预测的精算定价方法也逐渐开始使用。对于指数保险而言，这种基于致灾因子（或者赔付因子）的费率厘定方式对指数保险准确性的提高是远远大于传统农业保险的。除此之外，天气指数保险的适用范围可以和基于天气的风险区域划分在相当程度上切合，这将有助于天气指数保险的设计与适用范围的确定。对于指数保险的费率厘定，建议多从致灾因子（或者赔付因子）的角度考虑。常用的精算定价方法有两个，一个是燃烧分析法，另一个是指数模型法，其余指数保险也可以同理使用这两种方法。

（1）燃烧分析法

燃烧分析法是天气指数保险产品保费定价最常用的方法。它的基本假设是未来的损失分布与过去的损失的经验分布一致。基于历史赔付经验，精算师可以计算出赔付现值的均值与方差，并拟合出赔付的概率分布，从而选择适合的纯保费和计算风险附加费率。利用过去n年的历史数据得到的天气指数赔付可以根据下式（6-14）：

$$\Gamma_w = \frac{1}{n}\sum_{i=1}^{n}F_{wi} \times \alpha_i'$$

（6-14）

式中：P_{wi}表示第i年的损失赔付，α_i'表示第i年的贴现因子。

换句话说，可以认为燃烧分析法是一种从时间序列上考虑的均值求保费法。由于指数保险开办的时间较短，在实际中不仅要通过赔付数据，也要参考专家经验，使费率可信。

从燃烧分析法的本质考虑，信度保费、贝叶斯方法和基于损失率的费率调整方法与该方法其实属于同一类别，都是通过保费和赔付进行分析。

（2）指数模型法

虽然燃烧分析法由于其直接对历史赔付数据进行分析或者拟合，能够方便快捷地计算出期望损失。但由于燃烧分析法直接对赔付历史数据进行处理，而不是从致灾因子进行分析，这就使损失分布的不变假设缺乏理论依据和实际验证，忽略了天气变化的部分信息。在指数波动存在周期性和赔付数据缺失的情况下，燃烧分析法将导致期望损失和实际损失严重背离（这里仅仅是对纯粹的燃烧分析法的评价，因为在非寿险精算的费率厘定流程中精算师都会对以上问题进行考虑）。这时候就需要通过指数分析法对损失进行预测。

指数分析法是利用指数体系分析各影响因素变动对总指数的影响方向和程度，以及各因素对总指标的影响数额的一种分析方法。指数是反映复杂的社会或自然现象受多种因素而变动的相对数，它能够表明所研究社会现象量的方面在时间或空间上综合变动的程度。通过对指数的分析以及指数与现象之间关系的研究，可以综合说明复杂的社会现象变动的一般趋势和规律，分析各种构成因素影响的程度，并进而了解现象变动的具体原因及其客观规律。

指数分析法的主要思路是对通过分析致灾因子对历史赔付的影响，并对致灾因子的历史变化进行分析，从而对未来的赔付进行预测。燃烧分析法和指数模型法最大的差别在于数据量。作为一个新兴的农业保险设计，指数保险面临着赔付经验不足的问题，对于预测来说，这是一个相当致命的问题。对于指数模型法，其基础是对风险的分析，由于我国在天气、产量和部分农业产品的价格有着较为完善的数据，使用指数模型法的可信度远远大于燃烧分析法。

在实际运用中，常见的指数分析法历史赔付方式主要有三种，分别是解析法、蒙特卡罗分析法和数值积分法。这三种方法和之前的基于产量的费率厘定方式是一致的，不同的只是其中的数学逻辑（解析法用于不对损失分布进行复杂性分析的时候，蒙特卡罗和数值积分法会通过计算机的性能，考虑更复杂准确的损失分布函数，从而更准确地求解）。蒙特卡罗分析法和数值积分法由于难度过高，本书不再介绍。解析法又称为分析法，它是应用解析式去求解数学模型的方法。前文使用的纯保费计算方法是解析法的一种。

总的来说，指数分析法就是通过对未来指数变动情况的估计，考虑在现赔付方式下，计算保险公司所应该收取的保费。

6.4 经典案例

6.4.1 海带养殖风灾指数保险

中国是渔业大国，水产养殖产量占全球总产量的68%。近年来，台风、风暴潮等极端天气气候事件频发，给海水养殖业造成了重大损失。海水养殖具有点多、面广、风险大的特点，抗风险能力较弱，对保险保障需求非常强烈。山东省威海市海带养殖面积占全国海带养殖面积的50%。养殖地点集中在荣成市以东的海域，养殖面积达十多万亩，年产鲜海带一百多万吨。经过多年的发展，逐渐形成了一个包括养殖、收割、加工、销售等在内的庞大产业链，在当地养殖面积超过3000亩的企业约有20家。海带养殖虽然利润丰厚，但前期投入较高，除开码头、舢板等配套设施外，筏架的成本约1万多元/亩。筏架主要由桩木、绳缆和浮标构成，筏架可供多年使用。山东省海藻产业协会、养殖企业非常关心强风、台风等风灾给海带产量带来的风险，希望保险业能够提供相应的保险产品。

海水养殖保险在全球都是技术难题，主要问题有：一是保险标的数量和保险金额确定难；二是基础数据不完整，难以采用传统的承保方式；三是出险后定损难；四是再保险渠道不畅通，难以通过国际再保险市场分散风险。因此，引入指数保险方式试办海带养殖保险，能够有效解决上述难题，为海水养殖业健康发展保驾护航。

海带养殖保险面临的风险主要有风灾、温度、日照强弱以及病虫害等（表6-4）。对于温度高低和日照强弱，海带养殖企业可以通过调整海带在海水里的深度、密度来调整，以使海带在适宜的温度和日照强度的环境下生长；对于病虫害，海带养殖企业可以选择质量较好的幼苗降低病虫害带来的养殖风险。对强风、台风风险，海带养殖企业目前并无有效的防范方法。因此，风灾是海带养殖的最大风险，对海带养殖企业来说，主要可能受到风灾影响的有两个时间段：一是冬天时受到北风的影响，春夏时受到东风影响；二是接近收割时可能受到台风影响。

保险产品内容：

保险标的：保险合同约定投保地理区域范围内以筏架方式养殖的海带作为保险标的。

保险责任：在保险期间内，被保险人因投保地理区域出现风灾事件，导致被保险人海带产量减少所造成的经济损失，保险人按本保险合同约定承担赔偿责任。

风灾事件		11月1日至次年3月31日		4月1日至7月31日	
蒲福风级	日最大风速（m/s）	单位赔付金额（元/亩）	区间最高赔偿次数	单位赔付金额（元/亩）	区间内最高赔偿次数
11级	28.5～32.6	1125	1	2250	1
12级	32.7～36.9	2500	1	5000	1
≥13级	≥37.0	3750	1	7500	1

当山东省气候中心观测站的日最大风速度对应的风级达到或超过11级当天开始计算至第五天，定义为一次风灾事件，以此类推。在一次风灾事件中，应以该五天中最大风级当天所处的上述时间区间内所对应的"单位赔付金额（元/亩）"标准计算赔偿金；若一次风灾事件的五天内跨越了表6-4中的前后两个时间区间，前一区间内最大风级与后一区间内的最大风级相同，则按后一区间内对应的"单位赔付金额（元/亩）"标准计算赔偿金。

保险金额：根据海带养殖投入情况确定荣成、长岛海域的海带保险金额为7500元/亩。

保险费率：5%。

理赔条件：保险标的在海域遭遇气象管理部门观测站监测的日最大风速对应的风级达到或超过11级时，视为风灾事件发生，保险人按合同约定赔偿。

6.4.2 北京蜂业气象指数保险

北京市高度重视发展高质量、高产量、高收入"三高"蜂业。蜂农对参加保险提出迫切的需求，北京市政府和养蜂协会也希望通过保险，为蜂农提供基本的风险保障。在政府的政策支持下，保险公司开发出地方财政补贴型蜂业气象指数保险条款，保费由市级、区级财政补贴80%，其余20%由农户承担。

每年春季和夏季（北京地区从5月到7月底），为蜜蜂的种群生长期，为蜂产品的生产提供了良好的外部环境条件。随着气温逐渐升高，蜜粉源植物相继开花，为蜂群提供了花蜜和花粉，也为蜜蜂生产相关的蜂产品提供了客观条件。蜂产品的产量与降水量、气温等气象要素具有很密切的关系。在花期，适时适量的降水可以使蜜源植物按时开花并保证一定时间的花期。如果降水减少，花期推迟或缩短，或者连续阴天5天以上都会影响蜂蜜、浆粉的产量，使蜂农投入的前期成本受到损失。因此，通过指数保险，将蜂蜜的产量和花期降水量之间的相关性予以量化，从而为蜂农提供保障。

蜂业气象指数保险产品内容：

保险责任：在保险期间内，由于实际累计降水量小于保险合同约定的气象指数标准，或连阴天数超过5天（不含），保险人按照保险合同的约定负责赔偿。

保险期间：根据北京地区蜜粉源植物花期和蜜蜂采集蜜粉活动的时间，一般为一个月。

保险金额：根据每箱蜂群的养殖收入和生产成本情况，将保险蜂群的每群保险金额确定为420元。农户饲养的蜜蜂每群产量高产的可达130斤，低产的仅有60斤，平均每群产量为95斤，按每斤有机蜜收购价格8元计算，每群蜂的总收入可达760元。保险金额420元约占每群蜂收入的60%。

保险费率：根据保险责任所对应的纯费率计算结果，兼顾经营风险，将保险费率拟定为9.61%。即每群蜂保险费40元，其中，市、区县两级地方财政保费补贴80%。

赔偿处理：赔偿金额＝保险蜂群每群赔偿金额×保险蜂群数量。

（1）在保险期间内，若实际累计降水量等于或大于气象指数标准（密云地区140mm），且连阴天未超过5天（含）时，保险人不予赔偿。

（2）在保险期间内，若实际累计降水量小于气象指数标准（密云地区140mm）时，保险人按照赔偿计算标准表进行赔偿。

（3）在保险期间内，若出现连阴天超过5天时，保险人按照赔偿计算标准表进行赔偿。如保险期间内出现多次超过5天连阴天的，保险人只赔偿第一次出现超过5天连阴天的损失，按第一次出现超过5天连阴天的损失情况计算赔偿金额。

（4）在保险期间内，若实际累计降水量小于气象指数标准（如密云地区确定为140mm），且出现连阴天超过5天时，每群保险蜂群的总赔偿金额等于上述（2）、（3）项赔偿金额之和，但以保险蜂群的每群保险金额为限。

第 7 章

综合风险评估
与规划管控

7.1 引言

　　城市综合风险评估是依据城市各类基础资料和防灾规划成果，在相关专业部门工作的基础上，进行城市防灾、减灾和应急措施现状分析，评估各类防灾规划实施情况，开展重大危险源调查评估、灾害风险评估、用地安全评估、防灾需求评估、应急保障和服务能力评估，并应确定防御灾种及重点内容。基于城市综合灾害评估结果，科学划定灾害风险区，并制定相应的管控措施。对于高风险区，应严格控制开发建设活动，避免加重灾害风险；对于中低风险区，也应合理布局防灾设施，提升抗灾能力。通过城市综合灾害评估与规划管控的实施，可以更加精准地识别城市灾害风险，优化防灾设施布局、提升抗灾能力，为城市的安全发展提供有力保障。同时，这也体现了城市管理者对人民生命财产安全的高度负责和对城市可持续发展的深远考虑。本章将重点介绍综合灾害风险评估的内容、规划管控技术要求和防灾韧性规划建设，并结合实践案例进行深入剖析。

7.2 综合风险评估内容

　　城市综合风险评估是以各专业规划的防灾评估为基础，综合考虑该地区可能遭受的灾害影响和其他突发事件的综合防御要求，识别城市灾害危险，分析主要灾种和重点防御内容，确定设定最大灾害效应，判断城市抗灾能力并发现城市抗灾的薄弱环节，统筹防灾资源，分析控制能力，制定用地安全布局措施，确定防灾设施规模所进行的综合性评估（图7-1）。

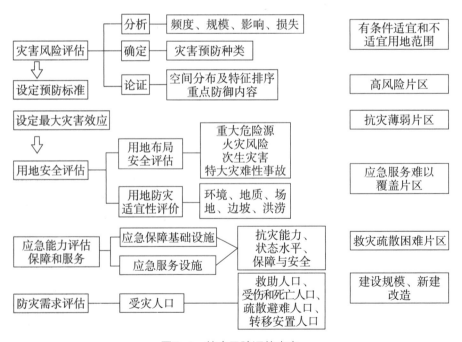

图7-1　综合风险评估内容

7.2.1 综合风险评估

灾害风险评估的内容主要包括：灾害危险性、承灾体暴露度、灾害影响后果（通常包括承灾体抗灾能力）、风险减缓和控制能力。应分析各类灾害可能发生的频度与规模，确定需预防的重点灾害种类，分析灾害的成因、影响程度、空间分布及特征、与次生灾害叠加时的耦合效应，评估城市防灾体系效能，分析确定灾害防御重点内容、设定防御标准和设定最大灾害效应。

城市综合防灾规划的重要基础是通过城市灾害风险评估分区确定设定最大灾害效应。对于最大灾害影响的考虑，分别有工程抗灾设防水准相应灾害影响、设定防御标准相应灾害影响、最大历史灾害影响和最大可能灾害影响。灾害环境简单的中小城市，设定最大灾害效应可采用设定防御标准下的灾害影响效应，如设定防御标准所对应的地震影响不应低于本地区抗震设防烈度对应的罕遇地震影响；设定防御标准所对应的风灾影响不应低于重现期为100年的基本风压对应的风灾影响。临灾时期和灾时的应急救灾和避难的安全防护时间对龙卷风不应低于3小时，对台风不应低于24小时。

灾害风险评估，应重点从灾害危险性、工程抗灾能力、人口与经济分布、后果严重程度、风险控制和减缓能力等方面辨识灾害高风险片区。灾害高风险区的评估可简化分析为灾害高危险片区、次生灾害高危险片区、抗灾能力薄弱片区、高密度高灾损片区、灾害后果严重片区、综合灾害高风险片区等类型。分析时，需要结合各类承灾体的抗灾能力评价、用地安全评估及应急保障和服务能力分析综合辨识。

7.2.2 用地安全评估

用地安全评估应包括用地布局安全评估和用地防灾适宜性评估，确定用地安全影响要素、影响程度和影响范围。用地安全评估主要内容包括：影响用地布局安全的各种影响因素确定及其影响评估，影响用地防灾适宜性的各种场地破坏要素确定及其影响评估。评估的目的是确定规划控制防灾要素，制定相应的规划控制措施。

对于用地布局安全评估，一方面，重点分析居住区、中小学校、医院、养老设施等人员密集地点、弱势人群聚集地点的潜在安全风险；另一方面，城市重大危险源和重大灾害源点及次生灾害影响也是主要分析对象，辨识灾害高风险片区和重点防护对象，评估相应防护措施和保障措施及特大灾难性事故防范状况。评估目的是对城市重大危险源影响、火灾风险、次生灾害影响、特大灾难性事故影响等进行综合评估，结合各类承灾体的抗灾能力评价、应急保障和服务能力分析，确定相应的灾害高风险片区，并分析其规划控制防灾要素，制定相应的风险减缓和控制措施。

对于用地防灾适宜性评估，应根据地形、地貌、地质等适宜性特征和潜在灾害影响，按照如表7-1所示将用地划分为适宜、较适宜、有条件适宜和不适宜四类，并符合现行行业标准《城乡用地评定标准》CJJ 132的规定，为抗灾能力评价和制定用地防灾控制措施提供依据。城市规划通常已进行用地评定工作，综合风险评估的重点是综合考虑该地区可能遭受的灾害影响，开展城市用地防灾适宜性分区，确定适宜性防灾控制要求和防灾措施。

城市用地防灾适宜性分类 表7-1

类别	地质、地形、地貌等适宜性条件和用地特征	说明
适宜	不存在或存在轻微影响的场地破坏因素，一般无须采取场地整治措施或仅需简单整治： 1. 稳定基岩，坚硬土场地，开阔、平坦、密实、均匀的中硬土场地；土质均匀、地基稳定的场地；土质较均匀、密实，地基较稳定的中硬土或中软土场地。 2. 地质环境条件简单无地质灾害影响或影响轻微，易于整治场地；地震震陷和液化危害轻微、无明显其他地震破坏效应场地；地质环境条件复杂、稳定性差、地质灾害影响大，较难整治但预期整治效果较好。 3. 无或轻微不利地形灾害放大影响。 4. 地下水对工程建设无影响或影响轻微。 5. 地形起伏较大但排水条件好或易于整治形成完善的排水条件	建筑抗震有利地段、一般地段；无地质灾害破坏作用影响或影响轻微，易于整治地段；其他灾害影响轻微地段；无其他防灾限制使用条件
较适宜	存在严重影响的场地不利或破坏因素，整治代价较大但整治效果可以保证，可采取工程抗灾措施减轻其影响： 1. 场地不稳定：动力地质作用强烈，环境工程地质条件严重恶化，不易整治。 2. 土质极差，地基存在严重失稳的可能性。 3. 软弱土或液化土大规模发育，可能发生严重液化或软土震陷。 4. 条状突出的山嘴和高耸孤立的山丘；非岩质的陡坡、河岸和边坡的边缘；成因、岩性、状态在平面分布上明显不均匀的土层（如故河道、疏松的断层破碎带、暗埋的塘浜沟谷和半填半挖地基）；高含水量的可塑黄土，地表存在结构性裂缝等地质环境条件复杂、潜在地质灾害危害性较大。 5. 地形起伏大，易形成内涝。 6. 洪水或地下水对工程建设有严重威胁	场地地震破坏效应影响严重的建筑抗震不利地段，地质灾害规模较小且整治效果可以保证地段
有条件适宜	存在尚未查明或难以查明、整治困难的危险性场地破坏因素地段或存在其他限制使用条件的地段： 1. 存在潜在危险性但尚未查明或不太明确的滑坡、崩塌、地陷、地裂、泥石流、地震地表断错等场地。 2. 地质灾害破坏作用影响严重，环境工程地质条件严重恶化，难以整治或整治效果难以预料。	潜在危险性较大或后果严重的地段

类别	地质、地形、地貌等适宜性条件和用地特征	说明
有条件适宜	3. 具严重潜在威胁的重大灾害源的直接影响范围。 4. 稳定年限较短或其稳定性尚未明确的地下采空区。 5. 地下埋藏有待开采的矿藏资源。 6. 过洪滩地、排洪河渠用地、河道整治用地。 7. 液化等级为中等液化和严重液化的故河道、现代河滨、海滨的液化侧向扩展或流滑及其影响区。 8. 存在其他方面对城市用地的限制使用条件	潜在危险性较大或后果严重的地段
不适宜	存在可能产生重大或特大灾害影响的场地破坏因素，通常难以整治的危险地段或存在其他不适宜使用条件的地段： 1. 可能发生滑坡、崩塌、地陷、地裂、泥石流、地震地表断错等。 2. 难以整治和防御的地震、洪涝、地质灾害等灾害高危害影响区。 3. 存在其他方面对城市用地的不适宜使用条件	危险地段

7.2.3 应急保障能力评估

应急保障能力评估的主要内容为统筹考虑灾害影响和各类防灾要求，对城市应急保障基础设施和应急服务设施的抗灾能力和状态水平进行分析。评估的目的是确定应急保障和服务设施的基本布局，制定建设改造的规划措施。

应急保障基础设施和应急服务设施抗灾能力评估是综合分析其重要建筑工程和关键环节的抗灾性能及防灾措施，梳理薄弱环节，确定需要改造的范围和规模。应急保障和服务状态水平评估是对应急保障基础设施和应急服务设施资源开展调查和统计工作，进而确定其规模并进行选择性设置。通过分析应急保障基础设施和应急服务设施需要达到的保障级别、保障服务范围和保障措施，重点从应急服务不足及疏散困难程度等方面辨识应急保障服务薄弱片区。

应急保障基础设施的设防标准，可针对其防灾安全和在应急救灾中的重要作用，根据城市规模以及基础设施的重要性、使用功能、修复难易程度、发生次生灾害的可能性和危害程度等确定。

城市应急服务设施评估需考虑不同水准灾害和不同应急阶段的要求，场址选择评价时，以影响规模大的灾害为主，兼顾其他灾害的综合应急服务和避难要求，针对医疗卫生设施、物资存储和流通设施、园林绿地、广场、室内场馆等场所资源，进行可利用场所安全评估，包括本身的安全和改造难易情况，以及应急交通、供水等应急保障基础设施和医疗、物资储备等应急服务设施的配套情况。

7.2.4 防灾需求评估

防灾需求规模评估通常包括：各类防灾人口规模（需救助人口，受伤和死亡人口，需疏散避难人口，需转移安置人口等），重点保障对象，应急恢复、修复和重建规模，灾害防御设施规模，应急保障设施规模，避难场所等应急服务设施规模，重要工程设施和地区建设改造规模等。

防灾需求规模评估应符合下列内容：

（1）评估时应分类确定最大受灾人口数量及分布，并据此分析各类应急保障基础设施和应急服务设施规模需求。受灾人口的类型宜包括需救助人口、伤亡人口、需疏散避难人口、需转移安置人口等。

（2）评估时应分析城市各类重要设施的应急保障需求，确定应急功能保障对象及保障要求，评估已有和可利用应急保障基础设施和应急服务设施的应急保障服务范围、规模和水平，并分析所需达到的应急保障级别、方式和措施。

7.3 规划管控技术要求

7.3.1 基本要求

在城市规划过程中重视城市规划防灾方面要素（表7-2），并通过划设防灾控制线以主动规避或管控城市用地灾害风险，是有效提升城市防灾减灾能力的根本路径。

城市规划防灾要素 表7-2

类别	要素识别	举例
风险评估	灾害高风险片区	高密度片区
	抗灾能力薄弱片区	老旧房屋片区
	应急能力不足片区	应急服务难以覆盖片区、疏散困难片区
用地安全	重大危险源	危化品仓库
	次生灾害高风险片区	次生火灾高风险片区、堰塞湖
	可能发生特大灾难性影响的设施和地区	核材料生产储存设施、核设施；水面高于城市用地标高，一旦决堤短时间内可能淹没城市大范围地区的大面积水域；抗灾能力不足的、储存规模特别大的重大危险源储罐区、库区
	有条件适宜和不适宜用地范围	不利和危险地段：地震地表断错；泥石流、滑坡

类别	要素识别	举例
防灾设施	应急保障基础设施	应急交通、供水、供电、通信等；保障级别；保障对象
	应急服务设施	应急医疗设施、物资储备分发设施、避难场所
	防灾工程设施	防洪工程、消防站、防灾分隔带、地质灾害防治工程
应急保障对象	要害系统、指挥系统、生命线系统等	应急指挥中心、避难场所、救灾医院、城市出入口等
防灾组织	防灾分区、避难场所责任区	—

自然灾害的城市规划管控具有三个主要特点：第一，阻断致灾因子的作用路径。如地震、大型地质灾害等自然灾害，通过合理的用地选址避开断裂带地表位错部位可有效降低灾害危险性。第二，控制承灾体的建设水平。人口、工程和社会财富越集中的区域，其灾害风险也越大，通过控制承灾体的建设水平可减缓灾害风险，如降低用地开发强度、提高建设工程抗灾设防标准等。第三，规划建设应急防灾设施。通过合理规划建设应急防灾设施保障灾后应急救灾工作从而降低灾害风险。因此，能够从规避用地高危险区、降低承灾体暴露度和易损性、保障防灾设施灾后功能发挥三个方面，划定包括危险控制线、风险管控线和功能保障线的城市防灾控制线体系，降低城市灾害风险、保障城市空间安全，并针对各自管控对象的风险特征采取不同的防灾策略与管控措施。

城市规划应划定防灾设施用地界线，并针对不同类型重点防灾管控对象，制定分类管控要求、划定规划风险控制区或划定防灾控制界线等方式相结合的规划管控措施，规划管控措施宜采取下列单项或多项组合的规划控制内容制定管控方式和要求：

（1）建筑使用功能、人员密度及建筑规模、密度、间距等规划限制建设要求。

（2）较高的抗灾设防标准，控制风险的防灾措施。

（3）防灾设施配置要求和建设标准。

（4）场地出入口和建筑出入口的场地空间设置标准和保障要求。

（5）需采取规划论证和审批等特定规划管理措施。

建设工程选址应符合防灾规划要求，工程勘察设计应把城市综合防灾规划作为依据。城市综合防灾规划有强制性要求的建设工程，应在规划选址、工程设计中列入建设条件。

城市规划管理应严格控制各类防灾设施用地性质和规模，其他用途不得占用；防灾设施规划建设用地确需调整时，应进行综合评估，并应及时调整补偿防灾设施规划用地，安排必需的防灾设施建设，不得损及城市防灾功能。

应急指挥中心、应急保障医院、应急物资储备场所等设施应提出内部与周边交通、内外疏散等安全空间保障的控制措施；应急水源及应急供水、供电、通信等设施应提出保障规模和保障措施。

城市规划风险控制区宜根据城市实际情况选择下列不同类型分别划定：

（1）重大危险源安全防护距离之外的可能影响或波及片区。

（2）可能发生特大灾难性事故影响设施的可能影响或波及片区。

（3）存在场地高危险因素，但难以整治或其影响范围与程度因经济技术原因尚难以查明的片区。

（4）灾害高风险片区。

（5）应急保障服务能力薄弱片区。

7.3.2　防灾设施控制界线

2008年汶川地震中，由于基础设施系统对灾害功能保障要求考虑不足，交通、通信、供电、供水等应急保障层次不明确、设防等级单一，导致基础设施系统无差别化地发生严重破坏，未能发挥震后快速应急救灾功能，影响了救灾进程。为了保障防灾设施在灾后的安全与防灾功能，除提高其自身抗灾性能外，还需要考虑其周边的不利因素对其造成的危害。因此，需要结合防灾设施的空间形态与功能保障需求，划设相应的功能保障线，并明确其相应的防护要求。

城市防灾设施控制界线包括下列规定界线：

（1）应急通道的有效宽度界线，防灾避难场所的有效避难范围界线和市区级防灾功能用地范围界线。

（2）重大危险设施的安全距离范围界线。

（3）不适宜用地范围界线，包括以下用地灾害直接危害范围界线：①存在滑坡、崩塌、泥石流等地质灾害隐患的危险地段；②抗震不利地段与抗震危险地段；③洪涝灾害高风险地区，行洪滩地、排洪河渠用地、河道整治用地。

城市防灾设施控制界线的管控措施应符合下列规定：

（1）防灾设施控制界线范围以内不得进行影响防灾设施功能的建设安排。

（2）规划防灾设施控制界线范围内确需调整时，应进行综合评估，并应及时调整补偿防灾设施规划用地，安排必需的防灾设施建设，不得损及城市防灾功能。

基于各类防灾设施的空间形态、功能特征和空间保障需求，采取针对性的功能保障线划设方法，其管控策略则从确保设施灾后不受外围建设的影响且保障救灾功能正常的视角出发制定。以应急通道和避难场所为例示意其空间保障需求及功能保障线的划设与管控（图7-2）。

应急通道功能保障线。保证灾时应急通道的通达性是城市正常发挥疏散、救灾、物资运输等应急功能的关键，具体表现为应急通道有效宽度的保障。地震发生时，沿街建筑

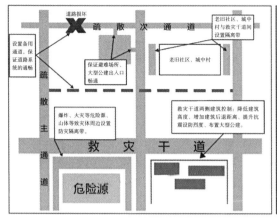

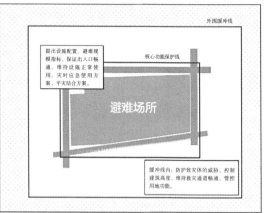

（a）应急通道功能保障线　　　　　　　　　（b）避难场所功能保障线

图7-2　防灾设施控制界线划定示意图

物倒塌产生的瓦砾堆积会减小道路的有效宽度，从而影响疏散通道的通行能力。因此，应急通道功能保障线可结合道路红线和道路两侧可能产生的瓦砾堆积情况进行规划管控，通过拓宽路面、降低沿街建筑高度、增加建筑后退距离来保证有效宽度，也可以采取提升两侧建筑的抗震设防水平，减轻建筑破坏可能造成的道路堵塞。需要指出，应急通道功能保障线空间上并不表现为一条确定的线，而是维护其功能的多种防灾措施的组合（图7-2a）。

避难场所功能保障线。避难场所是供居民紧急疏散、临时生活的过渡性场所，安全性是其应具备的首要特征，结合应急避难场所的功能性和安全性要求，功能保障线的划定应由核心功能保护线、外围缓冲线组成（图7-2b）。其中，核心功能保护线重点针对避难场所灾时服务范围的避难需求，控制其有效避难用地规模和设施配置要求，维持灾时疏散、救灾活动顺利进行。外围缓冲线重点针对避难场所外部的危险源威胁进行防护，应不受高大建筑物、次生火灾源等影响，四周有次生火灾或爆炸危险源时，应设防火隔离带或防火树林带。

7.3.3　风险控制区界线

历史灾害经验表明，地震活动断层地表破裂带、大型地质灾害等致灾体对城市用地安全造成直接威胁，采取工程技术手段完全消除其影响既不经济也不现实。根据致灾体成灾机制及其空间影响范围划设风险控制线，引导城市建设用地选址避让，避免致灾体和承灾体在空间上的重合，是减轻灾害损失行之有效的方式。

一般来说，建设用地开发强度越高，相应的灾害风险也越高。许多学者将人口密度、城市财富情况、用地类型、容积率等作为评估灾害风险的重要指标，实际上反映的是建设用地上承载的工程、财富与人口等承灾体的规模与类型对灾害风险的影响。因此，通过划设风险管控线对地块用地功能、建设开发强度等进行控制，降低城市承灾体的暴露度，也是减轻城市灾害风险的重要途径（表7-3）。风险管控线的管控主体重点针对城市中灾害高风险区域，主要包括不良地质条件用地区域、重大危险源可能影响的区域、近地震断裂地表位错带外围区域以及旧城区等城市灾害高脆弱区域等。

表7-3

防灾规划控制线分类

类型	要素	举例
防灾设施控制界线	防灾设施用地范围界线	应急通道的有效宽度界线、防灾功能用地范围界线等
	重大危险设施的安全距离范围界线	可能发生特大灾难性事故影响的设施或地区可能危害影响范围界线
	不适宜防灾设施功能规划的用地范围界线	存在滑坡、崩塌、泥石流等地质灾害隐患的危险地段，抗震不利地段与抗震危险地段等
风险控制区界线	危险控制线	活动断层地表破裂带危险控制线、大型地质灾害危险控制线等
	风险管控线	不良地质条件用地风险管控线、近地震活断层区域风险管控线、应急保障服务能力薄弱片区的界线、高脆弱区域风险管控线等

1. 危险控制线

危险控制线的划设目的是规避重大致灾体对城市空间的影响，避免其与城市建设用地在空间上的重合，因此危险控制线主要规划管控策略是避让。合理的避让距离是危险控制线划设的基础，如果对灾害危险性估计过于保守，则避让的距离会扩大，造成土地资源的浪费与管控实施的困难；反之，如果对灾害危险性估计不够，则避让距离过小，又会对建设工程造成威胁。因此，需要在充分认识致灾体的作用机制与影响范围基础上，综合历史案例和相关技术规范进行划设（图7-3）。

1）活动断层地表破裂带危险控制线

关于活动断层地表破裂带避让距离的研究和实践，国内外均出台相关的规定，如美国加州AP法案、欧洲《结构抗震规范8》、日本《活断层法》等均要求建筑物必须避开活动断层15m。精确的活断层避让距离与活动断层基本类型、断层倾角大小、断层陡坡高度、覆盖层厚度、断层年龄、断层影响深度、破裂宽度等密切相关，需要在活断层探测基础上结合城市规划需求进行划设。2017年银川市人民代表大会常务委员会通过了《关于在银川市辖区内的活动断层避让带范围内建设绿化带的决定》，这是国内颁布的首部关于地震活动断层避让的地方法规性文件。文件规定在银川地区的地震活动断层避让带内"不得新建、改建和扩建丙类及以上建（构）筑物"，限定避让带内的建设内容为

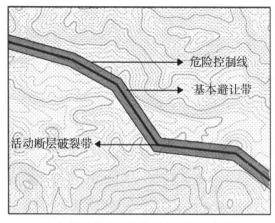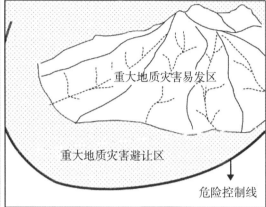

（a）活动断层危险控制线划设示意图　　　　（b）重大地质灾害危险控制线划设示意图

图7-3　危险控制线划设示意图

"绿地、公园、植物园和湿地景区等"，这为城市规划、规划管理和工程建设提供了有益的借鉴（图7-4）。

2）大型地质灾害危险控制线

为了更清晰地反映地质灾害的空间分布和变化规律，我国编制了《中国山洪灾害防治区划》《全国地质灾害风险区划》，地方也根据各自地理环境特点编制了地质灾害风险区划图。大型地质灾害危险控制线的划设需综合评价历史灾害情况、地质灾害危险性（灾害发生概率、危害程度）、区域地形地貌条件（高程、坡度、坡向等）、地质条件（地质构造、地层岩性、距断层距离等）、气象水文条件（降雨、水文）、诱发条件（植被覆盖、土地利用、人类建设活动）等内容，确定灾害影响重大且难以治理的区域，并在此基础上划定地质灾害危险控制线。

在管控策略上，一般认为泥石流风险管理主要有降低危险度、降低易损度和灾害保

（a）地震断层避让带处修建公园　　　　　　（b）断层处竖立避让牌

图7-4　活动断裂带避让措施[1]

险三种途径，具体来说，应严格禁止危险控制线内的建设活动，严格禁止城市规划选址突破危险控制线，避免城镇建设用地向危险控制线内进行扩展。另外，在危险控制线处设置宣传板，示意地质灾害的特征及其危险性，宣传防治地质灾害的必要性和重要性。同时，防止人为工程、活动因素诱发灾害，并采取必要的工程措施、生物措施、生态治理措施等。

2. 风险管控线

不同建设用地涵盖了用地功能、建设密度、人员密度、容积率、设施重要程度等暴露度与易损性信息，在致灾源作用下会产生不同程度的风险。因此，风险管控线应基于灾害危险性和承灾体易损性评价，明确应对不同的风险等级进行多级圈层的划设。同时在规划管控上，依据风险管控线的划定结果对用地功能、国土开发强度、建筑设防等给出相应的防灾管制措施。

1）不良地质条件用地风险管控线

在城市规划选址时应探明地质条件不良的场地范围，根据潜在的灾害风险划设不良地质条件用地风险管控线，严格控制用地功能，避免城市要害工程、人员密度较大等功能的工程建设，同时将控制线内用地的开发强度控制在较低水平，并明确灾害防治措施、工程措施等以适应或控制用地的破坏效应。

针对具有不良地质条件的场地，我国在相关规范中给出了不同等级的划分原则与建设要求。如现行国家标准《城市综合防灾规划标准》GB/T 51327根据地质、地形、地貌等适宜性条件和用地特征，将城市用地防灾适宜性划分为适宜、较适宜、有条件适宜和不适宜四类，同时对各类地段作为城乡建设用地的管控要求给出了规定；现行国家标准《建筑抗震设计标准》GB/T 50011根据地震活动情况、工程地质和地震地质等情况，将建筑场地划分为抗震有利、一般、不利和危险地段，并规定在建筑场地选择时的管控要求。

2）重大危险源风险管控线

重大危险源风险管控线应根据城市用地功能的重要程度及对灾害的敏感程度，在风险评价的基础上制定多级安全防护圈层（图7-5）。在规划管控方面，应明确危险化学品重大危险源的存储生产方式、规模及运维和管理措施，根据多级安全防护圈层实施对应的用地功能、项目类型禁建管制，进行不同的国土开发强度控制。对已建的重大危险源通过实地分析、风险评估判断其是否满足用地要求，对不符合要求的应提出搬迁、拆除危险源或增加工程防护设施、调整承灾体用地等对策。

关于重大危险源安全外部安全距离的确定方法主要有基于安全距离、基于事故后果和基于风险的方法，《危险化学品生产装置和储存设施外部安全防护距离确定方法》给出了危险化学品重大危险源外部安全防护距离的确定方法。同时，为了对危险化学品重大危

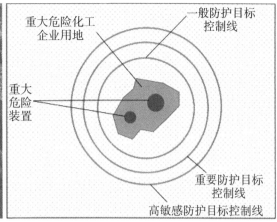

图7-5 重大危险源风险管控线示意图

险源周边土地利用规划时的风险进行判定，《危险化学品生产装置和储存设施风险基准》中根据场所使用性质将防护目标分为高敏感防护目标、重要防护目标及一般防护目标三大类型，并针对各类防护目标规定了个人风险基准和社会风险基准。另外，可以通过仿真模拟等方式示意危险源影响范围，并以此辅助控制线的划定。

3）近地震活动断层区域风险管控线

近地震活动断层区域风险管控线可按照建筑重要性划设三级管控线（图7-6），划定范围内实施相应的禁限建管制，一级控制线为一般建筑物建设管控边界，此范围与活动断层地表破裂带危险控制线一致，线内禁止进行建设；二级控制线为重要建筑物建设管控边界，线内可建设一般建筑并控制用地开发强度；三级控制线为特殊建筑物管控边界，线内为对于建筑破坏后可能造成较大人员伤亡和经济损失、较大社会影响以及在抗震救灾中起关键作用的重要建筑，故需要进行严格限建管控。

对于近地震活动断层区域，除了地表破裂带需要严格避让以外，还需要根据承灾体的灾害敏感程度、功能重要程度、受灾损失程度综合研判灾害风险，并划设风险管控线。现行国家标准《建筑抗震设计标准》GB/T 50011除对发震断裂的避让距离严格要求外，也规定了在避让距离的范围内确有需要建造分散的、低于三层的丙、丁类建筑时，应按提高一度采取抗震措施，并提高基础和上部结构的整体性，且不得跨越断层线的要求。这实际上也是根据风险可接受水平对用地开发强度和建筑物可建设类型进行的管控。

4）高脆弱区域风险管控线

城中村、棚户区、老旧街区等高脆弱区域风险管控线除减轻区域自身易损性外，还应充分利用周边环境进行抗灾。因此，高脆弱区域风险管控线由核心管控线和外围疏导线组成（图7-7）。其中核心管控线根据承灾体场地范围和脆弱区域范围进行划设，并采取

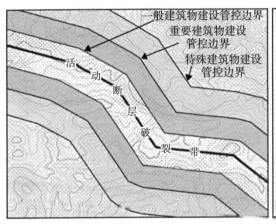

图7-6　近地震活动断层风险管控线示意图

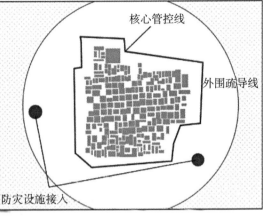

图7-7　高脆弱区域风险管控线示意图

消除区域隐患、降低建筑和人员易损性等方式进行改造；外围疏导线根据外部灾害影响、基础设施布局等情况进行划设，针对高脆弱区域内部空间集聚、难以配置防灾设施等问题，重点从限制周边用地功能和防灾设施接入等维度进行规划管控（表7-4）。

高脆弱区域风险管控线的划定与管控手段　　　　表7-4

风险管控线的划定	管控方式	控制线内具体管控手段
核心管控线	消除区域隐患 降低易损性	消除私搭乱建、排除火灾隐患 建筑加固、增加疏散通道、加强防灾减灾宣传教育
外围疏导线	防灾设施接入	建设避难场所、疏散通道、配备必要的消防力量、医疗力量、设置防灾隔离带
	限制周边用地功能	限制易发火灾的建筑建设、限制高层建设、限制城市重要功能建设

7.4　防灾韧性规划建设

　　我国有灾害种类多、分布地域广、发生频率高、造成损失重的基本国情，国土空间安全特别是灾害风险防控与韧性国土的建设面临着巨大的挑战。自习近平总书记提出"两个坚持三个转变"以来，党的十九届三中全会确立了我国"大应急"管理体系，习近平总书记统筹发展和安全，亲自部署实施自然灾害防治"九项重点工程"战略行动，进行第一次全国自然灾害综合风险普查，开辟了自然灾害防治理论与实践结合的新境界。

建设韧性城市是推动城市安全发展、可持续发展的重要路径，对我国实现国土空间治理体系和公共安全治理能力现代化具有重要意义。2020年10月，中共十九届五中全会提出要统筹发展与安全，正式提出建设更高水平的"韧性城市"命题。同年11月《第十四个五年规划和二〇三五年远景目标纲要》明确要求建设"韧性城市"，反映出我国在韧性城市建设上的决心和信心。早在2017年9月，《北京城市总体规划（2016年—2035年）》就提出"提高城市韧性"的要求。2021年10月，北京市印发了《关于加快推进韧性城市建设的指导意见》，以突发事件为牵引，立足自然灾害、安全生产、公共卫生等公共安全领域，从空间韧性、工程韧性、管理韧性、社会韧性、保障措施五个方面加快推进提升北京城市规划、建设、管理全过程的韧性城市建设工作内容。

在"统筹发展与安全"的背景下，新时期加强国土空间规划背景下自然灾害综合风险防控和韧性国土建设显得尤其重要。目前，传统防灾减灾体系以单灾种防灾为主，工作内容技术门槛高、深度不一，在国土空间层面缺乏统筹性考虑。加之相关制度标准体系的不完善，国土空间规划在处理防灾问题时缺乏专业基础支撑，成果较为宏观，难以反映灾害发生发展、承灾体受灾响应的机理性特点。因此在新的要求下，加强自然灾害综合风险防控，提升国土空间韧性是现实的、必要的。

7.4.1 韧性与城市防灾

1. 韧性的概念

韧性一词来源于物理学，其本意是"恢复到原始状态"。加拿大生态学家霍林（Holling，1973）将其引入系统生态学领域，描述了系统在遭受外界各种冲击时，能够维持系统原有稳定状态的能力。自20世纪90年代以来，韧性研究经历了从自然生态学向人类生态学的发展以及"工程韧性—生态韧性—演进韧性"的理论发展过程。韧性的概念在城乡规划学界中，则从单纯的利用、消耗的关系，到提倡人、居、环的协调共生，并构建了韧性城市规划与建设等基本理论，旨在强化城市面对灾害时的预防、准备、响应及快速恢复能力。

通过对上述韧性理念的梳理可以看出，韧性概念的演变经历了从单一稳态到多稳态再到动态思想，从恢复初始到寻找新态到不断适应、学习，从确定有序到复杂无序再到不确定的、混沌的发展过程，其发展脉络与城市防灾理念的逻辑演变步调基本一致（图7-8）。

近年来，随着科学技术的飞速发展，结合新兴技术开展城市管理即"智慧城市"是未来的重要发展方向。智慧城市指利用新兴技术升级城市基础设施提高城市人力、社会经济、传统产业的治理水平，实现对自然资源的智慧管理。而智慧韧性城市是智慧城市、韧性城市的深度有机结合，涵盖了智慧城市的智能性特点、韧性城市面对突发事件的鲁棒

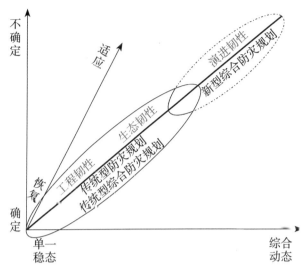

图7-8　韧性概念发展与综合防灾规划演变逻辑关系示意图[25]

性；在技术维度上实现城市的平时智能感知与灾后快速恢复，在组织维度上实现城市的平时精细化管理与灾时协同化管理。智慧城市与韧性城市相辅相成：前者为后者提供信息、技术、硬件等基础，共同为城市应急防灾提供分析与决策支撑。韧性城市在"智慧"的基础上，提升城市对应急防灾的快速响应、治理及恢复能力，为城市智能提供更多的应用场景和实际需求。

2. 防灾韧性的现存问题

1）灾害风险与韧性面临的系统性问题

（1）法定标准依据缺失，工程治理和空间治理存在技术缺口

我国传统防灾减灾规划可分为单灾种防灾规划、专项综合防灾规划和总体规划中的综合防灾规划。然而，法定标准的缺失造成了三者之间存在不协调、不统一、不明确等问题；其次是缺少设防标准依据或划定对应的灾害情景/风险场景，以往是在工程为主设防标准的上限或防灾隐患范畴中进行；此外，国土空间在巨灾或超越设防水准灾害应对机制方面的需求不明确，如能源输送等国家、区域重大保障。

（2）思维逻辑需要融合，统一空间和平台需要新体系

涉及国土空间治理改革具有复杂性，灾害治理具有艰巨性和不完整性，传统规划逻辑与灾害治理逻辑（全过程、全环节）存在难以平衡的现实间隙。传统规划刚性思维明显，对防灾过度强调底线思维，弹性韧性适应性理念落实艰难。显然，国土空间综合防灾逻辑和传统规划防灾逻辑有差异，需要统一的空间基准和平台，构建新的防灾逻辑与体系。

（3）防灾综合性系统不够

缺乏上下贯通的系统性监测预警、处置发布、公众参与的集成性系统，防灾设施功能整合性不够。没有清晰的法定防灾要素链条体系，防灾相关制度和技术标准在国土空间上着墨甚少。防灾资源的综合利用、网络化利用不足，设计理念落后，同时，缺乏社区民众的空间和资源统筹利用和调配，减灾社区和公众参与空间有待提升。

传统城市安全防灾规划的初衷是为了应对台风、地震、洪涝、极端气候以及突发事件带来的风险冲击。然而，在当前快速发展的社会经济局面下，众多因素的积聚使得城市系统面临各种不同程度和广度的外源—内生性风险冲击，乃至复合型次生灾害，这就要求城市安全防灾规划不断调整和完善。

2）自然灾害综合风险防控和韧性建设痛点

（1）国土空间治理改革与灾害治理的复杂性与不完整性

第十三届全国人民代表大会第一次会议审议国务院机构改革方案。组建应急管理部、国土资源部，印发了《关于全面开展国土空间规划工作的通知》，将"城市安全与综合防灾体系"作为对国务院审批市级国土空间总体规划的重要审查要点。当前我国国土空间治理改革和灾害治理存在复杂性与不完整性，矛盾突出，主要体现在以下方面：第一，我国过往的灾害管理呈现"分兵把守"的格局，多部门协调合作下出现效率低下、治理混乱、政策矛盾和执行困难的窘境。第二，国土空间防灾在不同级别规划任务中逐渐细化，上宏观下微观，而地方技术力量有限，下级机构几乎无从下手，限制了风险评估等工作的落实与效果。此外，防灾机构不独立存在、双向领导也带来了问题。

（2）防灾安全地位客观上升与政策标准缺位的矛盾

新时代防灾安全地位的上升具有广泛、客观的时代政策背景，是促进传统防灾转向国土空间韧性思维，再到平灾可持续防灾理念和实践转向的底层动力。但目前的相关实践中在政策标准方面仍然面临缺位缺失的现实状况，对新时代防灾减灾救灾"三个转变"新理念缺乏认知和制度行动逻辑，主要体现在以下三个方面：国土空间在灾害风险防控中需考虑的灾种尚有模糊；相关标准编制深度、广度各异，不交圈；对新型用地、设施的融合考虑不足。

（3）国土空间规划的风险韧性诉求与规划实践效果存在巨大落差

随着韧性城市理念的不断发展与演进，建设韧性城市已成为城市总体规划和国土空间总体规划的重要内容，随着可持续城市、生态城市、宜居城市等理念的不断吸纳，城市规划建设理念也在不断迭代更新，如何规划建设更具有韧性的城市成为研究热点。目前，各级国土空间规划指南中均提到要建设韧性的国土空间，各个城市国土空间总体规划同样设置了韧性城市的专章，但规划指标仅出现了人均避难场所面积一项，这与韧性国土的理念诉求相比存在巨大落差。

（4）国土空间防灾全生命周期管理的技术缺位

国土空间防灾全生命周期管理具有全过程、各环节、整体性和系统性特点，强调源头治理、过程治理和末端治理相结合的全过程、全环节施策。第一，灾害风险是国土空间防灾首要需考虑的问题，目前国土空间综合风险底数不明，风险底数可包括致灾孕灾底数、承灾体底数、历史灾害底数、重点隐患底数、减灾资源底数等方面，韧性国土构建基础不牢。第二，国土空间规划在灾前准备、灾中应急和灾后恢复的全过程存在缺口。第三，国土空间综合风险防控缺少在规划、建设、运维管理以及灾时处理灾后恢复重建的全环节韧性策略，而规划是后续建设、运维的源头性内容。第四，我国灾害风险评估在制度上缺乏法律约束、标准依据，技术上缺乏设定性情景、缺乏规划层面的设定防御标准、缺乏反映灾害影响机理的易损性考虑，防灾系统不成体系，责任不明确。

3）智慧韧性城市建设面临的挑战

（1）基础设施覆盖不全面，韧性感知能力不足

基础设施既包括传感终端、第五代移动通信技术（5G）网络、大数据中心、工业互联网等智能设备，也涉及医疗资源、道路设施、能源输送管道等维持城市系统正常运行的公共设施：其覆盖范围的全面性决定了城市灾时感知的速度与精度，进而影响城市的韧性响应与决策能力。然而，我国许多城市的基础设施配置不合理，集中于中心城区及其周边，而偏远地区的基础设施落后且稀少：也有不少城市的中心城区基础设施老旧，无法满足平时感知、灾前预警、灾时抵御的功能需求。因此，应合理加强中小城镇在智慧韧性城市基础设施方面的投入，提高建设、维护、运用等意识，基于多维监测、精准管控、智能网联、韧性感知能力，使灾时及时预警、高效协作成为现实。

（2）数据信息共享不充分，韧性响应能力不足

我国的智慧城市建设蓬勃发展，但智慧城市与韧性城市的建设目标、建设内容存在明显的脱节现象。一方面，大量的智慧工具处于分散化状态，难以整合关键资源，也未能满足动态治理的要求，导致管理信息系统、网络资源没有进行充分集成，信息壁垒现象常见：未能实现信息系统必要的互联互通，制约了协同高效应急管理大数据信息服务网络平台、智能防灾减灾服务体系的建设成效。另一方面，政府设立的智能治理系统，与源于社区的数据之间未能有效衔接，仅有部分管理领域在社区接入了智慧端口：多数管理部门依然采取传统的人工入驻社区方式进行信息监控和采集，在影响居民幸福感的同时，制约了数据的时效性甚至影响了城市治理的综合效能。

7.4.2　防灾韧性建设框架

1. 总体思路

在总体规划层面，需要更好地融合韧性城市规划理念，并将其作为一个重要的课题单独研究。总体思路如下：

（1）编制国土空间防灾韧性规划，应通过刚性、弹性、韧性相配合解决防灾安全问题；

（2）规划中应纳入设定灾害情景，重视灾害风险评估基础；

（3）规划中应同时衔接灾害治理，构建国土空间综合防灾系统。

同时，韧性城市建设与国土空间总体规划同步编制，两者同时进行韧性国土建设，并且互相反馈、支持（图7-9）。

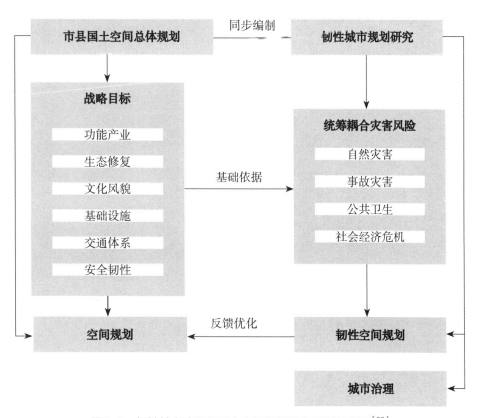

图7-9　韧性城市建设和国土空间规划同步编制示意图[99]

2. 框架建设

在韧性城市规划研究中，为确保韧性国土建设的落实，应在国土空间总体规划就反映出韧性空间的需求。此外，韧性城市专项研究也可以弥补国土空间规划在城市治理方面，包括韧性战略、韧性政策和应急管理体系的不足，通过优势互补，实现韧性国土建设。同时，韧性国土建设应该贯穿不同的规划层级，包括国家级的区域性韧性国土建设、市县级的城乡间韧性国土建设及乡镇级的韧性国土建设，并结合总体规划、详细规划、专项规划等，提出治理视角下的韧性国土建设的整体框架及技术路线等韧性规划内容（图7-10）。

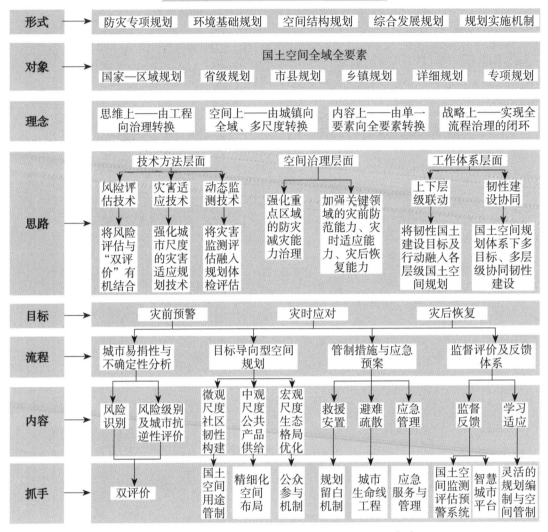

治理视角下韧性国土建设的整体框架内容

| 形式 | 防灾专项规划　环境基础规划　空间结构规划　综合发展规划　规划实施机制 |

| 对象 | 国土空间全域全要素
国家—区域规划　省级规划　市县规划　乡镇规划　详细规划　专项规划 |

| 理念 | 思维上——由工程向治理转换　空间上——由城镇向全域、多尺度转换　内容上——由单一要素向全要素转换　战略上——实现全流程治理的闭环 |

思路:

技术方法层面 | 空间治理层面 | 工作体系层面

- 风险评估技术 → 将风险评估与"双评价"有机结合
- 灾害适应技术 → 强化城市尺度的灾害适应规划技术
- 动态监测技术 → 将灾害监测评估融入规划体检评估
- 强化重点区域的防灾减灾能力治理
- 加强关键领域的灾前防范能力、灾时适应能力、灾后恢复能力
- 上下层级联动 → 将韧性国土建设目标及行动融入各层级国土空间规划
- 韧性建设协同 → 国土空间规划体系下多目标、多层级协同韧性建设

目标: 灾前预警　灾时应对　灾后恢复

流程: 城市易损性与不确定性分析　目标导向型空间规划　管制措施与应急预案　监督评价及反馈体系

内容:
- 风险识别
- 风险级别及城市抗逆性评价
- 微观尺度社区韧性构建
- 中观尺度公共产品供给
- 宏观尺度生态格局优化
- 救援安置
- 避难疏散
- 应急管理
- 监督反馈
- 学习适应

抓手:
- 双评价
- 国土空间用途管制
- 精细化空间布局
- 公众参与机制
- 规划留白机制
- 城市生命线工程
- 应急服务与管理
- 国土空间监测评估预警系统
- 智慧城市平台
- 灵活的规划编制与空间管制

图7-10　治理视角下防灾韧性国土建设的整体框架[40]

7.4.3　防灾韧性规划建设

1. 技术标准体系

1）将灾害风险评估与"双评价"进行有机结合

灾害风险评估需结合区域现状与规划意向，针对不同等级的高、中、低多情景的风险区，采取多尺度的灾害风险评估技术方法，将灾害风险评估与国土空间"双评价"进行结合，识别出区域内的高风险地区，确定城市未来国土空间规划目标，为国土空间韧性建设、开发格局优化与空间治理提供理论支撑。

2）运用大数据辅助城市治理

运用大数据辅助可以监督城市治理政策实施的具体过程并做出实时反馈，可以更好地评估治理效果，同时为民众提供公众参与的平台。

3）强化灾害治理方面的规划技术方法，将灾害监测评估融入城市体检体系中

首先通过灾害风险识别与评估划分出各等级的风险区，并针对重点区域的防灾减灾能力治理进行强化，之后加强对城市关键领域的灾前防范能力、灾时适应能力、灾后恢复能力。同时结合城市体检工作，增强国土空间灾害监测体系建设，建立"监测—响应—辨析—预警"的技术体系，提升国土空间规划的管理水平和应对灾害的能力。

4）平衡约束性指标和引导性指标的关系

在规划编制技术标准的制定与完善中，需要考虑空间治理的适应性，以满足城市动态化、精细化发展的需求。规划编制技术标准的建立需要充分尊重市场经济规律、城市发展的多元需求，强化管控力度和层次的递进关系，促进城市的有序、协调、可持续发展。

5）将韧性国土建设目标及行动融入各层级国土空间规划

在规划编制过程中注重不同层次、各阶段规划的联系与衔接，需要紧密结合实际项目实施情况，建立全过程动态管理机制，有效地将规划落实与项目管理相结合，形成预后反馈的闭环系统，连续地优化计划与实现之间的关系。

6）国土空间规划体系与韧性国土空间的多目标协同建设

首先，需要加强多空间的协同建设，城市"三生空间"的韧性建设需求相互关联，国土空间规划在考虑全域全要素的基础上，需要整体协调三生空间的韧性国土建设，避免碎片化的韧性提升，最大限度提升国土空间韧性建设的效益；其次，需要推动多目标的协同建设，融合韧性国土建设与其他理念，共同进行韧性国土空间的建设，并同时进行短期目标与长期目标的协同建设，在长期目标的基础上制定短期目标，避免韧性国土建设片段化。

2. 政策建议

1）落实中央关于国土空间治理和灾害治理新的时代要求

认清把握国土空间综合防灾规律，强化区域协同、城乡一体化防灾，解决国土空间防灾的突出问题和难点，明确评估、布局、管制、治理均衡有效的国土空间综合防灾系统；坚持"以人民为中心"，坚持生态文明思想和总体国家安全观，立足灾害治理能力现状，满足民众多样化、差异化、多态化防灾需求，形成更加可持续和安全的国土空间格局，实现人民对美好生活的向往（图7-11）。

2）编制国土空间防灾韧性规划，通过刚性、弹性、韧性相配合解决防灾安全问题

刚性是城市防灾的安全底线，弹性是实现可持续发展的关键，韧性是灾后功能持续的保障。作为发展中国家，中国的城市不仅需要韧性，更需要刚性，更需要规划防灾措施

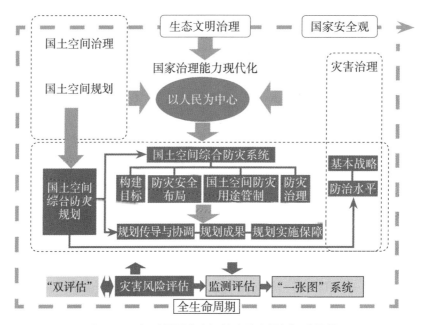

图7-11　新时期国土空间综合防灾规划概念逻辑

的刚性化，提高城市自身物质空间的抗灾能力是防灾的根本基础和第一道防线，构建基于风险一致性的国土空间规划设计，将空间防灾体系作为城市的第二道防线，韧性是构筑城市应对灾害的第三道防线，是城市灾后功能持续的保障。

3）规划中纳入设定灾害情景，重视灾害风险评估基础

为应对国土空间面临的多水准耦合灾害、连锁灾害，应在国土空间规划中重视灾害风险评估。第一，应注重研究历史灾情、单灾种、灾害链，进行形成分析、区域分析，区分工程设防灾害和规划设定防御标准下的特定灾难性事件。第二，开展风险识别，研究国土空间灾害风险要素构成，进一步确定国土空间评估单元的危险分区、易损性分区、效能分区和损失分区。第三，针对提取的防灾问题开展综合风险区划，确定国土空间的灾害高风险区，如致灾高危区、高易损性区和后果严重性分区等。第四，开展综合防灾评价，给出国土空间防灾城镇建设适宜性、城镇建设用地适宜性和综合防灾的空间、设施等的安全性结果与问题（图7-12）。

4）衔接灾害治理，构建国土空间综合防灾系统

国土空间规划防灾应明确设防、布局、管制和治理的主要防灾目标，衔接灾害治理基本战略，构建国土空间综合防灾系统，提升灾害防治水平。第一，在设定灾害情景下进行分区统筹和区域冗余备份。第二，落实各层级布局要求，明确国土空间格局安全调试与管制。第三，提出有关国土空间的管制要素与规则。第四，建立国土空间防灾与安全韧性的长效机制，明确近期任务，提升防灾治理能力，对接"九大"灾害治理工程（图7-13）。

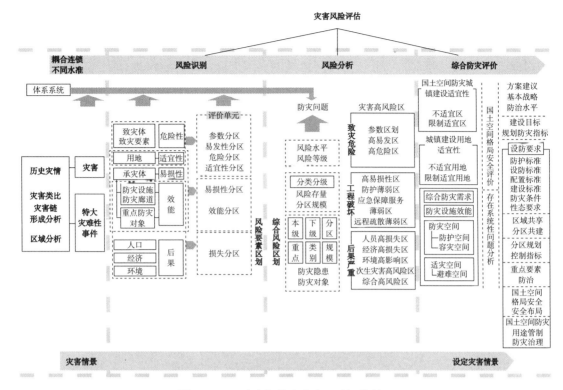

图7-12　国土空间综合灾害风险评估体系

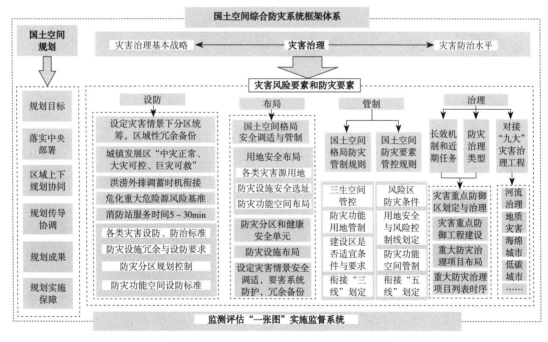

图7-13　国土空间综合防灾系统框架体系

5）完善法制体制建设，形成"单从双主线"国土空间防灾模式

灾害综合风险防控要与国土空间规划体系改革相协调，瞄准防灾减灾救灾全链条，把风险评估与管控等重大任务与空间安全保障、国土韧性能力建设进行统筹的规划，在"单从模式"中纳入"双主线"，形成国土空间防灾新模式。另外，在修订城市规划、控制性详细规划及交通、市政等专业规划管理办法中，明确国土空间防灾专项规划的技术内容、多层级防灾规划要素管控与传导和管理要求（图7-14）。

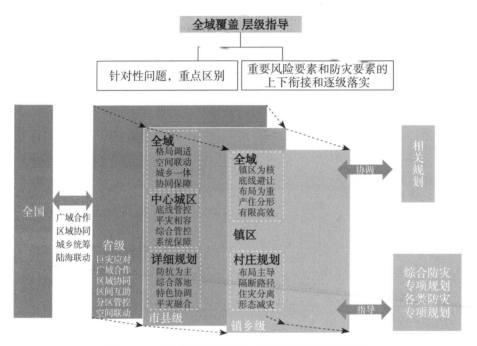

图7-14　国土空间综合防灾全过程多层级规划传导

6）注重智能信息技术建设，追求科技赋能发展

从信息化到智能化再到智慧化，是建设韧性城市的必由之路。推动城市治理数字化转型，综合运用大数据、云计算、区块链技术为城市治理全面赋能。提升数字政府治理水平，推动数据资源互联互通、融合共享，支撑城市智慧决策、管理和快速反应。建设韧性"城市大脑"，强力破除"信息孤岛"，打造"会思考、善感知、有温度"的智慧城市体系，加快推进智慧韧性城市新型基础设施建设，推进大数据中心、超算中心、物联网、工业互联网、卫星互联网等新型基础设施建设，为智慧韧性城市建设筑牢"智能智造"的基础架构。建立开放高效的技术交流平台，推动信息化创新应用于智慧韧性城市建设，形成易于推广和复制的智慧韧性城市建设管理体系及模式，实现从"试点"向"区域"发展。

7.5 案例分析

7.5.1 城市规划防控地质灾害策略

1. 案例区域

攀枝花市位于四川省西南，地处川滇交界地区，是我国西部以资源综合开发利用为主的现代工业城市，是川滇交界毗邻地区的区域性中心城市。清香坪片区位于攀枝花市西区，总用地4.98km²，地形北高南低，北部最高点1440m，南部最低点1075m，用地内最大坡度70%，高差365m，地形地貌复杂，高差起伏较大，属典型山地城市片区。片区内已建成用地128.9hm²，建成区主要沿平江东路沿线分布，现状建设用地基本分为三大类，由工业用地、居住用地和公共服务设施用地组成，另外有少量绿地、公用服务设施用地和仓储用地。建筑集中在平江东路沿线啤酒厂至攀西商厦区段，由于是较早建设区域，大多数建筑呈现出20世纪七八十年代建筑特色，建筑总体质量一般，沿街建筑已建满。平江东路以北的大片用地内，由于开发建设的时序不同，建筑与空地交错，呈不连续的片状分布，尚未形成连片的建筑区域，建筑多为低矮的平房，建筑质量总体较差。

2. 地质灾害危险性评估

地质灾害危险性评估是对规划区域地质灾害危险性专业而全面的认识，提供规划区域地质灾害准确、全面的信息，是城乡规划防地质灾害的重要依据；城乡规划也只有在充分掌握地质灾害特点及形成规律的基础上，才能将地质灾害的影响纳入城乡规划的整个阶段，通过多种手段避免或减轻地质灾害，因此在地质灾害易发区内制定和实施城乡规划时，必须对规划区进行地质灾害危险性评估，规划编制和管理应在此基础上进行。

城市规划中所需要的地质灾害危险性评估受城市规划类型的制约，其范围、深度、重点都和城市规划范围、类型直接相关，因此城市规划所需要的地质灾害危险性评估由城乡规划组织编制机关根据城市规划范围、类型等，提出地质灾害危险性评估的技术要求。委托具有相应资质等级的机构进行地质灾害危险性评估，并依据评估结论进行城市规划编制与管理。

1）地质灾害危险性评估主要内容

地质灾害危险性评估必须摸清该区域的地质环境条件及特征，明确规划区主导地质环境因素及地质灾害的类型、分布、发育特征，划定地质灾害分布范围，通过诸如历史资料、现场调研、实地勘查、勘探取样、数值模拟等多种方法对地质灾害的危险性进行综合分析、评价和预测，适应规划编制的区划要求，预测灾害体危害范围，给出明确的结论，并提出具有可操作性的地质灾害防治措施与建议。评估的内容应包括：确定城市规划区存在的地质灾害类型、划定地质灾害分布范围，预测灾害体危害范围、确定地质灾害危险性等级、提出防治地质灾害措施与建议等。

根据地质灾害易发程度和危害程度等级综合确定地质灾害危险性分级。在进行地质灾害危险性分级时，需综合考虑地质环境背景、地质灾害发育现状、规划工程建设活动类型及特点、预测地质灾害类型及危害程度、地质灾害危害对象等。地质灾害危险性分级与各要素之间的对应关系可参考表7-5。

地质灾害危险性分级与各要素之间的对应关系 　　　　表7-5

危险性分级	指标				
	地质环境背景	地质灾害发育现状	规划工程建设活动类型及特点	预测地质灾害类型及危害程度	地质灾害危害对象
危险性极大	地形地貌极复杂，相对高差大，地层倾角大。岩性组合软弱，岩相变化极大	突变型地质灾害类型多，分布密度极大或规模大	工程建设挖方、填方高度大	极易发生滑坡、崩塌、泥石流等灾害。灾害规模极大，危害程度特大	重要的规划主体和较密集人群
危险性大	地形地貌复杂，相对高差大，地层倾角大。岩性组合软弱，岩相变化大	地质灾害类型多，分布密度大或规模大	工程建设挖方、填方高度大	易发生滑坡、崩塌、泥石流等灾害。灾害规模大，危害程度大、特大	规划主体
危险性中等	地形地貌较复杂、相对高差较大，地层倾角较大，岩性组合软硬相间，岩相变化较大	地质灾害类型较多，分布密度或规模小至中等	工程建设挖方、填方高度较大	条件组合具备时，较易发生滑坡、崩塌等灾害；灾害规模较大、危害程度中等	部分规划主体
危险性小	地形地貌简单、相对高差小，地层平缓，岩性组合软硬相间，岩相变化小	地质灾害类型较单一，分布密度小、规模小	工程建设挖方、填方高度小	不易发生滑坡、崩塌等灾害。灾害规模小，危害程度小	部分规划主体或无规划主体

2）城市规划不同层级地质灾害危险性评估

总体规划工作应对规划区内的区域地质、矿产地质、水文地质、工程地质、环境地质和气象水文等应采用资料收集与现场地面调查结合的方法调查，必要时可适当进行物探、坑槽探与取样测试。全面调查各种地质灾害的详细位置、规模大小、形成条件、发育程度、诱发因素等，分析地质环境因素的特征与变化规律，论证地质环境条件。论证规划区各种地质灾害的危险性，进行现状评估、预测评估和综合评估；明确提出综合的地质灾害危险性分区，为总规建设用地选择、布局及功能安排提供依据。对于威胁规划区的地质灾害需预测评估其危害范围，为城市建设避让灾害体提供依据；并对规划区内的地质灾害体提出防治措施与建议。

详细规划阶段应根据规划用地及建设项目的特点有针对性地开展勘查与评估，明确灾害的避让与治理措施。详细规划地质灾害危险性评估应在全面分析论证地质环境条件前提下，进行详细调查和地面物探、坑槽探与取样测试。详细查明已发生的和潜在的各类地质灾害形成的地质环境条件、详细位置、空间分布、规模大小、构造特征、发育程度、危害性、活动特征，主要诱发因素与形成机制，对其发展趋势进行评价，具体划定每处地质灾害体的危害及影响范围，评估其危险性和对工程危害程度。

详细规划阶段地质灾害危险性评估还应对建设用地或工程项目可能引发或加剧各类地质灾害的可能性和危害程度分别进行预测评估。根据各区（段）存在和可能诱发的灾种多少、规模、活动性和承灾对象的社会经济属性等，综合判定建设工程和规划区地质灾害危险性的等级，并提出防治要求和措施。对于治理后仍然存在安全隐患的地质灾害体，还需提出防护措施，如增加监测预警和警报措施等。

3. 城市规划防治地质灾害

1）地质灾害现状

规划区地处川滇南北向构造带中部相对的稳定区域，总体为两个地貌单元，清乌公路以北属溶蚀单斜中山地貌，为向南倾斜的山体斜坡地形；清乌公路以南地表覆盖层较厚，总体上为剥蚀台地地貌。清乌公路以南为相对平台状，局部发育有陡坎和"V"形冲沟；在清香坪东侧，从何家村子至市铸件厂、炳清公路3号桥、新庄村七队、新庄村五队为区内最大冲沟。大部分地段呈"U"形，局部为直立陡坎；冲沟东段基本为台地状地形。区内水文、工程地质条件较简单，滑坡、崩塌、泥石流等地质灾害弱发育，总体地质环境条件简单，规划现状如图7-15所示。

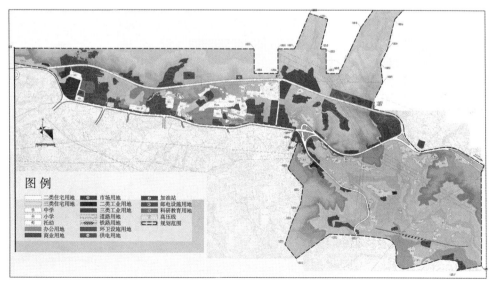

图7-15 清香坪片区用地规划现状图

规划区北侧为单面山构造，总体呈向南倾斜的陡坡地形，局部为陡崖。地层以二叠系、震旦系等碳酸盐岩为主，靠近规划区位置表层有一定厚度的残坡积层和采石场弃渣零星分布，由于构造剥蚀和风化作用较强烈，植被稀少，坡面侵蚀十分严重，在地震作用和暴雨冲刷作用下容易产生松散碎石泥石流或松散碎石滑坡。新建公路两侧斜坡人工弃土在暴雨季节易形成塌滑。规划区南侧主要是第四系地层，为台地状地貌，地层以昔格达组地层为主，在该层开挖坡脚形成高陡边坡后易产生滑坡和崩塌等地质灾害。

2）地质灾害评价与防治措施建议

结合《攀枝花市西区清香平—新庄片区地质灾害评估报告》，规划区划分为地质灾害危险性中等（B）、危险性小（C）二个等级七个地段。地质灾害等级为四级（小型），危险性中等（B）区建设用地适宜性差，危险性小（C）区适宜作建设用地，如图7-16所示。

规划区总体来说地质灾害弱发育，但不良地质作用较发育。工程开挖、边坡失稳、滑坡等地质灾害体的主要诱发因素；物理风化卸荷作用，水流冲刷是不良地质现象的主要诱发因素。

B区场地适宜性差，地形坡陡、高差大，为单面山体，地层倾向与山体坡向一致，坡度角接近或超过岩层倾角。若进行规划建设必将是大量开挖坡体，形成高陡边坡，有可能产生顺层滑坡，必须对其边坡进行加固治理。B1、B2亚区有多个采石场，采石场下方有一定数量遗弃的松散碎石，在地震作用和暴雨冲刷作用下容易产生松散碎石泥石流或松散碎石滑坡，并对清乌公路运营安全有影响，必须进行处理。

C区坡度较缓，局部发育冲沟，第四系下更新统昔格达组为易滑地层，建设时必将出现高陡边坡和填方边坡，必须对边坡进行详细勘察，并进行边坡治理，以防昔格达组地层

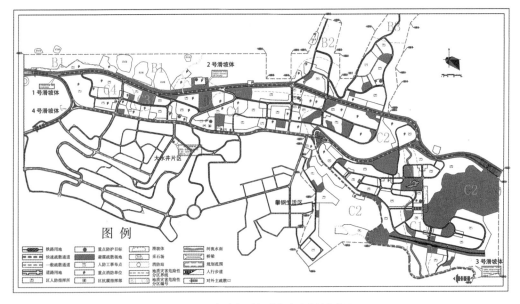

图7-16　规划区地质灾害危险性分区

开挖引起滑坡，造成地质灾害。由于水的作用对边坡稳定不利，建设前先完善区内排水系统，合理排放、疏导地表水，使水流顺畅排出场地，避免水浸泡土体影响边坡稳定和地基承载力。同时还应注意开挖、填方地基和含漂块石地段地基的不均匀性。建议合理确定场地标高，尽量避免高填、高挖，形成高陡边坡。

3）总体规划防地质灾害的任务和内容

（1）主要任务

总体规划是贯彻以预防、避让为原则的关键阶段。应在地质灾害危险性评估基础上，综合评价城市（镇）建设用地适宜性，从城市发展方向、建设用地选择、功能布局、重大设施规划建设等方面提出防地质灾害的规划措施。

总体规划阶段主要从合理确定空间发展方向，选择安全可靠的建设用地等方面，确保城镇建设避开各类地质灾害的直接危害，并避免用地安排不当诱发地质灾害发生；总体规划阶段的各个方面都应该考虑地质灾害的影响，其中用地选择、用地功能安排、道路交通组织、重大设施安排是确保城市（镇）生命财产安全，救援疏散畅通、功能正常运转的关键环节，一旦受到地质灾害破坏，后果十分严重。

（2）主要内容

①依据地质灾害危险性评估查明的滑坡类型、致灾诱因、发展趋势，分区管制存在滑坡灾害影响的区域，综合治理可能导致或容易造成边坡放空的重点地段。

②地质灾害危险性评估为滑坡危险性极大和大的城市（镇），未彻底消除滑坡隐患或滑坡得到有效控制前，应严格控制用地规模，严禁在滑坡体上及其危害范围布局除防护绿地外的城市建设用地，可作为林地和非灌溉农业用地等。

③威胁城市（镇）整体或大部分地区且难以进行治理的，在条件允许的情况下，应考虑易地搬迁。

④经综合治理已消除滑坡隐患的用地可作为建设用地，滑坡得到有效控制的用地，若确需建设时，应控制开发强度和人口密度，可作为低强度、非敏感建设用地，如城市绿地、露天体育用地、仓库堆场等，减少对已稳定的滑坡体扰动。

⑤根据滑坡规模等级的不同，在满足地质灾害危险性评估测算的滑坡体最大滑移距离的基础上，宜按照表7-6的规定增大安全避让距离。

城市建设用地避让滑坡体最大滑移距离的安全避让距离表 表7-6

威胁人数	滑坡体积	小城市建设用地避让距离（m）	大城市建设用地避让距离（m）
<10	$<10 \times 10^4 m^3$	20	30
10 ~ 100	$10 \times 10^4 m^3 \sim 100 \times 10^4 m^3$	30	50

威胁人数	滑坡体积	小城市建设用地避让距离（m）	大城市建设用地避让距离（m）
100 ~ 500	$100 \times 10^4 m^3 \sim 1000 \times 10^4 m^3$	50	100
500 ~ 1000	$1000 \times 10^4 m^3 \sim 10000 \times 10^4 m^3$	150	300
>1000	$>10000 \times 10^4 m^3$	500	800

4）详细规划防地质灾害的任务和内容

（1）主要任务

城市（镇）详细规划应在地质灾害危险性评估基础上，综合评价规划用地或建设项目的适宜性。控制性详细规划应从用地功能安排、土地开发强度、基础设施规划等方面制定防地质灾害管控措施；修建性详细规划应从建筑布局、场地竖向、市政工程管线等方面制定地质灾害防治措施。

详细规划应根据该层级地质灾害评估梳理，修正规划区总规层级地质灾害危险性分区，精确标定地质灾害危害范围，并据此在建设用地总量不变、用地结构不变的前提下可适度调整、修正总体规划确定的建设用地空间布局及边界形态；位于城市（镇）密集建设区域且地质灾害评估确定为危险性大或极大的规划建设用地，通过治理后灾害彻底消除或得到有效控制的，详细规划阶段可以合理利用，以保持城市功能与用地的完整性。

（2）主要内容

①规划范围内中存有滑坡体的，空间布局应首先避让灾害体及其危害区范围，宜作为绿化环境空间；已建成区应严格控制开发强度，调整用地功能，并针对滑坡形成的主次诱发因素，合理选择治理方案，进行工程治理，滑坡灾害消除或得到有效控制后方可进行改造更新建设。

②在经过综合治理，滑坡灾害得到有效控制的滑坡体上或已稳定的古滑坡体上进行规划建设，必须充分考虑人工建设诱发滑坡灾害复活的可能性，必须降低建设强度，制定合理的工程预防措施，经地灾部门评审通过后方可实施。

③基础设施如道路、桥梁、给水通信线路应尽量避让滑坡危险区；城镇建设不可为求增大平地面积而大量填沟填方，加重坡地承载。

7.5.2 爆炸类重大危险源规划管控

1. 案例背景

选取石家庄市某危化品重大危险源企业为例，基于其安全性评价报告结果，应用规划简化评价方法进行计算分析，并确定适宜的规划管理模式和控制对策。案例企业的总生产能力为30万t/a合成氨联产甲醇生产装置、20万t/a尿素生产装置、12万t/a硝酸生产装置、15万t/a硝酸铵生产装置，已有安全性评价报告表明，构成重大危险源的危险化学品物质为甲醇、氨、硝酸铵，对重大危险源辨识与分级结果如表7-7所示。

重大危险源的分级结果表 表7-7

序号	重大危险源类别	重大危险源名称	重大危险源分级结果
1	危险化学品重大危险源	低压甲醇装置及甲醇精馏装置区（含粗醇缓冲槽、精醇计量罐）	四级危险化学品重大危险源
2		冷冻装置液氨储槽	三级危险化学品重大危险源
3		硝酸、硝酸铵装置区（含硝铵中转库）	四级危险化学品重大危险源
4		液氨罐区［2台容积为650m³的液氨球罐（1台备用）］	一级危险化学品重大危险源
5		甲醇罐区（含4台628m³甲醇储罐）	四级危险化学品重大危险源

各重大危险源辨识单元的主要危险物质种类、存量规模及危险有害因素分析详见表7-8，其中液氨罐区构成危险化学品一级重大危险源，该液氨罐区位于厂区中部东侧，其西侧为冰机装置，北侧为低压甲醇装置，南侧为硝酸铵装置。液氨罐区设有2台容积为650m³的液氨球罐（1台备用），其危险物质氨的存量规模为351t，极易引发火灾爆炸等事故。

重大危险源单元的主要危险物质种类、存量规模及危险有害因素分析表 表7-8

重大危险源辨识单元	危险物质种类	存量规模（t）	危险有害因素分析
低压甲醇装置及甲醇精馏装置区（含粗醇缓冲槽、精醇计量罐）	甲醇	889.2800	易燃易爆物质，可与空气混合形成爆炸性混合物，火灾爆炸
	氢	0.0040	
	甲烷	0.0010	
	一氧化碳	0.0280	
高压甲醇甲烷化装置、氨合成装置、氨回收、冷冻装置	氢	0.0060	火灾爆炸
	氨	49.2200	
	甲烷	0.0003	
	甲醇	8.8000	

重大危险源辨识单元	危险物质种类	存量规模（t）	危险有害因素分析
硝酸、硝酸铵装置区（含硝铵中转库）	氨	8.3080	火灾、爆炸
	硝酸铵	500.0000	
	二氧化氮	0.0060	
液氨罐区［含2台容积为650m³的液氨球罐（1台备用）］	氨	351.0000	火灾爆炸、中毒窒息
甲醇罐区（含4台628m³甲醇储罐）	甲醇	1587.6000	火灾、中毒窒息

研究项目的安全性评价报告采用CASST-QRA软件进行事故后果模拟及定量风险计算，以爆炸超压构成了主要的事故场景，采用TNT当量法估算TNT当量炸药为2.5×10^5kg。

2. 影响评价

根据研究项目安全评估报告结果给出的个人风险等值线与社会风险曲线的分布形式开展相关规划管控的计算与分析。

1）个人风险评价

经过测量得到，该企业典型的两条个人风险等值线轮廓与相应重大危险源的距离分别为1169m和1663m。估算危险源的TNT等效炸药量为6824kg及相应等效累计频率为1.86×10^{-5}次/年。计算项目的个人死亡概率与个人风险等值线的分布，整理计算结果如表7-9所示，并绘制个人风险等值线分布图，如图7-17所示。

个人死亡概率与个人风险等值线计算结果 　　　　　表7-9

TNT等效炸药量 Q（kg）	等效累计频率F_0（次/年）	目标距爆炸点的计算距离R（m）	个人死亡概率P_d	个人风险值IR（次/年）
6824.00	1.86×10^{-5}	100	9.98×10^{-1}	1.86×10^{-5}
		200	9.18×10^{-1}	1.71×10^{-5}
		300	7.31×10^{-1}	1.36×10^{-5}
		400	5.44×10^{-1}	1.01×10^{-5}
		500	3.95×10^{-1}	7.34×10^{-6}
		600	2.86×10^{-1}	5.32×10^{-6}
		700	2.08×10^{-1}	3.87×10^{-6}

TNT等效炸药量 Q（kg）	等效累计频率F_0（次/年）	目标距爆炸点的计算距离R（m）	个人死亡概率P_d	个人风险值IR（次/年）
6824.00	1.86×10^{-5}	800	1.53×10^{-1}	2.85×10^{-6}
		900	1.14×10^{-1}	2.12×10^{-6}
		1000	8.54×10^{-2}	1.59×10^{-6}
		1100	6.47×10^{-2}	1.20×10^{-6}
		1200	4.96×10^{-2}	9.22×10^{-7}
		1300	3.83×10^{-2}	7.13×10^{-7}
		1400	2.99×10^{-2}	5.56×10^{-7}
		1500	2.35×10^{-2}	4.37×10^{-7}
		1600	1.86×10^{-2}	3.46×10^{-7}
		1700	1.49×10^{-2}	2.76×10^{-7}
		1800	1.19×10^{-2}	2.22×10^{-7}
		……	……	……

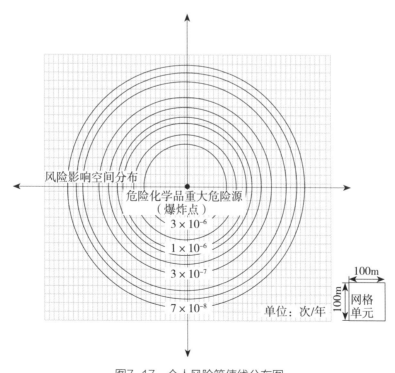

图7-17 个人风险等值线分布图

2）社会风险评价

由社会风险曲线显示事故发生累计频率为2.00×10^{-7}次/年，重大危险源的事故控制场景影响范围大于300m，对其周边区域采用的评估网格单元尺度为100m×100m。已知项目的TNT当量炸药为2.5×105kg，依据《民用爆炸物品工程设计安全标准》GB 50089—2018的相关规定，对企业的安全距离取值为770m。

通过计算得到项目的暴露性个人死亡概率与爆炸超压分布，并以最大TNT当量炸药为例绘制出暴露性个人死亡概率分布图（图7-18a）和爆炸超压分布图（图7-18b）。

对企业周边区域的人口密度分布采用指数分布形式，通过模拟定量风险评价的计算，确定符合社会风险基准可接受要求的最大人口密度分布控制参数，表达人口密度分布方案如图7-19所示。由此，可通过计算得到社会风险曲线如7-20所示，曲线全部落在风

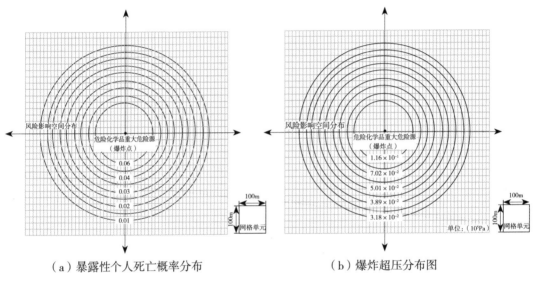

（a）暴露性个人死亡概率分布　　　　　（b）爆炸超压分布图

图7-18　最大TNT当量炸药情形

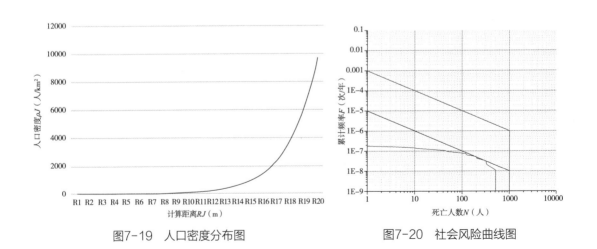

图7-19　人口密度分布图　　　　　　　图7-20　社会风险曲线图

险可接受区域内。

经过计算得到了重大危险源的社会风险影响控制，可确定出满足社会风险基准要求的国土开发强度，并以此为基础对不同用地用途进行人口密度控制。

3. 规划管控

对项目重大危险源进行基于定量风险评价的规划管控分析并提出管控对策。

考虑不同外部安全防护距离数值的合理性、新改建与住役两种状态下的个人风险控制要求以及社会风险约束形成的管控范围等因素，对规划控制线进行归类与合并。研究项目最终基于外部安全防护距离和计算范围对重大危险源的周边区域划定重点功能防护控制线（3×10^{-7}）、重点功能防护控制线（3×10^{-6}）和国土开发强度控制线三条规划控制线，并由规划控制线结合安全距离分别形成A、B、C三个规划控制分区，如图7-21示。将用地用途与风险管控亚类分为第一类用途管制和第二类用途管制，详见表7-10，其中，第一类用途管制指在A、B两个规划控制分区内都不允许建设的用地用途与风险管控亚类，第二类用途管制指在A规划控制分区内针对新改建类型项目而言的不允许建设的用地用途与风险管控亚类。

用地用途与风险管控亚类的合并分类表　　　　表7-10

用途管制分类	详细用地用途	详细风险管控亚类
第一类用途管制	包括文化活动用地、高等教育用地、中等职业教育用地、中小学用地、其他教育用地、体育训练用地、幼儿园用地、医院用地、基层医疗卫生设施用地、公共卫生用地、老年人社会福利用地、儿童社会福利用地、残疾人社会福利用地、其他社会福利用地、图书与展览用地、文物古迹用地、宗教用地、城市轨道交通用地、军事设施用地、监教场所用地、使领馆用地	包括综合文化活动中心用地、文化馆（文化宫）用地、青少年活动中心用地、妇女儿童活动中心用地、老年活动中心用地、公共剧场用地、教学楼用地、图书馆用地、食堂用地、集体宿舍用地、场馆用地、行政楼用地、幼儿园综合楼用地、门诊楼用地、急诊楼用地、住院楼用地、科研办公楼用地、卫生防疫站用地、疾病预防控制中心用地、妇幼保健院用地、专科防治所用地、检验中心用地、急救中心用地、血液中心用地、动物检疫站用地、住宿楼用地、食堂用地、活动中心用地、康复中心用地、公共图书馆用地、博物馆用地、科技馆用地、公共美术馆用地、纪念馆、档案馆用地、展览馆用地、会展中心用地、文物保护单位用地、庙宇用地、寺院用地、道观用地、教堂用地、站点用地、地面线路用地、监狱用地、拘留所用地、驻华使领馆用地、驻华办事处用地、国际机构用地等

用途管制分类	详细用地用途	详细风险管控亚类
第二类用途管制	包括城镇住宅用地（一类、二类、三类）、农村宅基地（一类、二类）、城镇社区服务设施用地、农村社区服务设施用地、机关团体用地、科研用地、体育场馆用地、零售商业用地、批发市场用地、餐饮用地、旅馆用地、公用设施营业网点用地、商务金融用地、娱乐用地、康体用地、工业用地（一类、二类、三类）、物流仓储用地（一类、二类、三类）、公共交通场站用地、对外交通场站用地、机场用地、公园绿地、广场用地	包括住宅建筑用地、农村住房用地、（农村）社区服务综合楼用地、托儿所用地、便民超市用地、养老助残机构用地、（农村）卫生服务楼用地、办公楼用地、体育场馆用地、游泳场馆用地、大中型多功能运动场馆用地、全民健身中心用地、商超建筑用地、市场建筑用地、餐饮建筑用地、旅馆住宿建筑用地、公用设施营业网点建筑用地、商务办公楼用地、剧院用地、音乐厅用地、电影院用地、歌舞厅用地、网吧用地、康体场所配套建筑用地、生产加工车间用地、员工宿舍用地、仓库用地、公共交通场站配套建筑用地、候车（船）楼用地、航站楼用地等（二类）

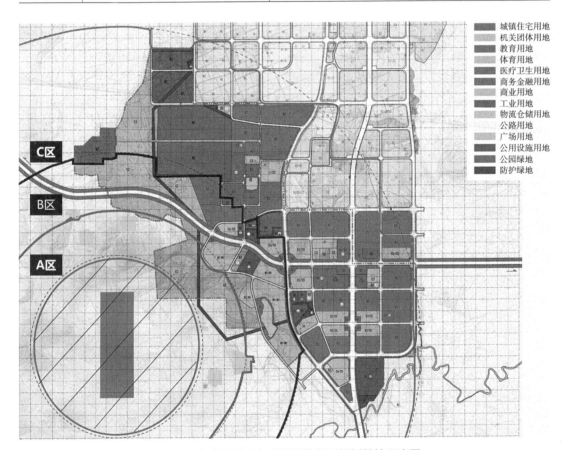

图7-21　危化品重大危险源爆炸超压规划管控示意图

根据重大危险源影响评价，基于计算范围对重大危险源的周边区域划定一条国土开发强度控制线，形成新的规划控制分区（C区）。通过叠合规划管控分析涉及的各个风险要素，并结合A、B、C分区，确定出基于个人风险基准和社会风险基准要求判别形成的具体用地用途布局所对应的人口密度控制数值，如表7-11所示。

危化品重大危险源爆炸超压规划管控　　　　　　　　　　表7-11

距爆炸点的计算距离（m）	规划控制线	规划控制分区	用途管制分类	涉及分段编号	人口密度值（人/km²）（上限）
1200	重点功能防护控制线（3×10^{-6}）（紫线）	A区	第二类用途管制	1、2、3	10
1700	重点功能防护控制线（3×10^{-7}）（黑线）	B区	第二类用途管制	3、4、5、6	99
2800	国土开发强度控制线（蓝线）	C区	第一类用途管制 第二类用途管制	6、7、8、9、10、11、12、13	13911

为有效降低危化品重大危险源存在的个人风险和社会风险，可从专业和规划两个领域分别提出管理对策。

从专业领域出发，一方面要严格禁止违法、违规的危化品重大危险源的建设与经营，从源头上降低风险。另一方面要采取措施降低事故的发生频率与后果程度。从降低事故的发生考虑，可通过采用新材料、新技术、新科技等方式提高装置设施的安全性能来减少破裂、泄漏等情况的发生频率；其次，加强针对人员的安全管理，例如加强岗位安全技能培训，加强安全检查并及时整改隐患，加强检维修作业管理等举措，以减少人为原因造成事故的发生频率。历史事故灾难表明，危险源储量越大，相应爆炸超压影响范围越广，从降低事故的后果考虑，可通过降低危险物质储量规模来缩小破坏范围。其次，可通过对危险源的装置设施、防护目标的建（构）筑物以及两者之间的区域增加安全防护屏障，例如钢筋混凝土挡墙、防护土堤等来缓冲破坏效应。

从规划领域出发，要充分发挥规划的严控作用与引导作用。规划管控分析设定的安全距离范围内，要严格禁止建设任何开发类项目，可通过在此区域设置防护绿化带来对事故影响进行隔离。在规划分析阶段，通过个人风险与社会风险的影响评价，对处于影响区域内的用地用途和开发强度提出基于风险可接受基准要求的规划管控模式和控制对策，通过控制人口的暴露度来降低人员伤亡。针对在役装置设施而言，通过制定疏解用地与功能的引导策略来进行弹性控制。对于确定需要搬迁的危化品重大危险源而言，可基于专业的可行性评估方案来指导实施工作，原址用地可以转换为新的功能用途。

参考文献

［1］ 柴炽章. 银川市地震活动断层探测及其在城市规划中的应用［J］. 城市与减灾，2018（1）：18-23.

［2］ 陈东梅. 以社区为本的灾害风险管理研究［D］. 兰州：兰州大学，2010.

［3］ 陈国华，李佳玲，陈学希，等. 灾害链网络下城市区域安全风险评估模型［J］. 中国安全科学学报，2022，32（11）：146-153.

［4］ 陈嘉雷. 不同空间尺度下城镇化地区洪涝灾害风险评估方法研究［D］. 广州：华南理工大学，2023.

［5］ 仇保兴. 灾区重建规划汇编［M］. 北京：中国建筑工业出版社，2009

［6］ 崔燕，李博，张薇，等. 雅安地震房屋倒损情况遥感影像解译［J］. 航天器工程，2014，23（5）：129-134.

［7］ 代文倩. 城市综合灾害风险评估［D］. 唐山：华北理工大学，2019.

［8］ 单嘉帝，田健，曾坚. 应对极端气候灾害的韧性城市规划方法［J］. 城市与减灾，2022（5）：6-12.

［9］ 董泽宇. 风险预警管理体系构建："过程—系统"视角［J］. 中国应急管理科学，2023（8）：49-60.

［10］ 窦杰，向子林，许强，等. 机器学习在滑坡智能防灾减灾中的应用与发展趋势［J］. 地球科学，2023，48（5）：1657-1674.

［11］ 范一大，吴玮，王薇，等. 中国灾害遥感研究进展［J］. 遥感学报，2016，20（5）：1170-1184.

［12］ 方伟华，王军，殷杰，等. 多灾种重大灾害情景构建与动态模拟有效支撑灾害风险评估与防范［J］. 中国减灾，2022（7）：19-22.

［13］ 房玉东，王文，张志，等. 安全韧性城市防灾减灾发展策略研究［J］. 中国工程科学，2023，25（1）：1-9.

［14］ 冯文丽. 农业保险概论［M］. 天津：南开大学出版社，2019.

［15］ 盖程程，翁文国，袁宏永. 基于GIS的多灾种耦合综合风险评估［J］. 清华大学学报（自然科学版），2011，51（5）：627-631.

［16］ 高双. 城市内涝灾害链网络模型构建及应用［D］. 天津：天津理工大学，2020.

［17］ 高伟伟，陈晓春，于光认，等. "双重"风险评估模型的研究及实例应用［J］. 北京化工大学学报（自然科学版），2018，45（1）：1-7.

［18］ 葛全胜，邹铭，郑景云，等. 中国自然灾害风险综合评估初步研究［M］. 北京：科学出版社，2008.

［19］ 郭曜. 城市综合防灾规划中灾害风险评估方法研究——基于南京、合肥城市综合防灾规划对比与优化［C］//中国城市规划学会，沈阳市人民政府. 规划60年：成就与挑战——2016中国城市规划年会论文集. 中国建筑工业出版社，2016：19.

［20］ 哈斯，张继权，佟斯琴，等. 灾害链研究进展与展望［J］. 灾害学，2016，31（2）：131-138.

［21］ 何川，刘功智，任智刚，等. 国外灾害风险评估模型对比分析［J］. 中国安全生产科学技术，2010，6（5）：148-153.

［22］ 何敏. 基于多灾种重大灾害风险视角的城市韧性评估研究［D］. 上海：华东师范大学，2022.

［23］ 何小伟，童金林，刘怡鑫，等. 中国洪涝灾害保险：现状、困境与优化［J］. 中国应急管理科学，2023（11）：15-30.

［24］赫磊，戴慎志，解子昂，等. 全球城市综合防灾规划中灾害特点及发展趋势研究［J］. 国际城市规划，2019，34（6）：92-99.

［25］赫磊，解子昂. 走向韧性：城市综合防灾规划研究综述与展望［J］. 城乡规划，2021（3）：43-54.

［26］黄崇福. 自然灾害风险分析与管理［M］. 北京：科学出版社，2012.

［27］黄国如，罗海婉，陈文杰，等. 广州东濠涌流域城市洪涝灾害情景模拟与风险评估［J］. 水科学进展，2019，30（5）：643-652.

［28］黄杰飞. 基于大数据处理的农业气象灾害评估模型研究［D］. 南京：信息工程大学，2018.

［29］贾士彬. 农业保险创新实践经典案例［M］. 天津：南开大学出版社，2021.

［30］孔锋. 灾害系统视角下的灾害耦合效应探讨［J］. 灾害学，2024，39（1）：1-5.

［31］李钢，张倪飞，董志骞，等. 多灾害作用下工程结构分析与设计方法研究进展［J］. 土木工程学报，2023，56（8）：9-26.

［32］李宁，吴吉东. 自然灾害风险管理导论［M］. 北京：北京大学出版社，2011.

［33］李素菊，刘明，和海霞，等. 卫星遥感应急管理应用框架［J］. 卫星应用，2020（6）：17-25.

［34］李勇权. 农险精算［M］. 天津：南开大学出版社，2021.

［35］林楷奇，郑俊浩，陆新征. 数字孪生技术在土木工程中的应用：综述与展望［J］. 哈尔滨工业大学学报，2024，56（1）：1-16.

［36］刘爱华. 城市灾害链动力学演变模型与灾害链风险评估方法的研究［D］. 长沙：中南大学，2013.

［37］刘耀龙. 多尺度自然灾害情景风险评估与区划［D］. 上海：华东师范大学，2011.

［38］卢颖，侯云玥，郭良杰，等. 沿海城市多灾种耦合危险性评估的初步研究——以福建泉州为例［J］. 灾害学，2015，30（1）：211-216.

［39］卢颖，王洁鑫，姜学鹏，等. 基于PTVA模型的房屋多灾种耦合物理易损性评估［J］. 中国安全科学学报，2017，27（8）：1-6.

［40］吕悦风，项铭涛，王梦婧，等. 从安全防灾到韧性建设——国土空间治理背景下韧性规划的探索与展望［J］. 自然资源学报，2021，36（9）：2281-2293.

［41］拉桑德. 风险评估理论方法与应用［M］. 刘一骝，译. 北京：清华大学出版社，2013.

［42］马玉宏，赵桂峰. 地震灾害风险分析及管理［M］. 北京：科学出版社，2008.

［43］明晓东，徐伟，刘宝印，等. 多灾种风险评估研究进展［J］. 灾害学，2013，28（1）：126-132，145.

［44］宁嘉辰，吴吉东，唐茹玫，等. 多灾种风险评估方法述评——基于5份国际权威报告的对比分析［J］. 地理科学进展，2023，42（1）：197-208.

［45］牛彦合，焦胜，操婷婷，等. 基于PSR模型的城市多灾种风险评估及规划响应［J］. 城市发展研究，2022，29（4）：39-48.

［46］邱建. 震后城乡重建规划理论与实践［M］. 北京：中国建筑工业出版社，2018.

［47］史培军. 灾害风险科学［M］. 北京：北京师范大学出版，2016.

［48］宋淑婷，李嘉良. 极端天气下农业保险运行存在的难题及对策建议［J］. 保险理论与实践，2022（4）：1-7.

［49］孙峥. 城市自然灾害定量评估方法及应用［D］. 青岛：中国海洋大学，2009.

［50］唐文坚，范仲杰，董林垚，等. 暴雨型山洪灾害链监测预警研究与展望［J］. 长江科学院院报，2023，40（7）：73-79.

［51］万汉斌. 适应新常态的城市安全韧性评价及规划编制思考［J］. 规划师，2021，37（3）：5-12.

［52］汪嘉俊，翁文国. 多灾种概念辨析及灾害事故关系研究综述［J］. 中国安全生产科学技术，2019，

15（11）：57–64.

[53] 汪明. 第一次全国自然灾害综合风险普查总体技术体系解读［J］. 城市与减灾，2021（2）：2–4.

[54] 王国复. 气象灾害调查与风险评估［J］. 城市与减灾，2021（2）：5–9.

[55] 王军，李梦雅，吴绍洪. 多灾种综合风险评估理论与方法［J］. 世界地理研究，2023，32（10）：100–109.

[56] 王军，叶明武，李响，等. 城市自然灾害风险评估与应急响应方法研究［M］. 北京：科学出版社，2013.

[57] 王凯，陈明，张丹妮. 国家城镇空间格局的优化——基于经济潜力和安全风险维度的新思考［J］. 国际城市规划，2023，38（1）：1–9.

[58] 王述红，张泽，侯文帅，等. 综合管廊多灾种耦合致灾风险评价方法［J］. 东北大学学报（自然科学版），2018，39（6）：902–906.

[59] 王威，苏经宇，马东辉，等. 城市避震疏散场所选址的时间满意覆盖模型［J］. 上海交通大学学报，2014，48（1）：154–158.

[60] 王威，苏经宇，马东辉，等. 基于SVC参数优化的地震次生地质灾害危险性评价［J］. 北京工业大学学报，2012，38（10）：1498–1503.

[61] 王威，夏陈红，马东辉，等. 耦合激励机制下多灾种综合风险评估方法［J］. 中国安全科学学报，2019，29（3）：161–167.

[62] 王威，朱强强，武佳佳，等. 地震灾害生命年损失多模型评估方法研究［J］. 系统工程理论与实践，2019，39（11）：2953–2963.

[63] 王曦，周洪建. 重特大自然灾害损失统计与评估进展与展望［J］. 地球科学进展，2018，33（9）：914–921.

[64] 王翔. 区域灾害链风险评估研究［D］. 大连：大连理工大学，2011.

[65] 温家洪，石勇，杜士强，等. 自然灾害风险分析与管理导论［M］. 北京：科学出版社，2018.

[66] 吴吉东，何鑫，王菜林，等. 自然灾害损失分类及评估研究评述［J］. 灾害学，2018，33（4）：157–163.

[67] 徐玖平. 地震救援·恢复·重建系统工程［M］. 北京：科学出版社，2011.

[68] 徐雪松，闫月，陈晓红，等. 智慧韧性城市建设框架体系及路径研究［J］. 中国工程科学，2023，25（1）：10–19.

[69] 许强，董秀军，朱星，等. 基于实景三维的天—空—地—内滑坡协同观测［J］. 工程地质学报，2023，31（3）：706–717.

[70] 许强，郭晨，董秀军. 地质灾害航空遥感技术应用现状及展望［J］. 测绘学报，2022，51（10）：2020–2033.

[71] 许强，朱星，李为乐，等. "天—空—地"协同滑坡监测技术进展［J］. 测绘学报，2022，51（7）：1416–1436.

[72] 薛晔. 综合自然灾害风险评估软层次模型的研究［M］. 北京：气象出版社，2014.

[73] 颜峻，左哲. 自然灾害风险评估指标体系及方法研究［J］. 中国安全科学学报，2010，20（11）：61–65.

[74] 杨赛霓. 自然灾害综合风险评估［J］. 城市与减灾，2021（2）：44–48.

[75] 尹占娥，许世远. 城市自然灾害风险评估研究［M］. 北京：科学出版社，2012.

[76] 尹之潜，杨淑文. 地震损失分析与设防标准［M］. 北京：地震出版社，2021.

［77］于汐，唐彦东. 灾害风险管理［M］. 北京：清华大学出版社，2017.

［78］张继权，刘兴朋，严登华. 综合灾害风险管理导论［M］. 北京：北京大学出版社，2012.

［79］张继权，荣广智，李天涛，等. 多致灾因子诱发地质灾害链综合风险评价技术［J］. 中国减灾，2022（7）：23-26.

［80］张略淼. 考虑疏散无序性的城市片区固定避难空间优化［D］. 北京：北京建筑大学，2023.

［81］张峭. 农业风险评估与管理概述［M］. 天津：南开大学出版社，2019.

［82］张孝奎，万汉斌，杨润林，等. 城市灾后恢复与重建规划［M］. 北京：中国建筑工业出版社出版，2016.

［83］张效亮，吴健. 地震灾害调查与风险评估［J］. 城市与减灾，2021（2）：10-13.

［84］章国材，自然灾害风险评估与区划原理和方法［M］. 北京：气象出版社，2014.

［85］赵丰昌，王晨，李俊奇，等. 我国城市内涝风险图编制方法探索［J］. 给水排水，2023，59（5）：17-24.

［86］赵苑达. 巨灾保险制度模式分析与我国巨灾保险制度的架构［J］. 财贸经济，2009（9）：70-76.

［87］郑德凤，高敏，李钰，等. 基于GIS的大连市暴雨洪涝灾害综合风险评估［J］. 河海大学学报（自然科学版），2022，50（3）：1-8，22.

［88］周洪建. 巨灾风险形成机制与损失方法评估研究［M］. 北京：科学出版社，2018.

［89］朱正威，胡向南. 以韧性治理回应现代城市的复合型灾害与风险［J］. 中国安全生产，2021，16（9）：26-29.

［90］邹梦婷. 基于多灾种耦合的化工园区脆弱性评估及分区技术研究［D］. 广州：华南理工大学，2019.

［91］邹铭，范一大，杨思全，等. 自然灾害风险管理与预警体系［M］. 北京：科学出版社，2010.

［92］薛晔，刘耀龙，张涛涛. 耦合灾害风险的形成机理研究［J］. 自然灾害学报，2013，22（2）：44-50.

［93］BARRANTES G. Multi-hazard model for developing countries[J]. Nat Hazards, 2018, 92:1081-1095.

［94］FAN X M, SCARINGI G, KORUP O, et al. Earthquake-Induced Chains of Geologic Hazards: Patterns, Mechanisms, and Impacts. Reviews of Geophysics[J], 2019, 57(2): 421–503.

［95］史培军，吕丽莉，汪明，等. 灾害系统：灾害群、灾害链、灾害遭遇［J］. 自然灾害报，2014，23（6）：1-12.

［96］程庆乐，任昊天，李爱群，等. 基于数据增强和深度学习的建筑震害智能化快速评估方法［J/OL］. 工程力学［2024-07-19］. http://kns.cnki.net/kcms/detail/11.2595.O3.20230731.1730.028.html.

［97］靳文波，杨继星，刘韶菲，等. 特大城市暴雨灾害断链推演与应对方法研究［J］. 中国工程科学，2023，25（1）：20-29.

［98］中国气象局. 中国气候变化蓝皮书2023［M］. 北京：科学出版社，2023.

［99］陈智乾，胡剑双，王华伟. 韧性城市规划理念融入国土空间规划体系的思考［J］. 规划师，2021，37（1）：72-76+92.

［100］宋树华，张敏，陈东，等. 浅析房山区自然灾害综合风险普查实施方法［J］. 城市与减灾，2021（3）：29-33.

［101］金星，马强. 从研究到应用：我国地震预警技术的发展［J］. 防灾博览，2023（1）：10-17.

［102］马强，李山有，金星，等. 地震预警是如何实现的［J］. 防灾博览，2023（1）：4-9.

［103］吕大刚，李晓鹏，王光远. 基于可靠度和性能的结构整体地震易损性分析［J］. 自然灾害学报，2006（2）：107-114.